“十四五”高等教育公共课程系列教材

大学物理实验

主　编◎耿小丕　杨瑞臣
副主编◎范志东　高倩男
主　审◎张慧力

中国铁道出版社有限公司
CHINA RAILWAY PUBLISHING HOUSE CO., LTD.

内 容 简 介

本书是“十四五”高等教育公共课程系列教材之一。本书除了传统的基础物理实验理论、普通物理实验外，还有演示实验及工业物理实验；另外，面对工业物理实验投入大的问题，设置了虚拟仿真实验，以利于学校或者学生在现实条件有限或者强化工业物理实验的情况下，继续深入系统学习。书中设置了相关的物理实验报告，以方便在教学进程中统一实验报告的撰写格式和把控撰写效果，培养学生标准化意识和严谨的学习、工作态度。本书利用演示实验与既有理论知识衔接，通过普通物理实验锻炼基本的实验技能，通过工业物理实验与真实的企业接轨，达到学以致用。

本书适合作为高等院校物理实验课程的教材，也可作为相关工程技术人员的参考书。

图书在版编目（CIP）数据

大学物理实验/耿小丕，杨瑞臣主编．—北京：中国铁道出版社有限公司，2023.8（2024.9 重印）
“十四五”高等教育公共课程系列教材
ISBN 978-7-113-30374-7

Ⅰ.①大…　Ⅱ.①耿…　②杨…　Ⅲ.①物理学-实验-高等学校-教材　Ⅳ.①O4-33

中国国家版本馆 CIP 数据核字（2023）第 125157 号

书　　名：大学物理实验
作　　者： 耿小丕　杨瑞臣

策　　划： 何红艳　　　　**编辑部电话：**（010）63560043
责任编辑： 何红艳　徐盼欣
封面设计： 刘　颖
责任校对： 刘　畅
责任印制： 樊启鹏

出版发行： 中国铁道出版社有限公司（100054，北京市西城区右安门西街 8 号）
网　　址： https://www.tdpress.com/51eds/
印　　刷： 河北宝昌佳彩印刷有限公司
版　　次： 2023 年 8 月第 1 版　2024 年 9 月第 2 次印刷
开　　本： 787 mm×1 092 mm 1/16　**印张：** 21.75　**字数：** 423 千
书　　号： ISBN 978-7-113-30374-7
定　　价： 56.00 元（含实验报告）

前言

党的二十大报告在实施科教兴国战略，强化现代化建设人才支撑方面提出："统筹职业教育、高等教育、继续教育协同创新，推进职普融通、产教融合、科教融汇，优化职业教育类型定位。"这为推动职业教育高质量发展提供了强大动力，也对职业教育体系中传统物理实验的改革创新提出了新要求。

大学物理实验作为高职院校大学生入学后就要学习的一门理论与实操相结合、相衔接的实验类、实践性课程，兼具通用基础知识培养与专业素质能力培育的双重功能。对高中阶段一直强调知识学习到高职阶段强调知识与实践并重的转变恰好能够起到完美的衔接作用。具体来说，大学物理实验向前承接了若干年来物理知识（甚至其他科学知识）的学习积累，向后导向专业领域、实际工作场景的具体应用，努力达成学以致用，直观感受学有所成。

基于以上课程定位，借鉴其他物理实验教材的优点和不足，深入领悟党的二十大精神，特编写本书。首先，实验组织结构上保证知识的过渡与衔接，既能够在学生培养整个过程中起到承上启下的育人作用，也依然能够保持其自我体系独立。为了达到与既有知识的更有效衔接，教材加入了演示实验，使得固有的非直观物理知识得到直观演示，抓兴趣、提精神。为了更好地与实际工作接轨，以真正的实际企业生产为背景，创新性地设计了工业物理实验。将真实的工作场景创新性地移入实验室，将真实生产过程分成有机的若干子任务，每个子任务对应一个工业物理实验，让学生在实验课堂学习中感受实际工作的状态。对实际的工业生产工作从接触伊始到整个工作结束，能够按部就班，深刻理解工作有机组成，并能够依照整个工作合理划分多个子工作，形成子任务，进而各个击破，达到最终目的。

工业物理实验的设置是实验教材的创新之一，是党的二十大报告中"产教融合"的具体实践，具有里程碑的意义。本书设置的工业物理实验取材于应用广泛的工业场景（如金属材料硬度及金相检测实验、利用电子万能试验机进行金属棒材拉伸实验）或者高端的物理知识工业应用场景（如飞灰中重金属元素含量的ICP-MS检测，飞灰中汞、硒含量的AFS检测等）。设置工业物理实验相较于传统的物理实验包含五个方面的深刻变革：其一，改变了原来传统物理实验以验证知识、理论为目标的验证性实验，发展为以完成生产任务为目标的生产性实验；其二，改变了各个实验互相独立的状况，发展为整个工业物理实验前后连贯、任务衔接的全功能实验；其三，改变了以知识导引为线索设置实验内容进而达到应用,发展为以真实需要为导引设置实验内容从而有目的地搜罗知识,即变过程导向为目标导向;其四,改变了学生被动接受实验,发展为主观能动设计并实验;其五,改变了传统的知识传授实验,发展为真实的工业生产实验,真实企业任务、真实环境布设、真实管理要求,强化职业教育特性。

虚拟仿真实验是对工业物理实验的有益补充与延伸,同样也是党的二十大报告中提出的"科教融汇"的直接践行。通过虚拟仿真实验,学生可以像在真实的环境中一样,完成各种预定的实验项目,解决高投入贵重试验设备的购置难题,所取得的学习或训练效果等价于甚至优于在真实环境中所取得的效果。

全书分成上下两篇。上篇共6章,包含绪论、实验误差与数据处理、演示物理实验、普通物理实验、工业物理实验、虚拟仿真实验,内容组织突出起承转合,由易到难,由基础理论说明、验证,到工业应用,再到虚拟仿真,突出了职业特性。下篇为包括演示物理实验、普通物理实验、工业物理实验的所有实验报告。此部分与上篇知识相对应,并设置为易撕页,方便学生单独提交实验报告。实验报告给出了基本的书写脉络和必要的提示,以便学生明确撰写报告的严格性与标准化,同时附有两个可自由填写的报告,便于教师视情况利用,以锻炼和评估学生实验报告撰写能力。

本书创新了传统物理实验的实验体系,将物理实验专注基础训练向基础与职业素养培育并重进行了大胆的创新与调整。

本书适合作为高等职业院校物理实验课程的教材,也可作为相关工程技术人员的参考书。

本书由耿小丕、杨瑞臣任主编,由范志东、高倩男任副主编。参加本书编写的还有李飒姿、董自慧、王烁康、傅子宸。具体编写分工如下:第0章、第1章、第3章由耿小丕编写;第2章由杨瑞臣、范志东、高倩男编写;第4章由耿小丕、范志东、高倩男、董自慧编写;第5章由杨瑞臣、范志东编写;下篇由杨瑞臣编写;李飒姿、王烁康、傅子宸参与了部分内容的编写工作。全书由杨瑞臣统稿和定稿。张慧力对全书进行了审阅。

因能力所限,纰漏之处,欢迎指正。

编　者

2023年5月

目　录

上篇　实验教程

第0章　绪论 …… 2

第1章　实验误差与数据处理 …… 5

1.1　测量与误差 …… 5
1.2　直接测量结果随机误差的估算 …… 9
1.3　间接测量结果误差的估算——误差传递公式 …… 11
1.4　有效数字及其计算 …… 12
1.5　实验数据处理的方法 …… 15
1.6　用 Origin 软件绘制实验图表 …… 18
思考与练习 …… 21

第2章　演示物理实验 …… 23

2.1　受迫振动及共振演示实验 …… 24
2.2　傅科摆演示实验 …… 25
2.3　飞机升力演示实验 …… 28
2.4　弹性碰撞演示实验 …… 30
2.5　过山车演示实验 …… 31
2.6　角速度矢量合成演示实验 …… 32
2.7　纵波演示实验 …… 34
2.8　声波波形演示实验 …… 36
2.9　超声波演示实验 …… 37
2.10　仿真雷电演示实验 …… 39
2.11　尖端放电演示实验 …… 40
2.12　电磁炮演示实验 …… 42
2.13　互感现象演示实验 …… 44
2.14　磁聚焦演示实验 …… 45
2.15　涡流热效应演示实验 …… 47
2.16　电磁波的发射接收与趋肤效应演示实验 …… 49
2.17　辉光演示实验 …… 53

2.18 布朗运动演示实验 …… 55
2.19 激光琴发声演示实验 …… 57
2.20 激光演示实验 …… 58
2.21 偏振光演示实验 …… 60
2.22 窥视无穷演示实验 …… 62
2.23 万丈深渊演示实验 …… 64
2.24 人造火焰演示实验 …… 65
2.25 视错觉演示实验 …… 66
2.26 海市蜃楼演示实验 …… 68
2.27 记忆合金演示实验 …… 70

第3章 普通物理实验 …… 73

3.1 长度、质量和密度的测量实验 …… 73
3.2 简谐振动的研究实验 …… 84
3.3 用模拟法测量静电场实验 …… 90
3.4 牛顿环实验 …… 94
3.5 测量钢丝的杨氏模量实验 …… 99
3.6 用电位差计测量电动势实验 …… 103
3.7 用电桥测电阻实验 …… 107
3.8 用旋光仪测量蔗糖溶液浓度实验 …… 111

第4章 工业物理实验 …… 116

4.1 飞灰中重金属元素含量的ICP-MS检测实验 …… 116
4.2 飞灰中汞、硒含量的AFS检测实验 …… 125
4.3 利用X射线荧光光谱测试矿石组分实验 …… 132
4.4 金属材料硬度及金相检测实验 …… 138
4.5 利用电子万能试验机进行金属棒材拉伸实验 …… 145
4.6 金属材料冲击实验 …… 151
4.7 矿物加工实验 …… 155

第5章 虚拟仿真实验 …… 162

5.1 XRD虚拟仿真实验 …… 162
5.2 SEM虚拟仿真实验 …… 168
5.3 TEM虚拟仿真实验 …… 179
5.4 AFM虚拟仿真实验 …… 188

下篇　实验报告

演示物理实验报告

演示实验（选一）

演示实验（选二）

普通物理实验报告

实验 3.1　长度、质量和密度的测量实验

实验 3.2　简谐振动的研究实验

实验 3.3　用模拟法测量静电场实验

实验 3.4　牛顿环实验

实验 3.5　测量钢丝的杨氏模量实验

实验 3.6　用电位差计测量电动势实验

实验 3.7　用电桥测电阻实验

实验 3.8　用旋光仪测量蔗糖溶液浓度实验

工业物理实验报告

实验 4.1　飞灰中重金属元素含量的 ICP-MS 检测实验

实验 4.2　飞灰中汞、硒含量的 AFS 检测实验

实验 4.3　利用 X 射线荧光光谱测试矿石组分实验

实验 4.4　金属材料硬度及金相检测实验

实验 4.5　利用电子万能试验机进行金属棒材拉伸实验

实验 4.6　金属材料冲击实验

实验 4.7　矿物加工实验

上篇

实验教程

第0章　绪论

第1章　实验误差与数据处理

第2章　演示物理实验

第3章　普通物理实验

第4章　工业物理实验

第5章　虚拟仿真实验

第 0 章

绪论

科学实验是自然科学研究的主要手段，以探索、预测或验证自然科学现象、规律为目的。而以教学为目的的物理实验具有丰富的实验思想、方法、手段，同时又能提供综合性很强的基本实验技能训练，体现了大多数科学实验的共性，是科学实验的基础。因此，几乎所有的高等学校均将物理实验设置为理工科学生的必修课程，用于训练大学生系统的实验方法和实验技能。物理实验课程内容的基本要求可概括为以下几个方面：

（1）掌握测量误差的基本知识，学会用误差对测量结果进行评估。掌握处理实验数据的一些常用方法，如列表法、作图法和最小二乘法，以及用科学作图软件处理实验数据的基本方法。

（2）掌握基本物理量的测量方法。例如，长度、质量、时间、电动势、电阻、声速、磁感应强度、光的波长、电子电荷、普朗克常量等常用物理量及物性参数的测量。

（3）了解常用的物理实验方法。例如，比较法、转换法、放大法、模拟法、补偿法、平衡法、干涉、衍射法，以及在近代科学研究和工程技术中广泛应用的其他方法。

（4）能够正确使用常用的物理实验仪器。例如，长度测量仪器、计时仪器、测温仪器、变阻器、电表、交/直流电桥、通用示波器、低频信号发生器、旋光仪、常用电源和光源等常用仪器。

（5）掌握常用的实验操作技术。例如，零位调整、水平/铅直调整、光路的共轴调整、消视差调整、逐次逼近调整、根据给定的电路图正确接线、简单的电路故障检查与排除，以及在近代科学研究与工程技术中广泛应用的仪器的正确调节。

物理实验是一门实践性很强的课程，是培养和提高学生科学素质和应用能力的重要课程之一。通过对以上内容的训练，学生应逐步实现以下能力的培养：

（1）独立实验的能力。能够通过阅读实验教材、查询有关资料和思考问题，掌握实验原理及方法，做好实验前的准备，正确使用仪器及辅助设备，独立完成实验内容，撰写合格的实验报告。

（2）分析实验结果的能力。能够融合实验原理、设计思想、实验方法及相关的理论知识对实验结果进行分析、判断、归纳与综合。

（3）理论联系实际的能力。能够在实验中发现问题、分析问题并学习解决问题的科学方法。

（4）制作与创新能力。能够完成符合规范要求的制作性实验内容，进行具有创意性、应用性内容的实验。

要实现以上能力的培养，就需要主动认真地完成好每一个实验。一般来讲，每个实验均可分为实验预习、实验过程和撰写实验报告三个环节。也就是说，在以上三个环节中均需要主动、严谨和认真的态度。

1. 实验预习

课前预习是确保学习主动性的措施之一。学生应善于发挥自己的主观能动性，充分利用实验室开放时间，按要求，对照实物进行预习，了解装置、仪器或设备的结构特点，调节或安装方法，操作步骤或规程及使用注意事项，在明确实验目的、要求、方法、原理的基础上，拟定实验步骤提纲，并拟定数据记录表格，能力较强的学生还应努力去理解某些实验的设计构思。上述基本要求应在实验报告纸上写出书面预习报告备查。

2. 实验过程

实验过程是整个实验教学中最核心的环节。在这个过程中要独立完成实验仪器的安装或调整，按正确步骤完成测量全过程，并对实验数据完整记录。在这个过程中应注意以下几点：

(1)不要急于记录数据。在实验过程中建议先观察或练习，之后再进行测量，也可以先粗测再细测，否则可能在测量进行到一半或快结束时才发现某个调节参数因为初始值选择不合理而出现超出量程或无法调节，导致无法完成整个实验，只好再重新进行测量。

(2)要注意掌握实验中所采取的实验方法，特别是一些基本的测量方法。因为它是复杂测量的基础，在今后的学习与工作中可能会经常用到。在学习时不仅要掌握它的原理，而且要知道它的适用条件及优缺点，这些知识只有通过亲身实践才能真正体会到。

(3)要有意识地培养良好的实验习惯。例如，正确记录原始数据和处理数据，注意记录实验的客观条件，如温度、气压、湿度、日期等。认真学习操作程序，培养操作习惯。良好的实验习惯是科学素质的具体表现，也是保证实验安全、避免差错的基础。

(4)不要单纯追求实验数据的正确性。实验能力的快速提高往往发生在实验过程不顺利时。要逐步学会分析、排除实验中出现的某些故障。当实验结果不理想时，要考虑实验方法是否正确，仪器可能带来多大误差，实验环境等因素对实验有多大影响。

(5)要注意实验室操作规程和安全规则。随着实验项目的进行，会逐步接触到各种测量仪器，它们有不同的使用要求与工作环境，操作不当可能会损坏仪器，甚至对身体造成伤害。因此，要求学生遵守实验的具体操作规程，养成良好的实验习惯。

(6)在实验结束后必须呈递指导教师当场检查、确认，并在原始数据上签字。

3. 撰写实验报告

撰写实验报告的过程实际上是对学生的综合思维能力和文字表达能力的训练过程，是今后学生在工作中撰写标书、项目申请书、研究报告、学术论文的基础训练。撰写一份合格的实验报告应注意以下几方面：

(1)注意实验报告的完整性。一份完整的实验报告应包括实验名称、实验目的、实验仪器、简要的实验原理(用自己的语言扼要说明实验所依据的原理和公式，要有简单的原理图)、实验步骤、数据表格、数据处理(按实验要求内容计算，公式要有代入数据的过程)、误差分析与实验改进设想、解答教师指定的思考题等九个方面。

(2)实事求是是撰写实验报告的基本要求。在撰写实验报告中不得随意对实验数据及其有效数字进行增删。

(3)对实验数据的处理及对实验结果的误差分析是撰写实验报告的重点，也是学生归纳与分析问题能力的具体体现。

(4)实验报告要求做到书写清晰、字迹端正、数据记录整洁，图表合适、文理通顺、内容简明。

(5)为了使撰写的实验报告更加标准，本书的下篇提供了物理实验报告的基础蓝本，可根据提示补充完整，作为实验报告提交。

物理实验课程所涉及的实验项目,均是精挑细选,经过再三斟酌的,对培养学生的创新能力具有重要的作用。从统计学的角度来看,学生在进行物理实验的过程中,利用现有实验设备而发现新的物理现象或规律的概率是非常小的。然而,具有批判与怀疑精神是实验工作者的基本素质。我们期望每个学生去探讨最佳实验方案、改装实验装置、分析操作步骤、注意测量方法应用、提出实验改进与设想,提高自己独立分析问题、解决问题的能力。

为了更好地保质保量地完成实验任务,学生完成整个课程任务时必须严格遵守各项课程要求。

(1)必须提前完成预习要求。

(2)着装整洁得体否则不能参加实验。教师有权禁止着装不合时宜的学生进入实验室。

(3)实验仪器要定位摆放。实验前学生必须关注实验仪器的初始摆放规则,实验完成后,必须完全复位。

(4)认真填写实验记录本。

(5)保持实验室整洁、安静。做完实验后,要搞好实验室卫生,包括桌面、桌斗等。值日生对地面进行清扫清洁并检查各组桌面整洁性。

(6)实验报告按时提交。指导教师有要求的,按照指导教师的安排提交报告,无特别要求的,要在一周内交到作业提交处。

下　篇

实验报告

中国铁道出版社有限公司
CHINA RAILWAY PUBLISHING HOUSE CO., LTD.

下篇　实验报告

演示物理实验报告

演示实验（选一）

演示实验（选二）

普通物理实验报告

实验3.1　长度、质量和密度的测量实验

实验3.2　简谐振动的研究实验

实验3.3　用模拟法测量静电场实验

实验3.4　牛顿环实验

实验3.5　测量钢丝的杨氏模量实验

实验3.6　用电位差计测量电动势实验

实验3.7　用电桥测电阻实验

实验3.8　用旋光仪测量蔗糖溶液浓度实验

工业物理实验报告

实验4.1　飞灰中重金属元素含量的ICP-MS检测实验

实验4.2　飞灰中汞、硒含量的AFS检测实验

实验4.3　利用X射线荧光光谱测试矿石组分实验

实验4.4　金属材料硬度及金相检测实验

实验4.5　利用电子万能试验机进行金属棒材拉伸实验

实验4.6　金属材料冲击实验

实验4.7　矿物加工实验

演示物理实验报告

在所有的演示物理实验中，根据个人的兴趣选择其中两个，具体完成实验报告的撰写。

撰写要求：

1. 写清报告题头。

2. 按照所留空白部分，填写相应内容。

3. 字迹工整、清晰。

4. 按时上交。

物理实验报告

成绩	
教师签章	

班级：__________ 学号：____ 姓名：________ 温度：____ 湿度：____% 大气压：______mmHg 日期：____年____月____日

演示实验（选一）

【实验名称】

【实验装置】

【实验现象】

【物理原理】

【实验应用及感悟】

物理实验报告

成绩	
教师签章	

班级：__________ 学号：____ 姓名：________ 温度：____ 湿度：____% 大气压：______mmHg 日期：____年__月__日

演示实验（选二）

【实验名称】

【实验装置】

【实验现象】

【物理原理】

【实验应用及感悟】

普通物理实验报告

普通物理实验报告以实验目的、实验仪器、实验原理、实验步骤、数据记录、数据处理及误差计算、误差分析等条目进行组织。报告中列出了相应实验的重要知识点,根据所给出的提示线索,具体填写相应内容。

撰写要求:

1. 按照所留空白部分,填写相应内容。

2. 进行数据的处理。

3. 完成误差计算。

4. 进行误差的定性分析。

5. 字迹工整、清晰。

6. 按时上交。

物理实验报告

成绩	
教师签章	

班级：__________ 学号：____ 姓名：________ 温度：____ 湿度：_____%大气压：_____mmHg 日期：___年___月___日

实验 3.1　长度、质量和密度的测量实验

【实验目的】

1.

2.

【实验仪器】

【实验原理】

1. 游标卡尺的测量原理（结合下图理解并回答）

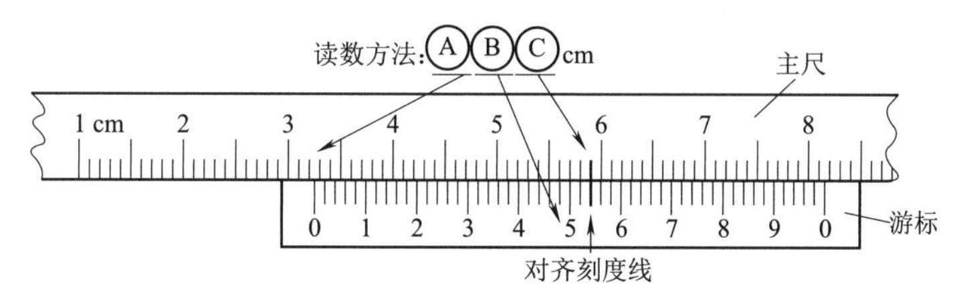

游标卡尺读数图

（1）游标卡尺由毫米最小分度的________和能够滑动的________两部分组成（选填“主尺”或“游标”）。

（2）上图所示的游标卡尺中，游标上最小分度是每格________ mm。这是把总长度________ mm平均分成________份而制成的。

（3）上图所示主尺和游标最小分度值的长度差异为________ mm，这也就是本游标卡尺的精度。

（4）游标卡尺读数，包含了三个部分，即图示中的________、________、________三部分。我们要明确理解这种高效的三步读数法。

（5）按照三步读数法，图示游标卡尺的示数为________ mm，即________ cm。

（6）假如想让游标卡尺的精度提高到 0.01 mm，那么可以采用总长度为________ mm 并将其平均分成________份而制成的最小分度为________ mm 的游标，即主副尺上最小分度的差异为________ mm。

物理实验报告

班级：____________________ 学号：____________________ 姓名：____________________

2. 数显游标卡尺

（1）本实验所使用的数显游标卡尺有三个按钮，其功能分别为________、________、________。

（2）使用数显游标卡尺时，在初始卡爪相互对齐后，在测量前要进行________操作，以防止初始示数影响测量结果。

3. 千分尺的测量原理（结合下图理解并回答）

(a) (b) (c)

千分尺读数原理图

（1）图示千分尺的微分套筒螺纹的螺距为 0.5 mm，即微分套筒转动一整圈，前进或者后退的距离为________ mm。在微分套筒整个圆周上均匀分成了________格，每小格代表的数值是________ mm。

（2）之所以得名“千分尺”，是因为读数以 mm 为单位，可以记录到小数点后________位，即 1 mm 的________分位（选填“十”“百”“千”）。

（3）上图中（a）显示的是正常的测量结果，其示数是________ mm、图中（b）、（c）二图为千分尺零点误差的示数，分别为________ mm 和________ mm。

4. 数显千分尺

（1）数显千分尺使用时，测量前在两个测量砧互相接触后，需要单击________按钮以避免产生零点误差。

（2）使用千分尺时，为了避免读数不准甚至造成仪器损坏，需要控制测量砧的接触力度不能过大。控制夹紧的力度，必须使用________（填写千分尺的部件名称），而不可蛮力旋转微分套筒。

物理实验报告

班级：__________ 学号：__________ 姓名：__________

【实验步骤】

【数据记录】

尺寸数据记录表

测量项目	测量次数					平均值
	1	2	3	4	5	
钢筒外直径 D/cm（游标卡尺测量）						
钢筒内直径 $d_{筒}$/cm（游标卡尺测量）						
钢筒高度 H/cm（游标卡尺测量）						
钢筒壁厚 δ/μm（体式显微镜测量）						
钢球直径 d/mm（千分尺测量）						

注：为了区分钢球直径 d，$d_{筒}$ 代表钢筒，下文同。

质量数据记录表

项目	质量 M/g	绝对误差 ΔM/g
钢筒		
钢球		

【数据处理及误差计算】

1. 参考下面公式计算钢筒的体积及密度（仅填结果，不写过程）

钢筒的体积$\overline{V_{筒}} = \pi/4(\overline{D}^2 - \overline{d_{筒}}^2) \times \overline{H} =$ ________，钢筒的密度 $\bar{\rho}_{筒} = \frac{M_{筒}}{\overline{V}_{筒}} =$ ________。

物理实验报告

班级：____________ 学号：____________ 姓名：____________

2. 按下面公式提示计算钢球的体积及误差

计算钢球体积 $\overline{V}=\frac{1}{6}\pi\overline{d}^3$

$\overline{V}=$

计算直接测量量钢球直径的绝对误差 $\Delta\overline{d}$

$\Delta\overline{d}=$

计算钢球体积的相对误差 $E_{\overline{V}}=3\frac{\Delta\overline{d}}{\overline{d}}$

$E_{\overline{V}}=$

计算钢球体积的绝对误差 $\Delta\overline{V}=\overline{V}\times E_{\overline{V}}$

$\Delta\overline{V}=$

写出钢球体积的一般表示形式 $V=\overline{V}\pm\Delta\overline{V}$

【误差分析】

物理实验报告

成绩	
教师签章	

班级：__________ 学号：____ 姓名：________ 温度：____ 湿度：_____% 大气压：_______mmHg 日期：_____年___月___日

实验 3.2　简谐振动的研究实验

【实验目的】

1.

2.

3.

【实验仪器】

【实验原理】

（提示：根据弹簧振子的振动方程，找到周期与刚度系数及等效质量之间的关系）

1. 根据简谐运动（弹簧振子）的方程 $x = A\cos(\omega t + \varphi)$，可知，理想状态弹簧振子周期 $T =$ ________________（利用质量 m、刚度系数 k 来表达）

2. 本实验中在测量弹簧的刚度系数 k 和等效质量 m_0 时，当然振子也并非完全理想状态，其中质量包括了三部分，$T^2 = \frac{4\pi^2}{k}(m_1 + m_0 + m_i)$，分别是

（1）m_0，其含义是____；

（2）m_1，其含义是____；

（3）m_i，其含义是____。

3. 逐差法在测量数据时要做________次测量。（选填“奇数”或“偶数”）

【实验步骤】

1. 观察简谐振动周期与振幅的关系并测定周期

（1）接通气源和计时计数测速仪电源，熟悉计时计数测速仪面板上各键的功能及使用方法。

（2）打开气源电源开关，把滑块置于气垫导轨上并将导轨调水平。

（3）将弹簧连于滑块和气垫导轨之间。使滑块离开平衡位置后，观察其振动情况。

（4）打开计时计数测速仪电源开关，按功能键选择测周期功能，按功能键即可开始测量，当显示屏上显示值为 5 时按转换键停止测量，1 s 后显示屏上显示数值即为 5 个周期值。

（5）将滑块的振幅依次取 5 cm、10 cm、15 cm、20 cm、25 cm，分别测其振动 5 个周期的时间。每个振幅测三次。

2. 观察简谐振动周期 T 与 m 的关系并测定弹簧的刚度系数和弹簧的等效质量

（1）设定测量 10 个周期。打开 MUJ-5B 计时计数测速仪电源开关，按功能键选择测周期功能。之后一直按下转换键，直到显示屏上数字从 1 增加到 10，抬手即可。

物理实验报告

班级：____________ 学号：____________ 姓名：____________

(2)测振动 10 个周期。当滑块在导轨上振动后，按功能键即可开始测量，每过一个周期，显示屏上显示数字将减少 1，10 个周期之后显示屏上显示出 10 周期共用的时间值。按取数键可依次显示每一个周期所用时间值。

(3)在滑块上依次加 50 g、100 g、150 g、200 g、250 g 的条形砝码，测出不同质量下振动 10 个周期时间，每个质量测三次。测量时振幅保持一致。

【数据记录】

简谐振动周期数据表

振幅/cm	$5T$/s			平均值 $\overline{T}$/s
	1	2	3	
$A_1=5.00$				
$A_2=10.00$				
$A_3=15.00$				
$A_4=20.00$				

测弹簧刚度系数和等效质量数据表

砝码质量 m_i/g	$10T$/s			$\overline{T}$/s
	1	2	3	
0				
50				
100				
150				
200				
250				

【数据处理及误差计算】

1. 测定周期，求出振动系统的周期平均值，并分析振动的情况。

从第一张表的数据可见，去除掉摩擦及空气阻力造成的影响外，周期与振幅是________(有关、无关)的。

2. 用逐差法进行数据处理，测定弹簧的刚度系数 k 和等效质量 m_0。

参考公式：$T_i^2=\dfrac{4\pi^2}{k}(m_1+m_0+m_i)\ (i=0,1,2,3,4,5)$

物理实验报告

班级：____________________ 学号：____________________ 姓名：____________________

【误差分析】

物理实验报告

成绩	
教师签章	

班级：__________ 学号：____ 姓名：________ 温度：____ 湿度：____% 大气压：________mmHg 日期：____年____月____日

实验3.3　用模拟法测量静电场实验

【实验目的】

1.

2.

3.

【实验仪器】

【实验原理】

1. 本实验测量静电场，主要是测量静电场的________、________（选填"A. 密度""B. 电场强度的大小""C. 等势线的分布""D. 电场线的分布"），实验结束后，要画出所测静电场的________线和________线。

2. 之所以要采用"模拟法"，主要是因为静电场直接测量时会出现________现象。也就是仪器的探针一旦引入静电场，将在探针上产生感应电荷，这些电荷又产生电场，使原静电场发生改变。

3. 实验中采用了____________________来模拟静电场。

4. 电场线与等势线之间相互____________________。

5. 静电场电场线由________指向________。（选填"正电荷""负电荷"）。

6. 本实验，静电场中理论上的电势计算公式为 $U_r = U_0 \dfrac{\ln \frac{b}{r}}{\ln \frac{b}{a}}$，写出其中字母的含义。

U_0：____

U_r：____

a：____

b：____

物理实验报告

班级：____________ 学号：____________ 姓名：____________

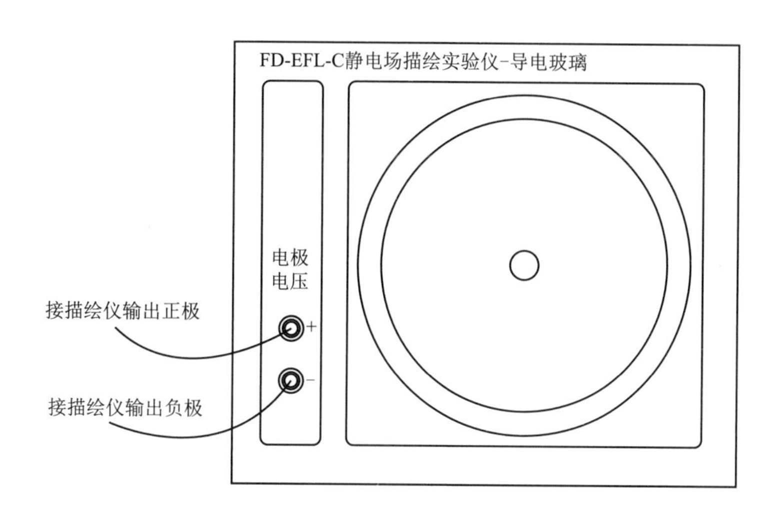

7. 静电场测量仪上，切换开关处于“输出”的位置时，屏幕显示的数字代表________，将切换开关拨到“测量”的位置时，屏幕显示的数值是________。（选填“A. 输出电压值”或者“B. 测量电压值”）

8. 打点完毕后，画等势线时，应该使用________将各个点连接起来。（选填“直线”“光滑曲线”）

9. 在测量等势线的半径时，为了避免偏心产生的测量误差，通常是测量________，然后通过除以________的方法进而得到半径的数值。

【实验步骤】

1. 将复印纸和白纸安装在双层静电场描绘仪上，并固定好。

2. 按图连接线路。

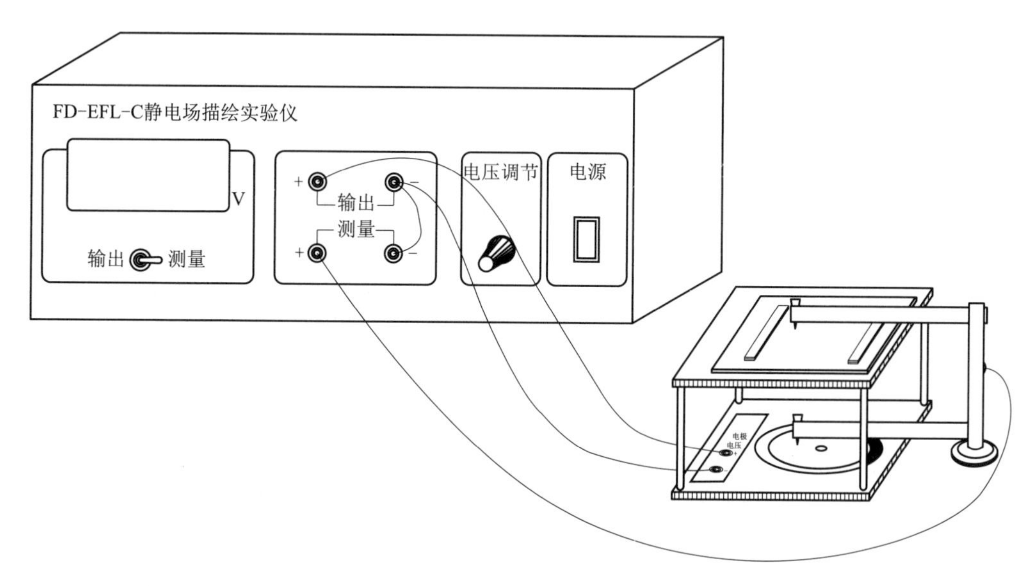

3. 打开电源开关，将切换开关拨到“输出”位置，调节____________旋钮，将显示屏所示的输出电压调节到________V。

物理实验报告

班级：____________ 学号：____________ 姓名：____________

4. 将切换开关拨到________位置，移动探针的位置，当显示电压为 1 V 时，轻按探针上端的按钮，在纸上打点以记录位置。多次重复打点，直致打出一条完整的圆形等势线形状。

5. 1 V、2 V、4 V 都打点完成后，取下白纸。

6. 画等势线。

7. 根据电场线________于等势线的原理，结合电场线的起止位置，画出电场线。

8. 用直尺测量____________填入数据记录表中。

9. 注意，一定要三组等势点都记录完成后，再取下记录纸，否则是错误的。

【数据记录】

同轴电缆间电位分布数据表

$U_{实}$/V	r/cm					
	r_1	r_2	r_3	r_4	r_5	$\bar{r}$
1.00						
2.00						
4.00						

实验中 a = ________ cm，b = ________ cm，U_0 = ________ V

物理实验报告

班级：____________ 学号：____________ 姓名：____________

【数据处理及误差计算】

（提示：根据公式计算不同等势线半径 $\bar{r}$ 处的电势理论值，再与实际的电势值进行比较，进而求出相对误差）

理论值计算公式：$U_{理}=U_0\dfrac{\ln\dfrac{b}{\bar{r}}}{\ln\dfrac{b}{a}}$

相对误差计算公式：$E_U=\dfrac{|U_{实}-U_{理}|}{U_{理}}\times 100\%$

【误差分析】

物理实验报告

成绩	
教师签章	

班级：__________ 学号：____ 姓名：________ 温度：____ 湿度：_____% 大气压：________mmHg 日期：______年____月____日

实验 3.4　牛顿环实验

【实验目的】

1.

2.

【实验仪器】

【实验原理】

1. 牛顿环是由于光的________而形成的。（选填“干涉”“衍射”“折射”）

2. 实验中相互干涉的两束光分别是____________________（选填“平凸透镜”“平板玻璃”“空气薄膜”）的上下表面的________（选填“透射光”“反射光”）。

3. 产生相干光一般有___________和___________两种方法，牛顿环实验中使用的是____________________法。

4. 牛顿环的特点是____________相等的位置干涉结果的亮暗程度一致。所以称这种干涉为____________________。

5. 本实验中测量曲率半径所用的公式为 $R=\dfrac{D_m^2-D_n^2}{4(m-n)\lambda}$，写出各个字母所代表的含义。

R：____

m、n：____

λ：____

D_m、D_n：____

6. 牛顿环在现实中可以用来____。

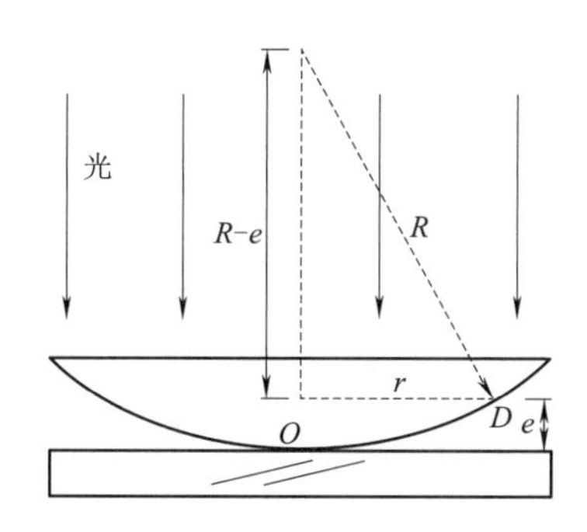

物理实验报告

班级：________________ 学号：________________ 姓名：________________

【实验步骤】

1. 接通电源，点亮________，进行预热。

2. 调节牛顿环三颗螺钉，使得松紧适度，________（选填"能"或者"不能"）太紧，以避免压碎牛顿环玻璃。

3. 将牛顿环置于显微镜的________上，基本处于镜筒的正下方。

4. 水平转动显微镜筒下的45°反光镜的朝向，并配合放置钠光灯的位置，使反光镜能够将水平照射过来的钠黄光变成________（选填"水平"或"竖直"）方向照向牛顿环的玻璃。

5. 调节________的焦距，使得显示屏上出现清晰的牛顿环的图样。注意，调节焦距时，需要将镜筒由最________（选填"低"或者"高"）处向________（选填"低"或者"高"）的方向调节，以避免不小心压坏牛顿环。

6. 转动鼓轮，观察牛顿环的位置移动。

7. 按照下图所示的方向依次调节叉丝竖线与牛顿环条纹的相对位置，进行测量读数，在此期间________（选填"允许"或者"不允许"）倒轮，以避免产生________误差。

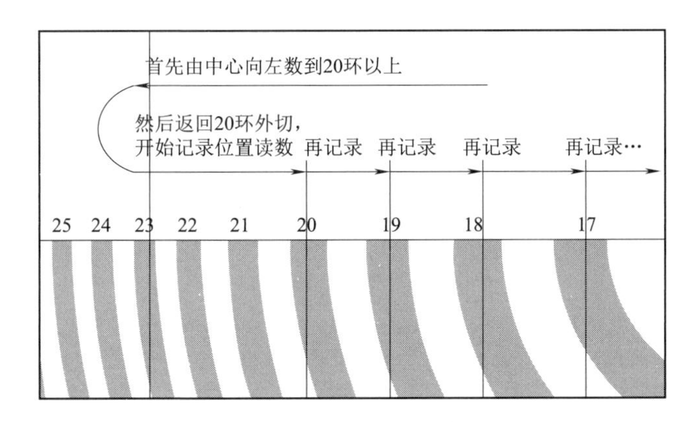

8. 用显微镜观察给定的玻璃片，观察产生的干涉条纹，并区分玻璃片的平凸。

物理实验报告

班级：____________ 学号：____________ 姓名：____________

【数据记录】

测平凸透镜曲率半径数据表

环数	读数/mm		直径/mm	环数	读数/mm		直径/mm	$(D_m^2-D_n^2)/\text{mm}^2$
m	左方	右方	D_m（左方－右方）	n	左方	右方	D_n（左方－右方）	
20				10				
19				9				
18				8				
17				7				
16				6				

【数据处理及误差计算】

1. 计算$\overline{D_m^2-D_n^2}$。

$\overline{D_m^2-D_n^2}=$

2. 计算$\overline{R}$（注：$\lambda=5.893\times10^{-4}$mm）。

$\overline{R}=\dfrac{\overline{D_m^2-D_n^2}}{4(m-n)\lambda}=$

3. 计算平方差的绝对误差$\Delta\overline{(D_m^2-D_n^2)}$。

$\Delta\overline{(D_m^2-D_n^2)}=$

物理实验报告

班级：____________ 学号：____________ 姓名：____________

4. 计算 R 的相对误差 E_R。

$$E_R = \frac{\Delta\overline{(D_m^2 - D_n^2)}}{\overline{D_m^2 - D_n^2}} =$$

5. 计算 R 的绝对误差 $\Delta\overline{R}$。

$$\Delta\overline{R} = E_R \cdot \overline{R} =$$

6. 写出结果表达式 $R = \overline{R} \pm \Delta\overline{R}$。

$R =$

【误差分析】

物理实验报告

成绩	
教师签章	

班级：__________ 学号：____ 姓名：________ 温度：____ 湿度：_____% 大气压：________mmHg 日期：______年____月____日

实验 3.5 测量钢丝的杨氏模量实验

【实验目的】

1.

2.

3.

【实验仪器】

【实验原理】

1. 杨氏模量 E 的内涵(表征应力与应变关系的公式)：________________________________

2. 光杠杆的放大原理

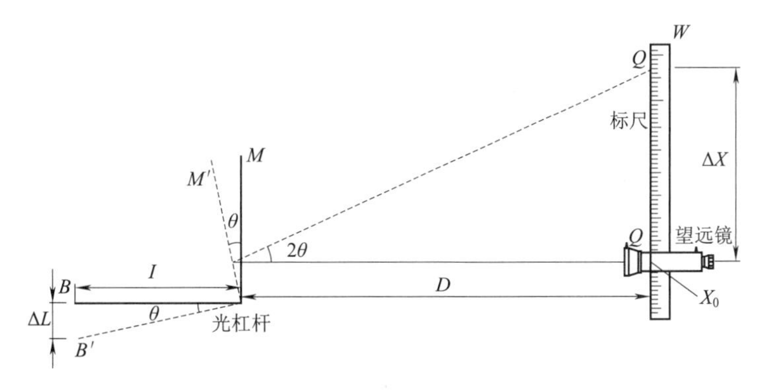

杨氏模量的直接计算公式：________________________________

【实验步骤】

(提示：简单进行描述)

物理实验报告

班级：__________ 学号：__________ 姓名：__________

【数据记录】

测钢丝伸长量数据表

增加拉力 ΔF/N	加砝码时 x_i/cm	减砝码时 x_i/cm	平均值$\overline{x_i}$/cm
0			
1×9.8			
2×9.8			
3×9.8			
4×9.8			
5×9.8			

钢丝直径及长度等测量数据表

不同位置测钢丝直径 d/mm						D/cm	l/cm	L/cm
1	2	3	4	5	$\overline{d}$			

【数据处理及误差计算】

（目标是计算钢丝的杨氏模量，并与公认值相比较，计算误差。）

1. 计算拉力间隔为 3×9.8 N 时，所观察到的标尺示数 x 的变化量 Δx 的大小，利用逐差法。

$\Delta\overline{x}=$

2. 计算杨氏模量 E 的值。

$E=\frac{8DL}{\pi d^2 l}\cdot\frac{\Delta F}{\Delta\overline{x}}=$

3. 与公认值 $E_0=2.00\times10^{11}\ \mathrm{N/m^2}$ 相比较，计算相对误差 E_E。

$E_E=$

【误差分析】

物理实验报告

成绩	
教师签章	

班级：__________ 学号：____ 姓名：________ 温度：____ 湿度：_____% 大气压：________mmHg 日期：____年____月____日

实验3.6　用电位差计测量电动势实验

【实验目的】

1.

2.

【实验仪器】

【实验原理】

1. 电动势 E_x 与路端电压 U 关系式：____________________，由关系式可知，当电流 $I=$ ________时，$E_x=U$。

2. 补偿法测量原理

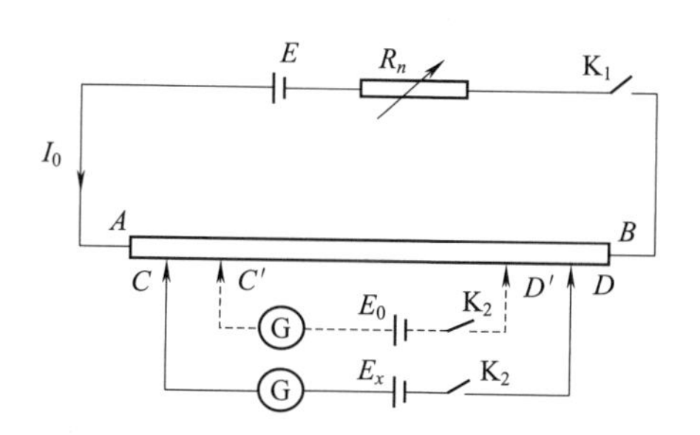

当待测电源接入电路中，电位差计平衡或电位差计处于补偿状态时，E_x ________ U_{CD}（填写 >、< 或者 = 符号），补偿回路中无电流（指针无偏转），此时测量出所用到的有效电阻丝的长度________（填写 L_x 或者 L_0）。因而有公式

$$E_x = U_{CD} = I_0 r_0 L_x$$

当标准电池接入电路中，电位差计平衡或电位差计处于补偿状态时，E_0 ________ U_{CD}（填写 >、< 或者 = 符号），补偿回路中无电流（指针无偏转），此时测量出所用到的有效电阻丝的长度________（填写 L_x 或者 L_0）。此时又有公式

$$E_0 = U_{C'D'} = I_0 r_0 L_0$$

综合可得待测电动势为 $E_x=$ ________（用 E_0、L_x、L_0 来表达）。

物理实验报告

班级：＿＿＿＿＿＿ 学号：＿＿＿＿＿＿ 姓名：＿＿＿＿＿＿

【实验步骤】

（提示：简单进行描述）

1. 把稳压电源 E 输出调到________V，电阻箱 R_n 的阻值调到________Ω。

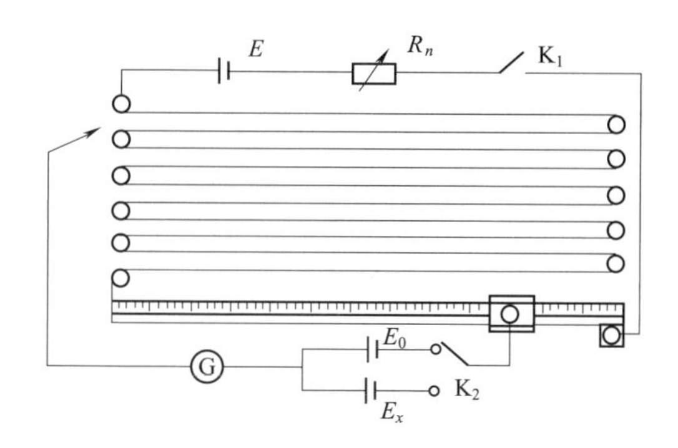

2. 按图接好电路，注意 E、E_x、E_0 的极性切勿接错，否则无法补偿。接通检流计电源，打开检流计电源开关，调节零位调节旋钮，使检流计指针指________。然后按下"电计"按钮并旋转一个角度，使检流计常接。

3. 为了延长标准电池的使用寿命，首先测量 L_x，按图示接入 E_x。把滑动开关滑到米尺最右方，按下弹簧片。拿与检流计相连的导线从上到下逐个在十一线电位差计接线柱上碰试，找到一米电阻丝，使导线接在这一米两端的接线柱时，检流计指针向两个方向偏转，然后把导线接到较长的一端，这就是 C 点位置。然后把滑动开关逐渐左移，随时按下弹簧片，仔细调节，使检流计指针为零。这时弹簧片与电阻丝接触的位置即是 D 点，记下 C、D 两点间的长度 L_x。把滑动开关移开，再回来找到检流计指零的位置，又记录一个 L_x 值，反复测量 5 次填入数据表格。

4. 保持 $R_n=20\ \Omega$ 不变，把 E_0 接入电路，替换下 E_x。先近似估算 L_0 的值（因为待测电池 E_x 在 1.5 V左右，E_0 在 1.0 V 左右，所以 L_0 大致为 L_x 的 2/3）。此时稳压电源必须开启后，才能把标准电池接入。按确定 C、D 位置的方法确定 C'、D'位置，使检流计指针为零，记下 C'、D'两点间的长度 L_0。也反复测量 5 次记录下来，记录至表中。

5. 测量完毕后，把检流计"电计"旋钮旋出，稳压电源输出调为零，关闭它们的电源开关。把所连接的导线拆除，仪器整理整齐。

【数据记录】

$R_n=$ __20__ Ω　　　　电源电压＝________V　　　　标准电池 $E_0=1.018\ 6$ V

物理实验报告

班级：____________ 学号：____________ 姓名：____________

电位差计测量电池的电动势实验数据表

次数	L_x/m	L_0/m	E_x/V
1			
2			
3			
4			
5			
平均			

【数据处理及误差计算】

1. 计算 $\Delta \overline{L_x}$ 及 $\Delta \overline{L_0}$。

$\Delta \overline{L_x} =$

$\Delta \overline{L_0} =$

2. 计算待测电动势 E_x 的平均值。

$\overline{E_x} = \dfrac{\overline{L_x}}{\overline{L_0}} E_0 =$

物理实验报告

班级：____________ 学号：____________ 姓名：____________

3. 计算相对误差 $E_{E_x}=\dfrac{\Delta\overline{L_x}}{\overline{L_x}}+\dfrac{\Delta\overline{L_0}}{\overline{L_0}}$。

$E_{E_x}=$

4. 计算绝对误差 $\Delta\overline{E_x}=\overline{E_x}\cdot E_{E_x}$。

$\Delta\overline{E_x}=$

5. 结果表达式。

$E_x=\overline{E_x}\pm\Delta\overline{E_x}=$

【误差分析】

物理实验报告

成绩	
教师签章	

班级：__________ 学号：____ 姓名：________ 温度：____ 湿度：____%大气压：________mmHg 日期：____年____月____日

实验3.7　用电桥测电阻实验

【实验目的】

1.

2.

【实验仪器】

【实验原理】

1. 直流单臂电桥测电阻的基本电路。

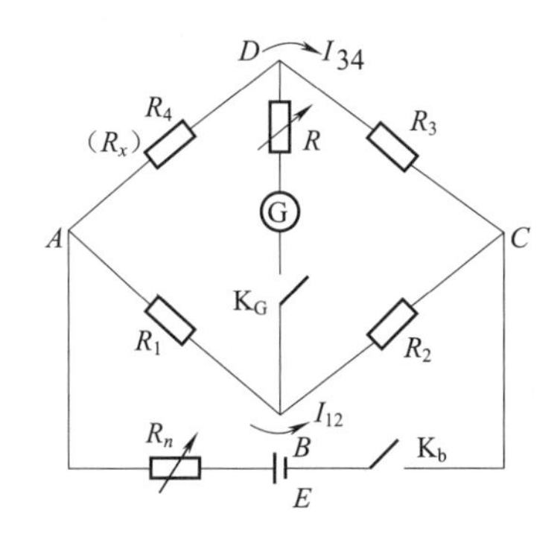

当流过检流计的电流 I_g = ________时，电桥为平衡状态。

2. 电桥处于平衡状态时，$I_{12}R_1 = I_{34}R_x$ 并且 $I_{12}R_2 = I_{34}R_3$，所以有$\frac{R_1}{R_2}=\frac{R_x}{R_3}$，即待测电阻 R_x 阻值 R_x =

________。

3. 交换抵消法的思想。

交换________和________的位置，能够减少甚至消除一部分系统误差的方法称为交换抵消法。

交换抵消法在许多实验中被广泛采用，它可以有效地消除某些定值误差。

【实验步骤】

（提示：简单进行描述）

1. 将稳压电源电压调节为________V。

2. 按图接线，接通检流计的电源，打开开关。

3. 粗测。

调节零点调节旋钮，把指针调零。把电计按钮按下并旋转为常接状态。用滑线电桥测出给定的两个电阻 R_{x1} 和 R_{x2} 的阻值，作为粗测数值。

4. 精测。

为减小误差，取 $R_0 \approx R_x$，接通电路，观察检流计偏转情况，调节滑点 D 在电阻丝上的位置，使检流计 I_g，此时 D 点在 A、B 中央附近。精确记录 L_1、L_2，填入表格。

物理实验报告

班级：＿＿＿＿＿＿＿＿ 学号：＿＿＿＿＿＿＿＿ 姓名：＿＿＿＿＿＿＿＿

5. 将电阻 R_x、R_0 交换位置后再进行测量，并将两次测量的平均值作为测量结果。

6. 实验完毕，把电计按钮旋出，关掉检流计的电源。

【数据记录】

滑线式单臂电桥数据

待测电阻	电阻箱阻值 R_0/Ω	R_x 在左边			R_x 在右边			$R_x=\frac{R'_x+R''_x}{2}/\Omega$
		L_1/cm	L_2/cm	R'_x/Ω	L_1/cm	L_2/cm	R''_x/Ω	
R_{x1}								
R_{x2}								

【数据处理及误差计算】

1. 对于电阻 R_{x1}，计算以下数据。

(1) R'_x 及 R''_x 以及 $\overline{R}_x$。

$R'_x=$

$R''_x=$

$\overline{R}_x=$

(2) 计算相对误差 $E_{R_x}=\frac{\Delta L_1}{L_1}+\frac{\Delta L_2}{L_2}$。

$E_{R_x}=$

(3) 计算绝对误差 $\Delta R_x=\overline{R_x}\cdot E_{R_x}$。

$\Delta R_x=$

(4) 写出结果表示式 $R_x=\overline{R_x}\pm\Delta R_x$。

$R_x=$

物理实验报告

班级：＿＿＿＿＿＿＿＿＿＿ 学号：＿＿＿＿＿＿＿＿＿＿ 姓名：＿＿＿＿＿＿＿＿＿＿

2. 对于电阻 R_{x2}，计算以下数据。

（1）R'_x 及 R''_x 以及 $\overline{R_x}$。

$R'_x =$

$R''_x =$

$\overline{R_x} =$

（2）计算相对误差 $E_{R_x} = \frac{\Delta L_1}{L_1} + \frac{\Delta L_2}{L_2}$。

$E_{R_x} =$

（3）计算绝对误差 $\Delta R_x = \overline{R_x} \cdot E_{R_x}$。

$\Delta R_x =$

（4）写出结果表示式 $R_x = \overline{R_x} \pm \Delta R_x$。

$R_x =$

【误差分析】

物理实验报告

成绩	
教师签章	

班级：__________ 学号：____ 姓名：________ 温度：____ 湿度：_____% 大气压：______mmHg 日期：____年 月 日

实验 3.8　用旋光仪测量蔗糖溶液浓度实验

【实验目的】

1.

2.

【实验仪器】

【实验原理】

1. 光的偏振与旋光现象

线偏振光　　自然光　　部分偏振光

按照马吕斯定律，如果线偏振光的振动面与检偏器的透光方向夹角为 θ 时，则强度为 I_0 线偏振光，通过检偏器后的光强为 $I=$____________________。

对于长度为 L，浓度为 C 的蔗糖溶液等旋光性液体，旋光度 $\Delta\Phi$ 与旋光率 α 的关系为________。

2. 旋光仪的工作原理

旋光仪是精确地记录旋光度的一种仪器。视野中可见以下四种状态即四种视场：

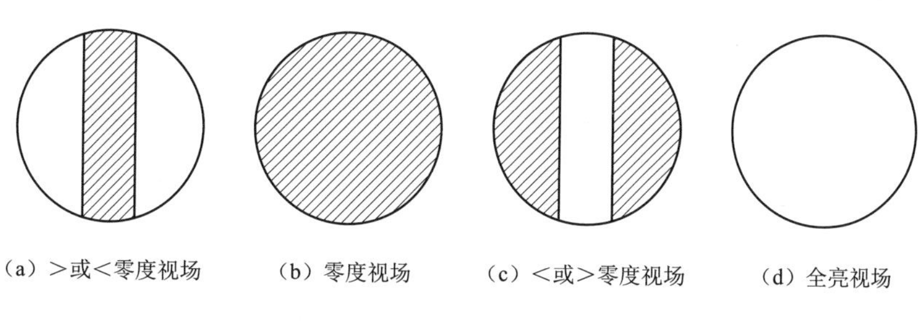

（a）>或<零度视场　（b）零度视场　（c）<或>零度视场　（d）全亮视场

旋光仪最终读数时视场处于____________________。

旋光仪在测量糖溶液试管时，气泡应放置在____________________的位置。（选填"试管上端""试管下端""试管中段隆起部分"），以防止气泡对光线传输造成影响。

旋光仪的读数度盘采用的是类似____________________的原理。（选填"游标卡尺"或"螺旋测测器"）

物理实验报告

班级：____________ 学号：____________ 姓名：____________

【实验步骤】

1. 接通电源，开启开关，预热 5 min，待钠光灯发光正常可开始工作。

2. 转动手轮，在中间明或暗的三分视场时，调节目镜使中间明纹或暗纹边缘清晰。再转动手轮，观察视场亮度变化情况，从中辨别明暗一致的零度视场位置。

3. 仪器中不放试管或放入空试管后，调节手轮找到零度视场，从左右两读数视窗分别读数，求二者平均值为一个测量值。转动手轮离开零度视场后再转回零度视场读数，共测 3 次取平均值。则仪器的真正零点在其平均值 $\overline{\Phi}_0$ 处。

4. 将装有已知浓度糖溶液的试管放入旋光仪，试管的凸起部分在上，注意让气泡留在试管中间的凸起部分。转动手轮找到零度视场位置，记下左右视窗中的读数 $\Phi_{左}$ 和 $\Phi_{右}$。各测 3 次求其平均值 $\overline{\Phi}$。则糖溶液的偏光旋转角度为 $\Delta\overline{\Phi}=\overline{\Phi}-\overline{\Phi}_0$。

5. 将装有未知浓度的糖溶液的试管放入旋光仪，重复步骤 4，测出其偏光旋转角度。

6. 测试完毕，关闭开关，切断电源。

特别注意以下问题：

1. 注意装有蔗糖溶液的试管的保护，用后随时放于托盘中，防止滚落地面损坏。

2. 测量时，溶液中的气泡要置于试管的凸起部分，避免处于光路中影响测量。

3. 注意区分零度视场与常亮视场的不同，前者是短暂出现的，避免混淆。

【数据记录】

测量糖溶液旋光度数据表

浓度/(kg/m³)		旋光仪读数 Φ/(°)						$\overline{\Phi}$/(°)	管长/m	$\Delta\Phi$/(°)
		左	右	左	右	左	右			
空管									/	/
C_1										
C_2										
C_3										
$C_{未}$										

【数据处理及误差计算】

1. 利用三种已知浓度 C_1、C_2、C_3 的糖溶液测量数据，分别求出糖溶液的旋光率 α_1、α_2、α_3。最后求得旋光率的平均值 $\overline{\alpha}$。

$$\alpha_1=\frac{\Delta\phi_1}{C_1L_1}=$$

$$\alpha_2=\frac{\Delta\phi_2}{C_2L_2}=$$

$$\alpha_3=\frac{\Delta\phi_3}{C_3L_3}=$$

物理实验报告

班级：________________ 学号：________________ 姓名：________________

$\overline{\alpha} = \frac{1}{3}(\alpha_1 + \alpha_2 + \alpha_3) =$

2. 利用测得的待测糖溶液的旋光度及上面算得的平均旋光率 $\overline{\alpha}$，求出的待测糖溶液浓度 $C_{未}$。

$C_{未} = \frac{\Delta\phi_{未}}{\overline{\alpha} L_{未}} =$

3*. 以 $\Delta\Phi/L$ 为纵坐标，C 为横坐标作图，求糖溶液的旋光率和未知溶液的浓度（选做）。

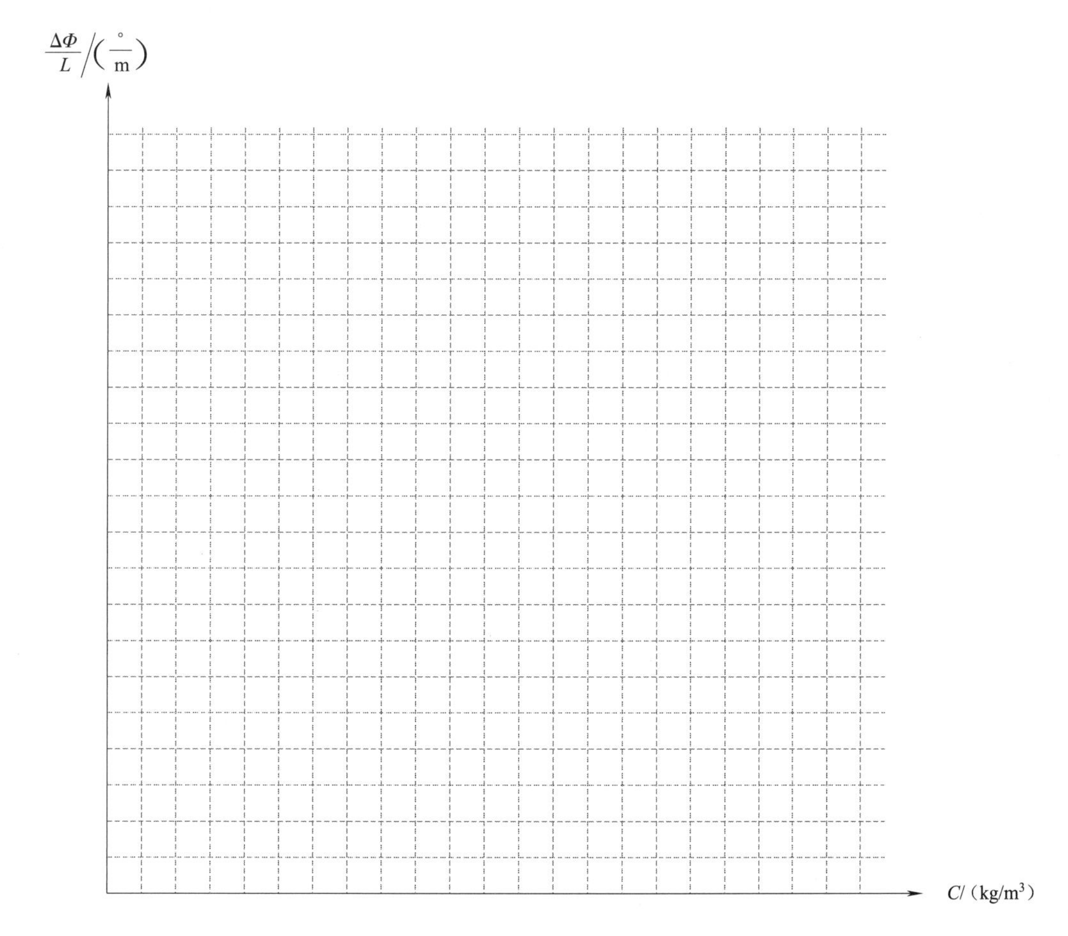

【误差分析】

工业物理实验报告

工业物理实验报告以实验任务为脉络进行组织。每个实验中包含着不同实验任务，按照教师的要求完成相应的任务。填写相应的实验结果。

撰写要求：

1. 将报告的空白部分补充完整。

2. 回答讨论与思考的相关题目。

3. 根据个人对重要知识点的掌握情况，进行自我评价，填写自我评价表格（每行满分 10 分）。

4. 按时上交。

物理实验报告

成绩	
教师签章	

班级：__________ 学号：____ 姓名：________ 温度：____ 湿度：_____% 大气压：________mmHg 日期：______年____月____日

实验4.1　飞灰中重金属元素含量的ICP-MS检测实验

一、任务要求

1. 检测飞灰中重金属砷、铜、锌、铅、镉、铍、钡、镍、铬的含量并判断其是否超标。

2. 重金属元素含量检测有哪些方法：____。

二、制样及检测依据

1.《固体废物　浸出毒性浸出方法　醋酸缓冲溶液法》________________________(标准编号)；

2.《固体废物　金属元素的测定　电感耦合等离子体质谱法》__________________(标准编号)。

三、实验设备

电子天平、干燥箱、______________________、正压过滤器、移液枪、______________________、ICP-MS。

四、知识点及技能点

1. 飞灰样品含水率测试。

2. 固体废物浸出液制备。

3. 微波消解仪原理。

4. 什么是等离子体？它在ICP-MS分析中起什么作用？

物理实验报告

班级：____________________ 学号：____________________ 姓名：____________________

任务一　飞灰固体颗粒含水率的测试

称取 50 g 飞灰样品，放入玻璃平皿中，置入干燥箱中，于 105 ℃下烘干，恒重至两次称量误差小于 ±1%，计算出样品含水率。

飞灰样品含水率测试

样品编号	烘干前称重/g	烘干后称重/g	含水率/%	固体率/%
1				
2				
3				
4				

任务二　测试样品制备

1. 翻转振荡

测试样品________（g）、加浸提剂量________（mL）、时间________（h）、转速________（r/min）；

2. 正压过滤

滤膜孔径____________________（μm）。

3. 微波消解

取 12.5 mL 过滤后浸出液，放入消解罐中，加入 0.5 mL 盐酸和 2 mL 硝酸，混匀。标准中推荐微波消解参数见下表。

微波消解参数

压力(0.1 MPa)	温度/℃	功率/W	升温时间/s	恒温时间/s

4. 制样

（1）消解后样品移入 50 mL 比色管中，用纯水冲洗消解罐 3 次也移入比色管中，用去离子水定容至 50 mL 刻线；

（2）比色管中取 4 mL 上清液，移入 50 mL 容量瓶，加 1 mL 硝酸，用去离子水定容后，ICP-MS 测定（测得值乘 50）。

物理实验报告

班级：＿＿＿＿＿＿＿＿ 学号：＿＿＿＿＿＿＿＿ 姓名：＿＿＿＿＿＿＿＿

任务三　ICP-MS 测试

ICP-MS 检测主要过程：

1. 开启外围设备，排风、冷却循环水、氩气和氦气，自动进样器，安装蠕动泵管。

2. 打开软件，设备加电，抽真空，四级杆真空度应达到 10^{-4}Pa 数量级。

3. 点火，等待点火程序结束。

4. 将进样管和内标管放入调谐液中，选择调谐参数使仪器稳定。

5. 将标液管和样品管放入自动进样器中试样架中。

6. 新建测试，选择测试元素，内标元素，输入标液浓度、样品个数和位置，开始测试，并将测试结果填在表“测试结果”中。

7. 测试结束后，用 2% 硝酸溶液冲洗管路 2 min，再用纯水冲洗 2 min，熄火。

8. 将测试文件保存为 Excel 文件，文件名为“日期 + 测试模式”。

9. 卸真空后断电。松开蠕动泵管，关排风、冷却循环水、氩气和氦气，自动进样器。

10. 计算出飞灰样品浸出液中重金属元素含量，填入表“计算结果”中。

任务四　检测报告

检测报告

一、飞灰样品信息

飞灰样品信息表

收样日期	样品原标识	检测项目	样品状态	样品数量
	飞灰 （　年　月　日）	浸出毒性：汞、砷、硒、铜、锌、铅、镉、铍、钡、镍、总铬、六价铬	黑色塑料袋包装，包装完好。深灰色颗粒状固体，潮湿	1 袋 （约 1.2 kg）

二、检测方法及仪器

浸出制备方法依据《固体废物　浸出毒性浸出方法　醋酸缓冲溶液法》（HJ/T 300—2007），检测方法及主要仪器见下表。

物理实验报告

班级：________________ 学号：________________ 姓名：________________

检测方法及仪器

序号	检测项目	检测方法及依据	主要仪器型号、名称	方法检出限
1	砷	《固体废物 金属元素的测定 电感耦合等离子体质谱法》(HJ 766—2015)	PlasmaMS 300 ICP-MS	1.0 μg/L
2	铜			2.5 μg/L
3	锌			6.4 μg/L
4	铅			4.2 μg/L
5	镉			1.2 μg/L
6	铍			0.7 μg/L
7	钡			1.8 μg/L
8	镍			3.8 μg/L

三、检测结果

飞灰样品浸出液 ICP-MS 测试结果见下表。

飞灰样品浸出液 ICP-MS 测试结果

序号	检测项目	单位	测试结果	计算结果	分析日期	分析人员
1	砷	μg/L				
2	铜					
3	锌					
4	铅					
5	镉					
6	铍					
7	钡					
8	镍					

注：①飞灰含水率为________%。②以上结果仅对接收样品负责。

——以下空白——

报告编写：

审核人：

签发人：

签发日期：

物理实验报告

班级：____________ 学号：____________ 姓名：____________

【思考与练习】

1. ICP-MS 仪器的构成有几部分？各部分功能是什么？

2. ICP-MS 实验测试原理是什么？ICP-MS 仪器有什么特点？可用于做哪些工作？

【自我评价】

学生根据个人掌握的程度客观评分。

实验 4.1　学生自我评价表

序号	知识点及技能点	自我评价(每项 10 分)
1	了解重金属 ICP-MS 检测方法及相关标准	
2	了解 ICP-MS 仪器的构成	
3	了解测试样品制备步骤、方法	
4	了解 ICP-MS 工作原理及测试过程	
5	掌握检测报告的规范模式	

物理实验报告

成绩	
教师签章	

班级：________ 学号：____ 姓名：________ 温度：____ 湿度：____% 大气压：____mmHg 日期：____年____月____日

实验 4.2　飞灰中汞、硒含量的 AFS 检测实验

一、任务要求

检测飞灰中汞、硒元素的含量并判断其是否超标。

二、制样及检测依据

1.《固体废物　浸出毒性浸出方法　醋酸缓冲溶液法》________（标准编号）；
2.〈固体废物　汞、砷、硒、铋、锑的测定　微波消解/原子荧光法》________（标准编号）。

三、实验设备

电子天平、干燥箱、翻转振荡仪、正压过滤器、移液枪、微波消解仪、原子荧光光谱仪（AFS）

四、知识点和技能点

1. 原子核式结构。

2. 原子荧光及种类。

3. 微波消解原理。

4. 汞元素 AFS 测试试样制备过程。

物理实验报告

班级：____________ 学号：____________ 姓名：____________

任务一　飞灰固体颗粒含水率的测试

称取 50 g 飞灰样品，放入平皿中，置入干燥箱中，于 105 ℃下烘干，恒重至两次称量误差小于±1%，计算出样品含水率。

飞灰样品含水率测试

样品编号	烘干前称重/g	烘干后称重/g	含水量/g	含水率/%
1				
2				
3				
4				
5				

任务二　测试样品制备

1. 翻转振荡

测试样品________（g）、加浸提剂量________（mL）、时间________（h）、转速________（r/min）。

2. 正压过滤

滤膜孔径____________________（μm）。

3. 微波消解

取 20 mL 过滤后浸出液，放入消解罐中，加入 1.5 mL 盐酸和 0.5 mL 硝酸，混匀。

微波消解参数

压力(0.1 MPa)	温度/℃	功率/W	升温时间/s	恒温时间/s

4. 制样

（1）取 11 mL 消解后液体，移入 50 mL 比色管中，加 2.5 mL 盐酸，纯水定容至 50 mL 刻线，混匀后，取 10 mL 移入测试管，室温放置 30 min，测汞（测得值乘 5）。

（2）比色管再加入 8 mL 盐酸，定容到刻线，混匀后取出 10 mL 移入测试管，室温静置 30 min 后，测硒（测得值乘 6.25）。

（3）配制还原剂，氢氧化钠 0.5%，硼氢化钾 2%，先溶氢氧化钠，再溶硼氢化钾。

（4）配制载流液，100 mL 溶液中含 5 mL 盐酸。

物理实验报告

班级：________ 学号：________ 姓名：________

任务三　AFS 测试

AFS 检测主要过程：

1. 开启外围设备，排风、氩气、自动进样器，安装蠕动泵管。

2. 打开软件，开气、点火，预热 30 min。

3. 样品放入自动进样器。预热结束后，新建测试，选定测试元素、设置样品个数，样品位置，开始测试。

4. 第一种测试完成后，再建立新测试，测试第二种元素。

5. 全部测试结束后，载流槽中放入纯水，还原剂和载流管都放入纯水中，单击清洗，选择 8 次，冲洗进样管路 5 次后，断开进样针，拿出进样管，排空管路中液体。

6. 将测试文件保存为 Excel 文件，文件名为“日期 + 测试元素”。将测试数据填入表中。

7. 熄火，关气、关排风、氩气、自动进样器、AFS 主机、计算机，松开蠕动泵管。

8. 计算出飞灰样品浸出液中汞、硒元素含量，填入下表中。

飞灰样品浸出液 AFS 测试结果

序号	检测项目	单位	检测结果	计算结果	分析日期	分析人员
1	汞	μg/L				
2	硒					

任务四　检测报告

检测报告

一、飞灰样品信息

飞灰样品信息表

收样日期	样品原标识	检测项目	样品状态	样品数量
	飞灰 （　年　月　日）	浸出毒性：汞、砷、硒、铜、锌、铅、镉、铍、钡、镍、总铬、六价铬	黑色塑料袋包装，包装完好。深灰色颗粒状固体，潮湿	1 袋 （约 1.2 kg）

二、检测方法及仪器

浸出制备方法依据《固体废物　浸出毒性浸出方法　醋酸缓冲溶液法》（HJ/T 300—2007），检测方法及主要仪器见下表。

检测方法及主要仪器

序号	检测项目	检测方法及依据	主要仪器型号、名称	方法检出限
1	汞	《固体废物　汞、砷、硒、铋、锑的测定　微波消解/原子荧光法》（HJ 702—2014）	AFS－8500 原子荧光光度计	0.02 μg/L
2	硒			0.1 μg/L

物理实验报告

班级：________________ 学号：________________ 姓名：________________

三、检测结果

飞灰样品浸出液中汞、硒含量检测结果见下表。

飞灰样品浸出液中汞、硒元素含量检测结果一览表

序号	检测项目	单位	检测结果		分析日期	分析人员
			月　日	是否超标		
1	汞	μg/L				
2	硒					

注：①飞灰含水率为________%。②以上结果仅对接收样品负责。

——以下空白——

报告编写：

审核人：

签发人：

签发日期：

【思考与练习】

1. 简述原子吸收光谱和发射光谱的区别。

2. 简述原子荧光光谱仪测试分析的原理和应用。

【自我评价】

学生根据个人掌握的程度客观评分。

实验 4.2　学生自我评价表

序号	知识点及技能点	自我评价（每项 10 分）
1	了解汞、硒检测方法及相关标准	
2	熟悉汞、硒检测流程及所需设备	
3	熟悉测试样品制备步骤、方法及注意事项	
4	掌握 AFS 工作原理及测试过程	
5	掌握检测报告的规范模式	

物理实验报告

成绩	
教师签章	

班级：__________ 学号：____ 姓名：________ 温度：____ 湿度：____% 大气压：________mmHg 日期：______年____月____日

实验 4.3　利用 X 射线荧光光谱测试矿石组分实验

一、任务要求

定性分析矿石中的组分及主定量测试主要元素的含量。

二、制样及检测依据

将样品破碎研磨至 200 目，然后利用硼酸压片制样待测。

三、实验设备

电子天平、干燥箱、CNX-808 波长色散 X 射线荧光光谱仪（XRF）、破碎机、压样机。

四、知识点和技能点

1. X 射线荧光光谱仪分析原理。

2. 压片法和熔融法的区别。

3. 布拉格公式。

物理实验报告

班级：____________ 学号：____________ 姓名：____________

任务一　测试样品制备

1. 烘干。称取 30 g 矿石样品，放入平面皿中，置入干燥箱中，于________℃下烘干，时间为________小时。

2. 破碎和研磨。将样品研磨至________目（约________ μm）。

3. 压片法制样。采用的粘结剂为________，利用压样机设置的压力为________、时间为________。

任务二　XRF 测试

XRF 检测主要过程：

（1）单击菜单中样品分析按钮。

（2）将待测样品装入样品杯中，并放入仪器托盘中。

（3）添加样品信息：单击添加样品按钮添加样品。修改添加的样品信息：双击样品信息，选择样品位置、样品分析方法，修改样品名称以及测量次数。

（4）样品测量：选中待测样品，单击开始测量。

（5）查询测量结果。

矿石组分 XRF 定性测试结果表

序号	检测结果	分析日期	分析人员

矿石主要元素组分定量测试结果表

送样单位：________ 样品名称：________ 序号：________

分析结果 ω(元素)/%					
SiO_2	MgO	TiO_2	Al_2O_3	P	K_2O
CaO	Fe	Cu	Zn	V_2O_5	

物理实验报告

班级：______________ 学号：______________ 姓名：______________

【思考与练习】

1. 简述 XRF、ICP-AES 和 ICP-MS 之间的区别。

2. 如何建立测试样品的标准曲线？

【自我评价】

学生根据个人掌握的程度客观评分。

实验 4.3　学生自我评价表

序号	知识点及技能点	自我评价（每项 10 分）
1	了解压片法制备试样的流程	
2	了解 X 射线荧光光谱仪的分析原理	
3	了解压片法和熔融法两种制样方法	
4	了解 XRF、ICP-AES 和 ICP-MS 之间的区别	
5	熟悉 X 射线荧光光谱仪的结构及测试方法	
6	掌握检测报告的规范模式	

物理实验报告

成绩	
教师签章	

班级：＿＿＿＿＿ 学号：＿＿ 姓名：＿＿＿＿ 温度：＿＿ 湿度：＿＿% 大气压：＿＿＿mmHg 日期：＿＿年＿月＿日

实验 4.4　金属材料硬度及金相检测实验

一、任务要求

1. 熟悉维氏硬度测试和金相显微观测方法，按要求进行检测样品制备。
2. 常用检测硬度方法有：＿＿＿＿＿＿＿＿，＿＿＿＿＿＿＿＿，＿＿＿＿＿＿＿＿。

二、制样及检测依据

1.《金属材料　维氏硬度试验　第 1 部分：试验方法》＿＿＿＿＿＿＿＿＿＿（标准编号）；
2.《金属显微组织检验方法》＿＿＿＿＿＿＿＿＿＿（标准编号）。

三、实验设备及材料

磨抛机、金相显微镜、维氏显微硬度计、砂纸、电吹风机、＿＿＿＿＿＿＿＿＿＿。

四、知识点及技能点

1. 维氏硬度测试原理。

2. 合金微观组织对合金性能的影响。

3. 金相测试样品制备方法。

物理实验报告

班级：____________ 学号：____________ 姓名：____________

任务一　测试样品制备

1. 试样外表要求

维氏硬度试样表面应光滑平整，不能有氧化皮及杂物，不能有油污。一般地，维氏硬度试样表面粗糙度参数 *Ra* 不大于 0.40 μm，小负荷维氏硬度试样不大于 0.20 μm，显微维氏硬度试样不大于0.10 μm。

2. 试样制备的要求

维氏硬度试样制备过程中，应尽量减少过热或者冷作硬化等因素对表面硬度的影响。可参考下图，进行制样。

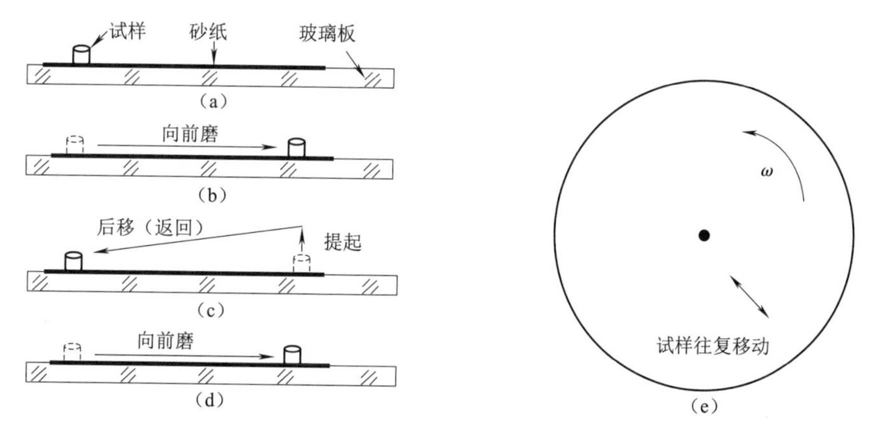

手工金相磨制手法和试样抛光示意图

物理实验报告

班级：__________ 学号：__________ 姓名：__________

任务二　硬度测试报告

显微硬度测试报告

保荷时间	15 s	标定系数	X:0.349 631 μm/pix; Y:0.349 631 μm/pix
压痕类型	维氏	压头载荷	1.961 gf
标准	GB/T 4340.1—2009	温度	
送检日期	年　　月　　日	检测员	

1. 压痕图

显微硬度测量压痕示例图

2. 数据表

测试数据记录表

序号	实验力值/N	对角 X/μm	对角 Y/μm	维氏硬度/HV	洛氏硬度/HRC
1	1.961				
2	1.961				
3	1.961				
4	1.961				
5	1.961				

维氏硬度计算公式：HV = 常数 × 试验力/压痕表面积 = $0.189\ 1\ F/D^2$（F 是实验力，单位 N；D 是压痕两对角线 d_1、d_2 的算术平均值，单位 mm）

洛氏硬度与维氏硬度的换算公式：$\text{HRC}=\dfrac{100\times \text{HV}-15\ 100}{\text{HV}+223}$，HV 在 520 以上；$\text{HRC}=\dfrac{100\times \text{HV}-13\ 700}{\text{HV}+223}$，HV 在 200 ~ 500 范围内。

物理实验报告

班级：____________ 学号：____________ 姓名：____________

3. 一维硬度分布

根据上述测量值在下图坐标图中画出各点并连线。

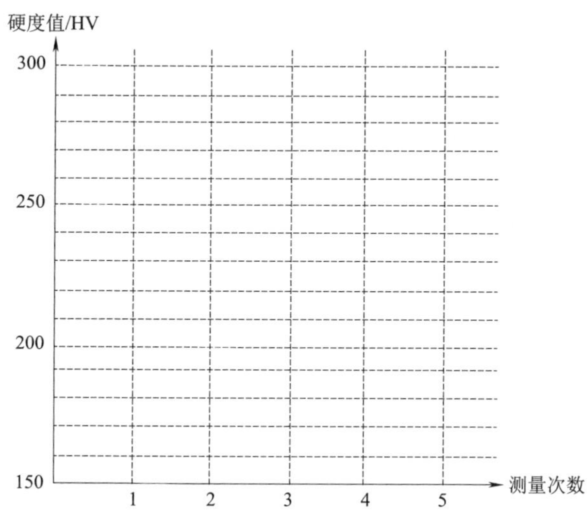

测量结果一维硬度分布曲线

4. 数据表分析

最大值 =

最小值 =

平均值 =

方差 $s^2 = \frac{1}{n}[(x_1 - x)^2 + (x_2 - x)^2 + \cdots + (x_n - x)^2] =$

绝对误差 =

相对误差 =

物理实验报告

班级：____________________ 学号：____________________ 姓名：____________________

任务三　金相显微镜测试

1. 熟悉金相显微镜的构造及其操作规程。

2. 进行试样制备全过程的操作，直至制成合格的金相试样。

3. 将试样抛光面向下浸入盛有浸蚀剂的培养皿中，不断摆动。浸蚀过程中注意观察试样抛光面变化，待其呈浅灰白或灰色后，即可使用清水冲洗抛光面，终止浸蚀。随后立即用无水酒精脱水，最后用吹风机斜向吹干试样表面。

4. 在金相显微镜下观察所制备试样的显微组织特征，如下图，并拍照存盘。

5. 试着对金相显微组织进行分析。

显微组织分析：

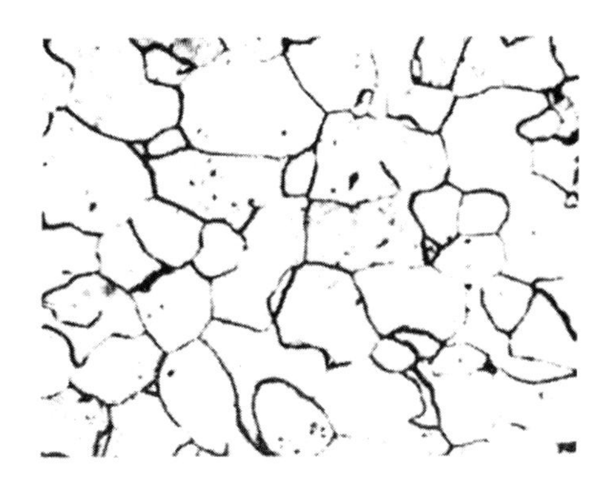

铁素体金相示例图

金相照片
粘贴处

物理实验报告

班级：____________ 学号：____________ 姓名：____________

【思考与练习】

1. HRC、HB 和 HV 的试验原理有何异同？

2. 常用合金检测手段有 SEM、TEM、EBSD、XRD 等，它们的检测重点是什么？

【自我评价】

学生根据个人掌握的程度客观评分。

实验 4.4　学生自我评价表

序号	知识点及技能点	自我评价(每项 10 分)
1	了解共晶合金凝固过程	
2	掌握金相测试样品制备步骤、方法及注意事项	
3	掌握维氏显微硬度计工作原理及测试过程	
4	熟悉金相显微镜测结构及测试方法	
5	掌握检测报告的规范模式	

物理实验报告

成绩	
教师签章	

班级：__________ 学号：____ 姓名：________ 温度：____ 湿度：_____% 大气压：_______mmHg 日期：_____年___月___日

实验 4.5　利用电子万能试验机进行金属棒材拉伸实验

一、任务要求

1. 测定低碳钢拉伸时的塑性性能指标：伸长率和断面收缩率。

2. 测定灰铸铁拉伸时的强度性能指标：抗拉强度。

二、制样及检测依据

拉伸试样的形状、尺寸和加工的技术要求参见国家标准__________（标准编号）。

三、实验设备及材料

设备：GNT100 电子式万能材料试验机、钢板尺、游标卡尺。

材料：灰铸铁棒、低碳钢棒、其他金属棒。

四、知识点及技能点

1. 各种金属产品常温拉伸试验用试样的一般要求。

2. 塑性材料弹性模量的测量原理。

3. 对材料的屈服强度和强度极限的理解。

物理实验报告

班级：____________ 学号：____________ 姓名：____________

任务一　塑性材料的拉伸

1. 试件准备

先用游标卡尺测量试件等直杆两端及中间这三个横截面处的直径：在每一横截面内沿相互垂直方向各测量一次并取平均值。用所测得的三个平均值中最小的值作为试件的初始直径 d_0，并按 d_0 计算试件的初始横截面面积 A_0。

根据试件的初始直径 d_0 计算试件的标距 l_0，并用游标卡尺在试件中部等直杆段内量取试件标距 l_0，用刻线器将标距长度分为 10 等份。

试验前试件（塑性材料）尺寸记录表

材料	标距 l_0/mm	试件直径 d/mm				横截面面积 A_0/mm^2
		截面Ⅰ	截面Ⅱ	截面Ⅲ	最小直径 d_0	
		d_{I}	d_{II}	d_{III}		
低碳钢						

2. 试验机准备

（1）开机预检，机器运转是否正常。根据检测要求更换合适夹具。试验前，调整好限位挡块。

（2）打开微机控制电子万能试验机主机电源（红色旋钮，向右轻轻拧一下即可打开）。此时主机绿色指示灯亮起说明主机状态正常。然后打开计算机，单击桌面 NATNCS 软件，打开试验机专用测控软件，选择实验方法：棒材拉伸→金属拉伸。

3. 试件安装及参数设置

（1）样品上方用夹具夹紧，夹住长度约占夹头的 2/3，此时，在软件中实验进程下进行力清零。

（2）在软件实验阶段中，设置控制方式（位移控制或引伸计控制），若选用位移控制方式，第一阶段拉伸速率为 3 mm/min，第二阶段拉伸速率为 8 mm/min，转换方式可通过设置力值或位移等进行控制。

（3）在实验进程中，设置位移（上一步选位移控制时）或轴向变形（上一步选用引伸计控制时），设置实验参数，依次输入编号，名称，直径，夹口间距 l_c，原始标距 l_0 等，回车计算面积。

（4）检查测试样品下端是否对准下方夹头空隙，对准后，让横梁下降，预计样品进入夹头 2/3 距离时停止，夹紧下夹头。

（5）选用位移控制方式可不加初载，选用引伸计，需要加初载 200 N，将样品拉直。

（6）选用引伸计，该步绑引伸计。

4. 进行试验

（1）根据提示，拆除引伸计（或平移曲线到 0.2，提前拆除引伸计）。

（2）提高拉伸速率直到断裂，断裂后仪器自动停止，取下样品，输入断后参数，如缩径 d、标距 l 等，单击有效保存参数。

5. 试验结束

（1）在数据管理中，查看测试结果，显示报表。

（2）在图形分析中，选取力-变形曲线，进行结果分析。

6. 注意事项

（1）试件必须安装正确，防止试件偏斜，夹入部分过短等现象。

（2）试验时听到任何异常声音或发生任何故障，应立即停车。

塑性材料试验数据记录表

材料	断裂后标距 l_1/mm	断口处直径 d_1/mm			断口处横截面面积 A_1/mm²
		（1）	（2）	平均	
		d_{I}	d_{II}	d_{III}	
低碳钢					

材料	屈服载荷 P_s/N	最大载荷 P_b/N
低碳钢		

任务二　脆性材料的拉伸

先用游标卡尺测量试件等直杆两端及中间这三个横截面处的直径：在每一横截面内沿相互垂直方向各测量一次并取平均值。用所测得的三个平均值中最小的值作为试件的初始直径 d_0，并按 d_0 计算试件的初始横截面面积 A_0。

根据试件的初始直径 d_0 计算试件的标距 l_0，并用游标卡尺在试件中部等直杆段内量取试件标距 l_0，用刻线器将标距长度分为 10 等份。

试验前试件（脆性材料）尺寸记录表

材料	标距 l_0/mm	试件直径 d/mm				横截面面积 A_0/mm²
		截面Ⅰ	截面Ⅱ	截面Ⅲ	最小直径 d_0	
		d_{I}	d_{II}	d_{III}		
铸铁						

铸铁等脆性材料拉伸时的载荷——变形曲线不像低碳钢拉伸那样明显地分为弹性、屈服、颈缩和断裂四个阶段，而是一根接近直线的曲线，且载荷没有下降段。它是在非常小的变形下突然断裂的，断裂后几乎不到残余变形。因此，测试它的 σ_s、δ、ψ 就没有实际意义，只要测定它的强度极限 σ_b 就可以了。

铸铁拉伸试验步骤与低碳钢拉伸试验步骤相同。实验前测定铸铁试件的横截面积 A_0，然后在试验机上缓慢加载，直到试件断裂，记录其最大载荷 P_b，求出其强度极限 σ_b。

物理实验报告

班级：________ 学号：________ 姓名：________

脆性材料试验数据记录表

材料	断裂后标距 l_1/mm	断口处直径 d_1/mm			断口处横截面面积 A_1/mm^2
		(1)	(2)	平均	
		d_{I}	d_{II}	d_{III}	
铸铁					

材料	屈服载荷 P_s/N	最大载荷 P_b/N
铸铁		

任务三　测试报告

试验前试件尺寸记录表

材料	标距 l_0/mm	试件直径 d/mm				横截面面积 A_0/mm^2
		截面Ⅰ	截面Ⅱ	截面Ⅲ	最小直径 d_0	
		d_{I}	d_{II}	d_{III}		
低碳钢						
铸铁						

脆性材料试验数据记录表

材料	断裂后标距 l_1/mm	断口处直径 d_1/mm			断口处横截面面积 A_1/mm^2
		(1)	(2)	平均	
		d_{I}	d_{II}	d_{III}	
低碳钢					
铸铁					

材料	屈服载荷 P_s/N	最大载荷 P_b/N
低碳钢		
铸铁		

物理实验报告

班级：____________ 学号：____________ 姓名：____________

1. 数据处理

（1）计算屈服极限和强度极限。

屈服极限和强度极限表

材料	屈服极限 σ_s/MPa	强度极限 σ_b/MPa
低碳钢	$\sigma_s=\frac{P_s}{A_0}=$	$\sigma_b=\frac{P_b}{A_0}=$
铸铁		$\sigma_b=\frac{P_b}{A_0}=$

（2）计算材料延伸率 δ 和断面收缩率 ψ。

$$\delta=\frac{l_1-l_0}{l_0}\times 100\% =$$

$$\psi=\frac{A_0-A_1}{A_0}\times 100\% =$$

（3）绘制 P-Δl 曲线和试件断口形状简图。

（4）试验机绘制的材料拉伸曲线图。

物理实验报告

班级：______________ 学号：______________ 姓名：______________

2. 出具测试报告

NACIS/D BG 13:2004　　**国家钢铁材料测试中心**　　第1页　共1页

国家钢铁产品质量监督检验中心

拉伸试验报告(内容)

委托单位：　　　　　　　　　　　　　　　　　　日期:2014年01月10日

材料名称	试样编号		试验温度/℃	抗拉强度 R_n/MPa	上屈服强度 R_{eH}/MPa	下屈服强度 R_{eL}/MPa	规定塑性延伸强度 $R_{p0.2}$/MPa	规定塑性延伸强度 R/MPa	最大力总延伸率 A_{gt}/%	断后伸长率 A/%	断面收缩率 Z/%	弹性模量 E/CPa	备注
	试样中心编号	试样原号											
试验规格：					试验标准：						拉伸速率：		

审核：　　　　　　　　　　　　　　　　试验员：

2004年5月1日修订　　　　　　　　　　　　　　2004年5月1日实施

3. 报告结论

物理实验报告

班级：__________________ 学号：__________________ 姓名：__________________

【思考与练习】

1. 当断口到最近的标距端点的距离小于 $l_0/3$ 时，为什么要采取移位的方法来计算？

2. 用同样材料制成的长、短比例试件，其拉伸试验的屈服强度、伸长率、截面收缩率和强度极限都相同吗？

3. 观察铸铁和低碳钢在拉伸时的断口位置，为什么铸铁大都断在根部？

4. 比较铸铁和低碳钢在拉伸时的力学性能。

物理实验报告

班级：____________ 学号：____________ 姓名：____________

【自我评价】

学生根据个人掌握的程度客观评分。

实验4.5　学生自我评价表

序　号	知识点及技能点	自我评价(每项10分)
1	了解金属材料力学性能的重要指标	
2	掌握电子万能试验机的结构及使用方法	
3	掌握拉伸试验的基本原理及具体试验过程	
4	了解塑形材料和脆性材料的性能区别	
5	掌握检测报告的规范模式	

物理实验报告

成绩	
教师签章	

班级：__________ 学号：____ 姓名：________ 温度：____ 湿度：____% 大气压：____mmHg 日期：____年 月 日

实验 4.6　金属材料冲击实验

一、任务要求

1. 测定低碳钢材料的冲击韧度值。
2. 观察分析低碳钢材料在常温冲击下的破坏情况和断口形貌。
3. 了解冲击试验方法。

二、制样

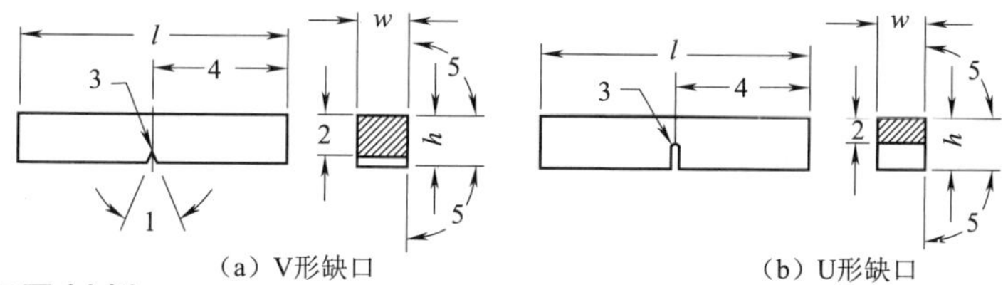

（a）V形缺口　　（b）U形缺口

三、实验设备及材料

NI300 摆锤式冲击试验机、低碳钢、工业纯铁、20#钢试样、其他金属试样。

四、知识点和技能点

1. 什么是冲击韧性和冲击功?

2. 影响冲击性能测定的主要因素有哪些?

物理实验报告

班级：________________ 学号：________________ 姓名：________________

任务一　测试样品准备

1. 钢及钢产品 力学性能试验取样位置及试样制备______________(标准编号)；

2. 金属材料 夏比摆锤冲击试验方法________________________(标准编号)。

3. 样品的尺寸______ mm × ______ mm × ______ mm，中间有 V 形或 U 形缺口，其中

(1) V 形型缺口应有______夹角，其深度为______ mm，底部曲率半径为______ mm。

(2) U 形缺口深度一般应为______ mm 或______ mm，底部曲率半径为______ mm。

物理实验报告

班级：________________ 学号：________________ 姓名：________________

任务二　冲击测试

1. 记录测试结果

冲击试验记录表

样品编号	冲击功 A_k/J	试样横断面积 A/cm^2	冲击韧性 a_k/(J/cm^2)	备注
1				
2				
3				
4				

2. 观察断口形貌特征

试样冲击完成后，把4组试样收集在一起，观察其断裂形貌，分析断裂性质及其机理。

物理实验报告

班级：____________ 学号：____________ 姓名：____________

【思考与练习】

1. 除了本实验采用的摆锤冲击试验，测量材料耐冲击性能的还有哪些实验？分析其异同点。

2. 低碳钢和铸铁在冲击作用下所呈现的性能是怎样的？

3. 材料冲击实验在工程实际中的作用如何？

【自我评价】

学生根据个人掌握的程度客观评分。

实验 4.6　学生自我评价表

序　号	知识点及技能点	自我评价(每项 10 分)
1	了解冲击实验方法	
2	熟悉冲击试验机的操作规程	
3	了解冲击试样缺口的液压拉床操作方法	
4	了解冲击试样缺口投影仪的操作方法	
5	了解低碳钢与灰铸铁的冲击破坏特点	

物理实验报告

成绩	
教师签章	

班级：__________ 学号：____ 姓名：________ 温度：____ 湿度：_____% 大气压：_______mmHg 日期：_____年 月 日

实验 4.7　矿物加工实验

一、任务要求

1. 熟悉磨矿的基本原理和仪器使用。
2. 熟悉重选、磁选和电选的基本原理。
3. 能够利用重选、磁选和电选分离目标矿物。

二、实验设备

球磨机、螺旋溜槽、摇床、磁选机、电选机、铁粉、铝粉、石英砂(红色或者绿色)、天平、台秤。

三、知识点及技能点

1. 选矿的方法和依据。

2. 磁选、重选与电选的适用范围和条件。

物理实验报告

班级：＿＿＿＿＿＿＿＿＿ 学号：＿＿＿＿＿＿＿＿＿ 姓名：＿＿＿＿＿＿＿＿＿

任务一　球磨机磨矿

一、具体要求

1. 熟悉电子天平的使用方法。

2. 熟悉球磨机的设备结构和磨矿流程。

3. 简述球磨机磨矿的原理：＿＿＿＿＿＿＿＿＿＿＿＿＿＿＿＿＿＿＿＿＿＿＿＿＿＿＿＿＿

＿＿

＿＿

＿＿

＿＿＿＿＿＿＿＿＿＿＿＿＿＿＿＿＿＿＿＿＿＿＿＿＿＿＿＿＿＿＿＿＿＿＿＿＿＿＿。

二、矿样制备

称取 2 kg 的钒钛磁铁矿待用。

三、操作步骤

1. 将待磨粉料平均分为三份，任取其中一份待磨粉料放入球磨罐中。第一组实验，将直径为 10 mm的二氧化锆球放入球磨罐中；第二组实验，将直径为 5 mm 的二氧化锆球放入球磨罐中；第三组实验，将直径为 10 mm 和5 mm的二氧化锆球按照 1∶2的比例放入球磨罐中。上述三组实验的料/球总质量比约为 1∶3。

3. 按“运行”键，球磨机开始运行，开始磨矿。

4. 球磨完毕，将粉料分别倒入下面放了搪瓷盘的 200 目的小筛子上，用少量的水冲洗氧化锆球。

5. 用天平分别称取三组实验中 200 目以下的物料质量，记入表格中。

6. 计算磨矿合格率。

球磨机磨矿的实验记录表

玛瑙球直径/mm	玛瑙球比例	给矿质量/g	矿物质量（小于 200 目）	磨矿合格率
10	—			
5	—			
10 和 5	1∶2			

参考公式：

$$E = \frac{M_1}{M_2} \times 100\%$$

式中，E 为磨矿合格率；M_1 为矿物的质量（小于 200 目）；M_2 为给矿的质量（g）。

物理实验报告

班级：____________________ 学号：____________________ 姓名：____________________

任务二　螺旋溜槽选矿

一、具体要求

1. 熟悉螺旋溜槽的设备结构和选矿流程。

2. 简述螺旋溜槽选矿的原理：____

____

____

____

____。

3. 明晰螺旋溜槽选矿过程的主要影响因素。

二、混合矿样制备

1. 电子天平称取 20 g 铁矿石和 80 g 脉石。

2. 在混样罐内，将上述两种矿样混合均匀待用。

三、操作步骤

1. 观察螺旋溜槽的结构。

2. 检查、清洗实验设备，并做好仪器开动前的检查准备工作。

3. 调试螺旋溜槽，适当打开给矿水和洗水开关，将矿浆排放到螺旋叶片上，矿浆在溜槽内由上往下旋流。注意：矿浆应布满螺旋槽面，旋转的斜面是矿浆流产生惯性离心力，根据矿粒的大小、比重和形状不同，将矿样分选成精矿、中矿和尾矿。

4. 进行试样的选别，均匀地给矿，并用接料盘接好选别出的精矿、中矿和尾矿。

5. 肉眼观察所得分选产品的颜色差异，直观体会分选效果。将其烘干、称重、记录数据，计算精矿的回收率。

螺旋溜槽选矿实验记录表

序　号	给矿量/g	精矿量/g	中矿量/g	尾矿量/g	精矿回收率
1					
2					
3					

参考公式：$E=\dfrac{M_1}{M_2}\times 100\%$，其中 E 为精矿的回收率，M_1 为精矿的质量(g)，M_2 为给矿的质量(g)。

物理实验报告

班级：________ 学号：________ 姓名：________

任务三　摇床选矿

一、具体要求

1. 熟悉摇床的设备结构和选矿流程。

2. 简述摇床选矿的原理：____。

3. 明晰摇床选矿过程的主要影响因素。

二、混合矿样制备

1. 电子天平称取粒度均为 1 ~ 10 mm 的磁铁矿 250 g 和脉石 750 g。

2. 在混样罐内，将上述两种矿样混合均匀，平均分成两份待用。

三、操作步骤

1. 混合试样用水润湿调匀。

2. 开动摇床，并调好调浆水和冲洗水，取一份试样在 4 min 内均匀给入，根据试样的分带情况，调整摇床的冲程、冲洗、横向坡度、水量等，以床面上矿浆流动平衡，呈扇形分带为宜，然后清洗干净床面及接矿槽的试料。

3. 固定以上条件，将另一份试样按以上步骤进行正式选别试验。

4. 肉眼观察所得分选产品的颜色差异，直观体会分选效果。

5. 将选出的精矿、中矿、尾矿分别烘干称重，计算回收率。

摇床选矿实验记录表

序　号	给矿量/g	精矿量/g	中矿量/g	尾矿量/g	精矿回收率
1					
2					
3					

参考公式：$E=\frac{M_1}{M_2}\times 100\%$，其中 E 为精矿的回收率，M_1 为精矿的质量(g)，M_2 为给矿的质量(g)。

物理实验报告

班级：____________ 学号：____________ 姓名：____________

任务四　矿物的磁选和电选

一、具体要求

1. 熟悉磁选机和电选机的设备结构和选矿流程。

2. 分析选矿影响因素。

二、混合矿样制备

磁选混合试样：称取磁铁矿粉和石英砂和铝粉各 20 g 为一份样品，共称取 4 份。

电选混合试样：称取 250 g 磁铁矿和 750 g 石英砂放入搪瓷碗内加水调成 30% 的矿浆，浸泡一定时间备用。

三、磁选机选矿

1. 打开水龙头，往恒压水箱内注水，并保持恒压水箱内的水压恒定。

2. 将恒压水箱的水注入磁选管内，使磁选管内的水面保持子磁极位置以上 4 cm 处，并保持磁选管内进水量和出水量平衡。

3. 接通电源开关，并启动磁选管转动。启动激磁电源开关，调节激磁电流至一定值，并在排矿端放好接矿容器。

4. 给矿，取一份试样倒至烧杯中，先用水润湿后再稀释至 100 ~ 150 mL，然后用玻璃棒边搅拌边给矿。给矿应均匀给入，要注意避免矿浆从磁选管上部溢出。

5. 给矿完毕后继续给水，直至磁选管内的水清净为止。先切断磁选管转动电源，然后切断进水，使管内水流尽，排出物即为非磁性产品。将给矿端容器移开，换上另一个容器，然后切断激磁电源，并用水冲洗干净管壁内的磁性产品。

6. 分别调节场强为 0.8 kOe、0.9 kOe、1.0 kOe、1.1 kOe，重复四次分选实验。

7. 肉眼观察所得分选产品的颜色差异，直观体会分选效果。

8. 将磁性产品和非磁性产品过滤、烘干、称重，计算精矿的回收率。

磁选选矿实验记录表

磁场强度/kOe	给矿量/g	精矿量/g	中矿量/g	尾矿量/g	精矿回收率
0.8					
0.9					
1.0					
1.1					

参考公式：$E=\frac{M_1}{M_2}\times 100\%$，其中 E 为精矿的回收率，M_1 为精矿的质量(g)，M_2 为给矿的质量(g)。

物理实验报告

班级：＿＿＿＿＿＿＿＿ 学号：＿＿＿＿＿＿＿＿ 姓名：＿＿＿＿＿＿＿＿

四、电选机选矿

1. 初步设置给矿时间、中冲时间和精冲时间。调节中冲和精冲水阀，使出水量不溅出分选箱位置；在确定给矿时间为 10 s 后，用 50 g 的试样重复试验，大致确定一个合适的中冲时间（约 3 s）和一个精冲时间（约 6 s）。

2. 充磁电流（磁场强度）条件试验。根据以上试验设置给矿时间、中冲时间和精冲时间，不再改变。拟定 5 个电流值，用 200 g 样分别试验，将尾矿和精矿分别筛分、烘干、称重、计算精矿回收率。

3. 回收试样，清洁设备。

电选选矿实验记录表

序　号	给矿量/g	精矿量/g	中矿量/g	尾矿量/g	精矿回收率
1					
2					
3					

参考公式：$E=\frac{M_1}{M_2}\times 100\%$，其中 E 为精矿的回收率，M_1 为精矿的质量（g），M_2 为给矿的质量（g）。

【思考与练习】

1. 分析你知道的几种重选方式的异同点。

2. 简述电选的基本原理。

【自我评价】

学生根据个人掌握的程度客观评分。

实验 4.7　学生自我评价表

序　号	知识点及技能点	自我评价（每项 10 分）
1	球磨机、螺旋溜槽、摇床、磁选机、电选机的结构和原理	
2	球磨机、螺旋溜槽、摇床、磁选机、电选机的工作原理	
3	球磨机、螺旋溜槽、摇床、磁选机、电选机的工作过程	
4	各种选矿的主要影响因素	

第 1 章

实验误差与数据处理

1.1 测量与误差

一、测量

所谓测量就是利用科学仪器用某一度量单位将待测量的大小表示出来,也就是说,测量就是将待测量与选作标准的同类量进行比较,得出倍数值,称该标准量为单位,倍数值为数值。因此,一个物理量的测量值应由数值和单位两部分组成,缺一不可。按测量方法进行分类,测量可分为直接测量和间接测量两大类。

可以用测量仪器或仪表直接读出测量值的测量称为直接测量,如用米尺测长度,用温度计测温度,用电表测电流、电压等都是直接测量,所得的物理量如长度、温度、电流、电压等称为直接测量值;有些物理量很难进行直接测量,而需依据待测量和某几个直接测量值的函数关系求出,这样的测量称为间接测量,如单摆法测重力加速度 g 时,$g=\dfrac{4\pi^2L}{T^2}$,T(周期)、L(摆长)是直接测量值,而 g 是间接测量值。

随着实验技术的进步,很多原来只能间接测量的物理量,现在也可以直接测量,如电功率、速度等量的测量。

二、误差

1. 真值与误差

物理量在客观上有着确定的数值,称为该物理量的真值。由于实验理论的近似性、实验仪器灵敏度和分辨能力的局限性、环境的不稳定性等因素的影响,待测量的真值是不可能测得的,测量结果和真值之间总有一定的差异,称这种差异为测量误差,测量误差的大小反映了测量结果的准确程度。测量误差可以用绝对误差表示,也可以用相对误差表示。

$$\text{绝对误差}(\Delta x)=\text{测量值}(x)-\text{真值}(x_0) \tag{1-1-1}$$

$$\text{相对误差}(E_x)=\frac{\text{绝对误差}(\delta)}{\text{真值}(x_0)}\times 100\% \tag{1-1-2}$$

测量所得的一切数据都包含着一定的误差,因此误差存在于一切科学实验过程中,并会因主观因素的影响、客观条件的干扰、实验技术及人们认识程度的不同而不同。

2. 误差的分类

根据误差性质和产生原因可将误差分为以下几类:

(1)系统误差。在相同的测量条件下多次测量同一物理量,其误差的绝对值和符号保持不变,或在测量条件改变时,按确定的规律变化的误差称为系统误差。

系统误差的来源有以下几个方面:

①由于测量仪器的不完善、仪器不够精密或安装调试不当,如刻度不准、零点不准、砝码未经校准、天平不严格等臂等。

②由于实验理论和实验方法的不完善,所引用的理论与实验条件不符,如在空气中称质量而没有考虑空气浮力的影响,测电压时未考虑电表内阻的影响,标准电池的电动势未作温度修正等。

③由于实验者缺乏经验、生理或心理特点等所引入的误差,如每个人的习惯和偏向不同,有的人读数偏高,而有的人读数偏低。

多次测量并不能减少系统误差。系统误差的消除或减少是实验技能问题,应尽可能采取各种措施将其降低到最低程度。例如,将仪器进行校正,改变实验方法或在计算公式中列入一些修正项以消除某些因素对实验结果的影响,纠正不良的实验习惯等。

(2)随机误差。随机误差也称偶然误差,是指在极力消除或修正一切明显的系统误差之后,在相同的测量条件下,多次测量同一量时,误差的绝对值和符号的变化时大时小、时正时负,以不可预定的方式变化着的误差。

随机误差是由于人的感观灵敏程度和仪器精密程度有限、周围环境的干扰以及一些偶然因素的影响产生的。如用毫米刻度的米尺去测量某物体的长度时往往将米尺去对准物体的两端并估读到毫米以下一位读数值,这个数值就存在一定的随机性,也就带来了随机误差。由于随机误差的变化不能预先确定,所以对待随机误差不能像对待系统误差那样找出原因排除,只能作出估计。

虽然随机误差的存在使每次测量值偏大或偏小,但是,当在相同的实验条件下,对被测量进行多次测量时,其大小的分布却服从一定的统计规律,可以利用这种规律对实验结果的随机误差作出估算。这就是在实验中往往对某些关键量要进行多次测量的原因。

(3)粗大误差。凡是测量时客观条件不能合理解释的那些突出的误差,均可称为粗大误差。

粗大误差是由于观测者不正确地使用仪器、观察错误或记录错数据等不正常情况下引起的误差。它会明显地歪曲客观现象,客观来讲,这不应被称为测量误差而更应认为是错误,在数据处理中应将明显偏离其他测量值的数值作为坏值予以剔除。粗大误差是可以避免的,也是应该避免的。所以,在作误差分析时,要估计的误差通常只有系统误差和随机误差。

三、测量的精密度、准确度和精确度

对测量结果做总体评定时,一般应把系统误差和随机误差联系起来看。精密度、准确度和精确度都是评价测量结果好坏的,这三个词语是文学表达中的近义词,但作为实验用语,其概念和含义不同,使用时必须加以区别。

1. 精密度

精密度表示测量结果中的随机误差大小的程度。它是指在一定的条件下进行重复测量时,所得结果的相互接近程度,是描述测量重复性的。精密度高,即测量数据的重复性好,随机误差较小。

2. 准确度

准确度表示测量结果中的系统误差大小的程度。用它描述测量值接近真值的程度,准确度高即测量结果接近真值的程度高,系统误差较小。

3. 精确度

精确度是对测量结果中系统误差和随机误差的综合描述。它是指测量结果的重复性及接近真值的程度。对于实验和测量来说,精密度高准确度不一定高;而准确度高精密度也不一定高;只有精密度和准确度都高时,精确度才高。

现在以打靶结果为例来形象地说明三个“度”之间的区别。图 1-1-1(a)表示子弹相互之间比较靠近,但偏离靶心较远,即精密度高而准确度较差;图 1-1-1(b)表示子弹相互之间比较分散,但没有明显的固定偏向,故准确度高而精密度较差;图 1-1-1(c)表示子弹相互之间比较集中,且都接近靶心。精密度和准确度都很高,亦即精确度高。

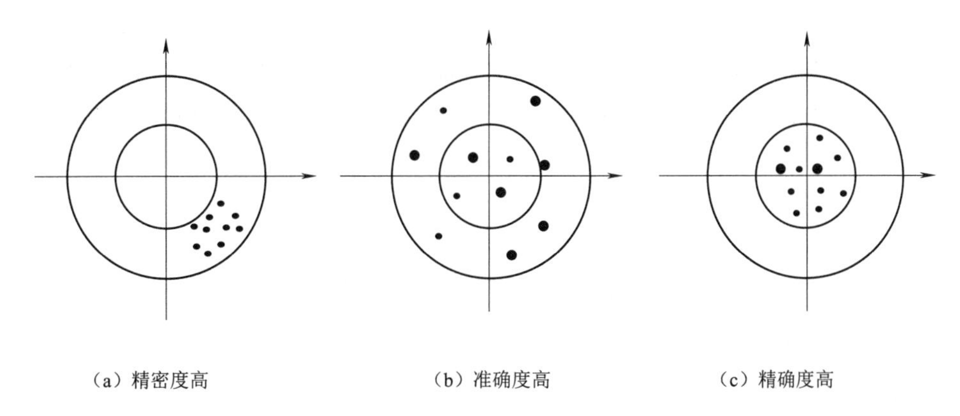

(a) 精密度高　(b) 准确度高　(c) 精确度高

图 1-1-1　测量的精密度、准确度和精确度

四、随机误差的正态分布与标准误差

1. 随机误差的正态分布规律

随机性是随机误差的特点。在相同的测量条件下,对同一物理量进行多次重复测量,假设系统误差已被减弱到可以被忽略的程度,由于随机误差的存在,测量结果 $x_1,x_2,\cdots,x_n$ 一般存在一定的差异。如果该被测量的真值为 x_0,则根据误差的定义,各次测量的随机误差为

$$\delta_i = x_i - x_0 \quad (i=1,2,\cdots,n)$$

大量的实验事实和统计理论证明,在绝大多数物理测量中,当重复测量次数足够多时,随机误差 δ_i 服从或接近正态分布(或称高斯分布)规律。正态分布的特征可以用正态分布曲线形象地表示出来,如图 1-1-2(a)所示,横坐标为误差 δ,纵坐标为误差的概率密度分布函数 $f(\delta)$。当测量次数 $n\to\infty$ 时,此曲线完全对称。

正态分布具有以下性质:

(1)单峰性:绝对值小的误差出现的可能性(概率)大,绝对值大的误差出现的可能性小。

(2)对称性:绝对值相等的正误差和负误差出现的机会均等,对称分布于真值的两侧。

(3)有界性:非常大的正误差或负误差出现的可能性几乎为零。

(4)抵偿性:测量次数非常多时,正误差和负误差相互抵消,于是,误差的代数和趋向于零。

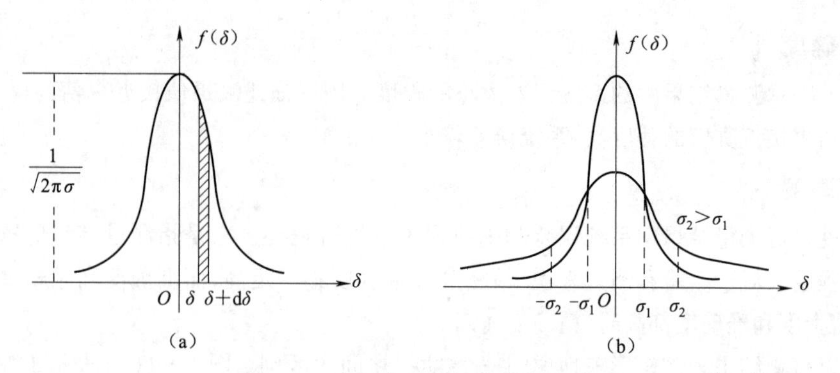

图 1-1-2　随机误差的正态分布曲线

根据误差理论可以证明函数$f(\delta)$的数学表达式为

$$f(\delta)=\frac{1}{\sqrt{2\pi\sigma}}\mathrm{e}^{-\frac{\delta^2}{2\sigma^2}} \tag{1-1-3}$$

测量值的随机误差出现在$(\delta,\delta+\mathrm{d}\delta)$区间的可能性为$f(\delta)\mathrm{d}\delta$,即图 1-1-2(a)中阴影线所包含的面积元。式(1-1-3)中的σ是一个与实验条件有关的常数,称为标准误差,其值为

$$\sigma=\sqrt{\frac{\sum_{i=1}^{n}\delta_i^2}{n}} \tag{1-1-4}$$

式中,n为测量次数;$\delta_i(i=1,2,3,\cdots,n)$为各次测量值的随机误差。可见标准误差是将各个随机误差的平方取平均值,再开方得到,所以,标准误差又称均方根误差。

2. 标准误差的物理意义

按照概率理论,误差δ出现在区间$(-\infty,+\infty)$的事件是必然事件,所以$\int_{-\infty}^{+\infty}f(\delta)\mathrm{d}\delta=1$,即曲线与横轴所包围面积恒等于1. 当$\delta=0$时,由式(1-1-3)得

$$f(0)=\frac{1}{\sqrt{2\pi\sigma}} \tag{1-1-5}$$

由式(1-1-5)可见,若测量的标准误差σ很小,则必有$f(0)$很大。由于曲线与横轴间围成的面积恒等于1,所以如果曲线中间凸起较大,两侧下降较快,测量的数据比较集中,即测得值的离散性小,说明测量的精密度高,则测量值较为可靠;相反,如果σ很大,则$f(0)$就很小,数据较分散,说明测得值的离散性大,测量的精密度低。这两种情况的正态分布曲线如图 1-1-2(b)所示。

可以证明,$P(|\delta|<\sigma)=\int_{-\sigma}^{\sigma}f(\delta)\mathrm{d}\delta=0.682\,689\approx68.3\%$,即由$-\sigma$到$+\sigma$之间正态分布曲线下的面积占总面积的68.3%。这就是说,如果测量次数n很大,则在所测得的数据中,将有占总数68.3%的数据的误差落在区间$(-\sigma,+\sigma)$之内;也可以说,在所测得的数据中,任一个数据x_i的误差δ_i落在区间$(-\sigma,+\sigma)$之内的概率为68.3%。这里要特别注意标准误差的统计意义,它并不表示任一次测量值的误差就是$\pm\sigma$,也不表示误差不会超出$\pm\sigma$的界限。标准误差只是一个具有统计性质的特征量,用以表示测量值离散程度。

也可证明，$P(|\delta|<3\sigma)=0.9973\approx99.7\%$。这表明，在1 000次测量中，随机误差超过$\pm3\sigma$范围的测得值大约只出现3次。在一般的十几次测量中，几乎不可能出现，所以把3σ称为极限误差。在测量次数相当多的情况下，如果出现测量值的绝对值大于3σ的数据，可以认为这是由于过失引起的异常数据而加以剔除。这被称为剔除异常数据的3σ准则。它只能用于测量次数$n>10$的重复测量中，对于测量次数较少的情况，需要采用另外的判别准则。

由概率积分表可得如下一些典型数据：

$$P(|\delta|<1.96\sigma)=0.9500\quad P(|\delta|<2\sigma)=0.9545$$
$$P(|\delta|<2.58\sigma)=0.9901\quad P(|\delta|<4\sigma)=0.9999$$

1.2　直接测量结果随机误差的估算

一、直接测量结果的最佳值

在一定条件下，对某一物理量x进行了n次等精度的重复测量，获得了n个数据，分别为x_1，x_2，x_3，…，x_n，其该物理量的真值为x_0，则各次测量的误差分别为

$$\delta_1=x_1-x_0$$
$$\delta_2=x_2-x_0$$
$$\delta_3=x_3-x_0$$
$$\cdots\cdots$$
$$\delta_n=x_n-x_0$$

将以上各式相加得

$$\sum_{i=1}^{n}\delta_i=\sum_{i=1}^{n}(x_i-x_0)$$

即

$$\sum_{i=1}^{n}\delta_i=\sum_{i-1}^{n}x_i-nx_0$$

用$\bar{x}$表示算术平均值，即

$$\bar{x}=\frac{x_1+x_2+\cdots+x_n}{n}=\frac{\sum_{i=1}^{n}x_i}{n}$$

于是

$$x_0=\bar{x}-\frac{1}{n}\sum_{i-1}^{n}\delta_i \tag{1-2-1}$$

根据随机误差的抵偿性特征，当测量次数无限增大时，各个误差的代数和趋近于零，即

$$\lim_{n\to\infty}\sum_{i=1}^{n}\delta_i=0$$

故

$$\lim_{n\to\infty}\bar{x}=x_0 \tag{1-2-2}$$

在实际测量中，只进行有限次数的测量，因此可用算术平均值作为真值的最佳近似值，又称近真值。误差指测量值与真值之差，测量值与平均值之差则称为偏差，又称残余误差，二者有所不同。实际测量中只能得到偏差。

二、多次测量误差

1. 标准误差的估算——标准偏差

真值一般是无法测得的，因而标准误差也无从估算。根据算术平均值是近真值的结论，在实际估算时用算术平均值 $\bar{x}$ 代替真值，用残差 $v_i = x_i - \bar{x}$ 来代替误差。

误差理论可以证明，当测量次数 n 有限，用残差来估算标准误差时，可用如下贝塞尔公式去计算

$$\sigma_x = \sqrt{\frac{\sum_{i=1}^{n}(x_i - \bar{x})^2}{n-1}} = \sqrt{\frac{\sum_{i=1}^{n} v_i^2}{n-1}} \tag{1-2-3}$$

式中，σ_x 称为任一次测量值的**标准偏差**。它是测量次数有限多时标准误差的一个估计值。其代表的物理意义为，如果多次测量的随机误差遵从高斯分布，那么，任意一次测量，测量值误差落在 $-\sigma_x$ 到 $+\sigma_x$ 区间的可能性（概率）为 68.3%。或者说，它表示这组数据的误差有 68.3% 的概率出现在 $-\sigma_x$ 到 $+\sigma_x$ 区间内。

算术平均值的标准误差 $\sigma_{\bar{x}}$ 的估计值为

$$\sigma_{\bar{x}} = \frac{\sigma_x}{\sqrt{n}} = \sqrt{\frac{\sum_{i=1}^{n}(x_i - \bar{x})^2}{n(n-1)}} \tag{1-2-4}$$

式(1-2-4)说明，平均值的标准偏差是 n 次测量中任意一次测量值标准偏差的 $\frac{1}{\sqrt{n}}$。$\sigma_{\bar{x}}$ 小于 σ_x，因为算术平均值是测量结果的最佳值，它比任意一次测量值接近真值的机会要大，误差要小。$\sigma_{\bar{x}}$ 的物理意义是，在多次测量的随机误差遵从高斯分布的条件下，真值处在 $\bar{x} \pm \sigma_{\bar{x}}$ 区间内的概率为 68.3%。

标准误差公式(1-2-4)可靠性较好，要求 $n = 0 \geqslant 5$ 即可，因此广泛用于正式的科技报告之中。

2. 平均绝对偏差

平均绝对偏差是对各测量值偏差的绝对值求平均，即

$$\Delta\bar{x} = \frac{\left|x_1 - \bar{x}\right| + \left|x_2 - \bar{x}\right| + \cdots + \left|x_n - \bar{x}\right|}{n} = \frac{1}{n}\sum_{i=1}^{n}\left|x_i - \bar{x}\right| \tag{1-2-5}$$

平均绝对偏差 Δx 表示在一组多次测量中各个数据之间的分散程度，当测量次数 n 趋于无限大时，平均绝对偏差就表示平均绝对误差。这时任一测量值的误差落在区间 $[-\Delta x, +\Delta x]$ 内的概率是 57.5%。

平均绝对偏差 Δx 可靠性较差，当 n 较大时才可靠，但计算较简单，因此广泛用于一般实验之中。

对于初学者来说，主要树立误差的概念，以及对实验数据的好坏作出粗略的判断，因此，在今后普通物理实验中可以用平均绝对偏差计算多次测量结果的随机误差，但提倡采用标准误差。

三、单次测量误差

有些实验由于被测量的变化，或实验所需时间过长，不容许对该量进行多次测量；也有的实

验精度要求不高,或者这一量的误差对整体影响较少。在上述情况下,可以对测量量只测一次。单次测量一般取仪器最小分度值的1/2作为估算误差。例如天平称质量,如果天平的最小分度值为0.02 g,那么单次测量误差 ΔM 取0.01 g。

四、重复测量所得结果相同时的误差

对同一个量测量几次所得结果相同,称为重复测量。此种情况并不说明没有误差,而是仪器的精度不足以反映测量的微小差异。可取仪器最小分度值的1/10作为重复测量时的误差。

通过前面的讨论可以看到,误差一词有两重意义:一是它定义为测量值与真值之差,是确定的,但是一般不可能求出具体的数值;二是当它与某些词构成专用词组时(如标准误差、平均绝对误差),不指具体的误差值,而是用来描述误差分布的数值特征,表示和一定的置信概率相联系的误差范围,是一个统计物理量。这个问题应引起初学者的注意。

五、测量结果的表示

根据随机误差的统计意义,可以把测量结果(修正系统误差以后)写成

$$x=\bar{x}\pm\Delta x(\text{或 }\sigma_x) \tag{1-2-6}$$

式(1-2-6)表示测量结果的范围。x 为测量结果;$\bar{x}$ 是多次测量数据的算术平均值,代表近真值;Δx(或 σ_x)为绝对误差。不能理解为测量结果只有 $\bar{x}+\Delta x$ 和 $\bar{x}-\Delta x$ 两个值。

六、绝对误差和相对误差

上面所讲的多次测量误差(如标准误差与平均绝对误差)、单次测量误差、重复测量误差都是绝对误差,绝对误差有单位。绝对误差尚不能完全反映出测量质量的好坏程度,还要看它在测量值中所占的比重。因此,引入相对误差的概念。相对误差 $E_x=\frac{\Delta x}{x_0}\approx\frac{\Delta x}{\bar{x}}\times100\%$,表示绝对误差在整个物理量中所占的比重,一般用百分数表示,也叫百分误差,无单位。例如,测量一质量时得1 000 kg,绝对误差为1 g。测另一质量时得100 g,绝对误差也为1 g。前者的相对误差为0.1%,而后者为1%,所以认为前者较后者更可靠。因而,计算误差时绝对误差、相对误差都要计算。有时先计算相对误差,再计算绝对误差更方便,用公式 $\Delta x=\bar{x}\cdot E_x$ 来求。

如果待测量有理论值或公认值,则

$$\text{相对误差}=\frac{|\text{测量值}-\text{公认值}|}{\text{公认值}}\times100\%$$

注: 绝对误差、相对误差的结果只取1或2位有效数字(可具体参见1.4节内容)。

1.3　间接测量结果误差的估算——误差传递公式

在很多实验中进行的都是间接测量。间接测量量的结果是由直接测量结果根据一定的数学公式计算出来的。因为直接测量值都有误差,所以间接测量值也一定存在误差。由直接测量量的误差求间接测量量的误差的公式称为误差传递公式。为了表述方便,仅以最大误差传递公式为基础进行说明。

设待测量 N 是 n 个独立的直接测量量 $A,B,C,\cdots,H$ 的函数,即 $N=f(A,B,C,\cdots,H)$,若各直

接测量量的绝对误差分别为 $\Delta A,\Delta B,\Delta C,\cdots,\Delta H$,则间接测量量 N 的绝对误差 ΔN 可先由数学求全微分的方法求得,即

$$\mathrm{d}N=\frac{\partial f}{\partial A}\mathrm{d}A+\frac{\partial f}{\partial B}\mathrm{d}B+\frac{\partial f}{\partial C}\mathrm{d}C+\cdots+\frac{\partial f}{\partial H}\mathrm{d}H \tag{1-3-1}$$

由于 $\Delta A,\Delta B,\Delta C,\cdots,\Delta H$ 分别相对于 $A,B,C,\cdots,H$,都是很小的量,因此将式(1-3-1)中的 $\mathrm{d}A,\mathrm{d}B,\mathrm{d}C,\cdots,\mathrm{d}H$ 用 $\Delta A,\Delta B,\Delta C,\cdots,\Delta H$ 代替,则

$$\Delta N=\frac{\partial f}{\partial A}\Delta A+\frac{\partial f}{\partial B}\Delta B+\frac{\partial f}{\partial C}\Delta C+\cdots+\frac{\partial f}{\partial H}\Delta H$$

由于上式右端各项分误差的符号正负不定,为了谨慎起见,作最不利情况考虑,认为各项分误差将累加,因此将各项分别取绝对值相加,即

$$\Delta N=\left|\frac{\partial f}{\partial A}\right|\Delta A+\left|\frac{\partial f}{\partial B}\right|\Delta B+\left|\frac{\partial f}{\partial C}\right|\Delta C+\cdots+\left|\frac{\partial f}{\partial H}\right|\Delta H \tag{1-3-2}$$

这是实际当中出现的最大误差的情况,因此称为最大误差传递公式。相对误差为

$$\begin{aligned}E_N&=\frac{\Delta N}{N}=\frac{1}{f(A,B,C,\cdots,H)}\left(\left|\frac{\partial f}{\partial A}\right|\Delta A+\left|\frac{\partial f}{\partial B}\right|\Delta B+\left|\frac{\partial f}{\partial C}\right|\Delta C+\cdots+\left|\frac{\partial f}{\partial H}\right|\Delta H\right)\\&=\left|\frac{\partial \ln f}{\partial A}\right|\Delta A+\left|\frac{\partial \ln f}{\partial B}\right|\Delta B+\left|\frac{\partial \ln f}{\partial C}\right|\Delta C+\cdots+\left|\frac{\partial \ln f}{\partial H}\right|\Delta H\end{aligned} \tag{1-3-3}$$

几种常用的最大误差传递公式列在表 1-3-1 中,以供参考。从表 1-3-1 中可见,对于和或差函数关系,建议先计算出 N 的绝对误差,然后再计算相对误差;对于乘或除函数关系,建议先计算相对误差 E_N,再计算绝对误差。

表 1-3-1 几种常用的最大误差传递公式

直接测量量与间接测量量间的关系	最大误差传递公式
$N=A+B$ 或 $N=A-B$	$\Delta N=\Delta A+\Delta B$
$N=A\cdot B$ 或 $N=\frac{A}{B}$	$\frac{\Delta N}{N}=\frac{\Delta A}{A}+\frac{\Delta B}{B}$
$N=k\cdot A$	$\Delta N=k\cdot\Delta A$
$N=\frac{A^k\cdot B^m}{C^r}$	$\frac{\Delta N}{N}=k\frac{\Delta A}{A}+m\frac{\Delta B}{B}+r\frac{\Delta C}{C}$

误差传递公式除了可以用来估算间接测量值 N 的误差之外,还可以用来分析各直接测量值的误差对最后结果误差影响的大小。对于那些影响大的直接测量值,可以采取措施,以减少它们的影响,为合理选用仪器和实验方法提供依据。

1.4 有效数字及其计算

一、有效数字

对物理量进行测量,其结果总是要由数字表示出来。正确而有效地表示出测量结果的数字称为有效数字。它由测量结果中可靠的几位数字加上可疑的一位数字构成。有效数字中的最后一位虽然是可疑的,即有误差,但读出来总比不读要精确。它在一定程度上反映了客观实际,

因此它也是有效的。例如,用最小刻度为毫米的普通米尺测量某物体长度时,其毫米以上部分是可以从刻度上准确地读出来的,称为准确数字。而毫米以下部分只能估读一下它是最小刻度的十分之几,其准确性是值得怀疑的。因此,称它为可疑数字。例如,测量长度 $L = 15.2$ mm,15 这两位是准确的,而最后一位 2 是可疑的,但它也是有效的,因此,对测量结果 15.2 mm 来说,这三位都是有效的,称为三位有效数字。

为了正确有效地表示测量结果,使计算方便,对有效数字做如下规定:

(1)物理实验中,任何物理量的数值均应写成有效数字的形式。

(2)误差的有效数字一般只取一位,最多不超过两位。

(3)任何测量数据中,其数值的最后一位在数值上应与误差最后一位对齐(相同单位、相同10次幂情况下)。如 $L = (1.00 \pm 0.02)$ mm 是正确的,$I = (360 \pm 0.25)$ μA 或 $g = (980.125 \pm 0.03)$ cm/s^2 是错误的。

(4)常数 2,1/2,$2^{\frac{1}{2}}$,π 及常见的常数 C 等有效数字位数是无限的。如通过测量圆的半径 r,计算圆周长 $2\pi r$ 时,2 和 π 均是常数,其有效数字的位数是无穷多的。

(5)当 0 不起定位作用,而是在数字中间或数字后面时,和其他数据具有相同的地位,都是有效数字,不能随意省略。如 31.01、2.0、2.00 中的 0 均为有效数字。

(6)有效数字的位数与单位变换无关,即与小数点位置无关。如 $L = 11.3$ mm $= 1.13$ cm $= 0.011\,3$ m $= 0.000\,011\,3$ km 均为三位有效数字。由此可以看出,用以表示小数点位置的 0 不是有效数字,或者说,从第一位非零数字算起的数字才是有效数字。

(7)在记录较大或较小的测量量时,常用一位整数加上若干位小数再乘以 10 的幂的形式表示,称为有效数字的科学记数法。例如,测得光速为 2.99×10^8 m/s,有效数字为三位。电子质量为 9.11×10^{-31} kg,有效数字也是三位。

二、有效数字的运算法则

由于测量结果的有效数字最终取决于误差的大小,所以先计算误差,就可以准确知道任何一种运算结果所应保留的有效数字,这应该作为有效数字运算的总法则。此外,当数字运算时参加运算的分量可能很多,各分量的有效数字多少不一,而且在运算中,数字越来越多,除不尽时,位数也越写越多,很是繁杂。掌握误差及有效数字的基本知识后,就可以找到数字计算规则,使得计算尽量简单化,减少徒劳的计算。同时也不会影响结果的精确度。

1. 舍入原则

通常的法则是四舍五入,而对于大量尾数都是五的数据来讲,这样的舍入是很不合理的。因为总是入的机会大于舍的机会,现在通用的法则为"四舍六入五凑偶"。所谓"四舍六入五凑偶",是指尾数小于五直接舍去,大于五进一,恰好等于五则把尾数的前一位凑成偶数(此处的尾数是指所有去掉部分,"恰好"等于五是指尾数为"50 000…",其中 0 的个数为 0 个或多个)。这种舍入原则使尾数入与舍的机会均等。

例如,1.545 003 取三位有效数字为 1.55(去掉部分 0.005 003 比 0.005 大);

1.548 6 取三位有效数字为 1.55;

1.545 0 取三位有效数字为 1.54。

2. 加减运算

几个数相加减时，最后结果的有效数字尾数要和参加运算的各因子中尾数最靠前的因子取成一致，即“尾数对短”。

例如，$123.\underline{4}+5.67\underline{8}=129.\underline{1}$；

$215.\underline{6}-82.62\underline{4}=133.\underline{0}$。

具体计算步骤如下：

(1)找出各分量中具有最大误差的量(也可按同等单位下，小数点后位数最少)；

(2)以这个分量为标准，把其他各分量的数值化简，使它们的末位与之对齐(仍按舍入法则取舍)；

(3)计算结果；

(4)根据误差传递公式计算误差；

(5)由绝对误差定结果的有效数字。

例如，已知 $N=\frac{1}{2}A-B+C-D$，式中 $A=(38.206\pm0.001)\text{ cm}$，$B=(13.2489\pm0.0001)\text{ cm}$，$C=(161.25\pm0.01)\text{ cm}$，$D=(21.3\pm0.5)\text{ cm}$。试求 N。

解 以 D 为标准化简，$\frac{1}{2}A=19.103$，取 19.1，B 取 13.2，C 取 161.2，则

$$N=19.1-13.2+161.2-21.3=145.8(\text{cm})$$

由误差传递公式知

$$\Delta N=\frac{1}{2}\Delta A+\Delta B+\Delta C+\Delta D=0.0005+0.0001+0.01+0.5=0.5506(\text{cm})$$

误差取一位有效数字， $\Delta N=0.6\text{ cm}$

$$N=(145.8\pm0.6)\text{ cm}$$

3. 乘除运算

几个数相乘除，结果的有效数字位数与参与运算的诸因子中有效数字位数最少的一个相同，即“位数取少”。

例如，$2.5\times800=2.0\times10^3$；

$788\div0.2=4\times10^3$。

具体计算步骤如下：

(1)找出分量中具有最少有效数字的量；

(2)以这个分量为标准，把其他各分量(包括常量如 π 等)的数值化简，使它们的有效数字的位数与之相同(按舍入原则)；

(3)进行计算，结果与有效数字最少的分量的位数相同或多一位；

(4)由绝对误差定结果的有效数字；

(5)对误差的计算要注意：凡参与计算误差的量，有效数字最多取两位。

例 1 计算圆柱体的密度 $\rho=\frac{4M}{\pi D^2H}$，各量测量结果为

$$M=(236.12\pm0.02)\text{ g},\quad D=(2.345\pm0.005)\text{ cm},\quad H=(8.21\pm0.01)\text{ cm}$$

求密度 ρ，并写成 $\bar{\rho}\pm\Delta\rho$ 的形式。

解　各量中 H 的有效数字最少为三位，D 化简为 2.34，M 化简为 236，则

$$\bar{\rho}=\frac{4\times 236}{3.14\times 2.34^2\times 8.21}=6.688(\mathrm{g/cm^3})$$

相对误差
$$E_\rho=\frac{\Delta\rho}{\rho}=\frac{\Delta M}{M}+2\frac{\Delta D}{D}+\frac{\Delta H}{H}$$
$$=\frac{2}{2.4\times 10^4}+2\times\frac{5}{2.3\times 10^3}+\frac{1}{8.2\times 10^2}=0.6\%$$

绝对误差
$$\Delta\rho=\bar{\rho}\cdot E_\rho=6.7\times 0.6\%=0.040(\mathrm{g/cm^3})$$

故
$$\rho=(6.688\pm 0.04)(\mathrm{g/cm^3})$$

如密度 ρ 的结果与有效数字最少的位数相同是 6.69 $\mathrm{g/cm^3}$，有

$$\rho=(6.69\pm 0.04)(\mathrm{g/cm^3})$$

1.5　实验数据处理的方法

一、列表法

对一个物理量进行多次测量，或者测量几个量之间的函数关系，往往借助列表法把实验数据列成表格。列表法就是将一组实验数据中的自变量、因变量中的各个数值，依一定的形式和顺序一一对应地列出来。其优点是简单明了，便于比较。列表格没有统一的格式，一般应注意以下几点：

(1)根据实验具体要求(如哪些量是单次测量量，数据间的关系以及实验条件等)列出适当的表格，在表格上方简单扼要地写上表的名称。

(2)在表格标题栏内注明物理量的名称、符号和单位。不要把单位记在数字上。

(3)数据要正确地反映测量的有效数字。

(4)表格力求简单、清楚、分类明显。

二、作图法

作图法是研究物理量的变化规律、找出物理量间的函数关系、求出经验公式的最常用方法之一。它可以把一组数据之间的关系或其变化情况用图线直观地表示出来。利用作图法得出的曲线，能迅速地读出在一定范围内一个量所对应的另一个量，能从图中很简便地求出实验所需的某些数据，在一定条件下还可以从曲线的延伸部分读出测量数据以外的数据点。

作图要遵从以下的规则。

1. 选用合适的坐标纸

坐标纸有直角坐标纸、对数坐标纸、半对数坐标纸和极坐标纸等几种。在物理实验中常用的是直角坐标纸(又称毫米方格坐标纸)。

2. 确定坐标轴并标度

通常用横坐标表示自变量，纵坐标表示因变量。在坐标轴的末端要注明物理量的符号和单位。坐标比例的选取，原则上做到数据中的可靠数字在图中是可靠的。坐标比例的选取应以便

于读数为原则，一般坐标轴的起点不一定从零开始，以使画出的图线能比较对称地充满整个图纸。

3. 描点和连线

用一定的符号，如“+”“×”“⊙”等将数据点准确地标明在坐标纸上。同一坐标纸上不同图线的数据点应用不同的符号，以示区别。然后，用直尺或曲线板把数据点连成直线或光滑的曲线。连线时要根据数据点的分布趋势，使其均匀分布在图线两侧，且使图线通过尽可能多的数据点。个别偏离图线很远的点要重新审核，进行分析后决定取舍。这样描绘出来的图线有“取平均”的效果。对于仪器仪表的校正曲线和定标曲线，连接时应将相邻的两点连成直线，整个图线呈折线形状。

4. 注解和说明

在图纸上明显处注明图线名称、作图者姓名、日期以及实验需满足的条件（温度、压力等）。根据已画出的实验图线，可以用解析方法求出图线上各种参数及物理量之间的关系即经验公式。尤其当图线是直线时，图解法最为方便。

直线图解法首先是求出斜率 a 和截距 b，进而得出直线方程 $y=ax+b$。其步骤如下：

（1）求斜率。在直线上取相距较远的两点 $A(x_1,y_1)$ 和 $B(x_2,y_2)$。因为直线不一定通过原点，所以不能用一点求斜率。这两点不一定是实验数据点，但一定要是直线上的点，在所取点旁边注明其坐标值，将它们的坐标代入直线方程得到斜率

$$a=\frac{y_2-y_2}{x_1-x_1} \tag{1-5-1}$$

通常该斜率是一个有单位的物理量。

（2）求截距。若横坐标起点为零，则可将直线用虚线延长得到与纵坐标轴的交点，便可求出截距。若起点不为零，则可用下式计算截距

$$b=\frac{x_2y_1-x_1y_2}{x_2-x_1} \tag{1-5-2}$$

三、差值法

差值法是利用两次实验中自变量的改变量 Δx 和函数的改变量 Δy 求待测量物理量的方法。目的是减小或消除某些系统误差。例如，用拉伸法测量钢丝的刚度系数 k，若仅改变力测一次

$$F=k(L-L_0)$$

其中 $L-L_0$ 包含了钢丝由弯曲变直造成的伸长，必然存在系统误差。若改变力测两次，其关系为

$$F_1=k(L_1-L_0)$$

$$F_2=k(L_2-L_0)$$

两式相减得

$$F_2-F_1=k(L_2-L_1)$$

由此式求 k 就能消除上述误差。

差值法是在测量中常用的一种方法。例如，通过作直线图求斜率来求取物理量的方法、逐差法等都是在差值法的基础上发展来的，所以都具有差值法的优点。

四、逐差法

逐差法是人们为了改善实验数据结果、减小误差影响而引入的一种实验及数据处理方法。

这要求在实验过程中不断改变自变量,从而实现多次测量。表1-5-1给出了气轨上弹簧振子的简谐振动实验数据,其中 m_i 是振子质量,T_i 是振动周期,k 是弹簧的刚度系数,考虑弹簧的等效质量 m_0,周期公式应该是 $T=2\pi\sqrt{(m+m_0)/k}$。在数据处理时,求 $m_{i+4}-m_i$ 和 $T_{i+4}^2-T_i^2$ 的差值,再利用 $k_i=4\pi^2\dfrac{m_{i+4}-m_i}{T_{i+4}^2-T_i^2}$ 分别求出相应的 k_i,最后对各个 k_i 进行统计处理。

表1-5-1　简谐振动中测量的数据

i	m_i/g	T_i/s	T_i^2/s^2	$(m_{i+4}-m_i)$/g	$(T_{i+4}^2-T_i^2)/s^2$	k/(N/m)
1	773.2	2.559 4	6.550 5	794.2	6.688	4.688
2	979.2	2.878 4	8.285 2	792.5	6.691	4.676
3	1 170.2	3.145 0	9.891 0	793.5	6.708	4.670
4	1 366.3	3.396 1	11.533	803.1	6.797	4.665
5	1 567.4	3.638 5	13.239	—	—	—
6	1 771.7	3.869 9	14.976	—	—	—
7	1 963.7	4.074 2	16.599	—	—	—
8	2 169.4	4.281 3	18.330	—	—	—

1. 逐差法的优点

(1)充分利用了测量所得的数据,对数据具有取平均的效果。如上例中所有数据都参与了运算。

(2)可以消除一些定值系统误差,求得所需要的实验结果。如周期公式中明显受弹簧 m_0 的影响。如果不进行差值运算,弹簧的等效质量 m_0 不能被忽视,直接由 $k=4\pi^2m/T^2$ 计算出的结果就会偏小。进行了差值运算,结果不受 m_0 的影响。

逐差法是目前实验中常用的一种数据处理方法。这种方法除了具备差值法的优点外,还可以方便地验证两个变量之间是否存在多项式关系,发现实验数据的某些变化规律,等等。与差值法比较,其突出的改变是自变量必须等间距变化。

综上所述,把符合线性函数的测量值分成两组,相隔 $n/2$(n 为测量次数)项逐项相减,这种方法称为逐差法。逐差法除了上述两种用途外,还可以用来发现系统误差或实验数据的某些变化规律。即当假定函数为某种多项式形式,用逐差法去处理测量数据而未得到预期的结果时,就可以认为存在某种系统误差;或者根据数据的变化规律对假定的公式作进一步的修正。

2. 逐差法的应用条件

在具备以下两个条件时,可以用逐差法处理数据。

(1)函数可以写成的多项式形式,即

$$y=a_0+a_1x$$

或

$$y=a_0+a_1x+a_2x^2$$

或

$$y=a_0+a_1x+a_2x^2+a_3x^3$$

等。

实际上,由于测量精度的限制,三次以上逐差已很少应用。

有些函数可以经过变换写成以上形式时,也可以用逐差法处理。例如,弹簧振子的周期公

式 $T=2\pi\sqrt{m/k}$ 可以写成

$$T^2=\frac{4\pi^2}{k}m$$

即 T^2 =是 m 的线性函数。

阻尼振动的振幅衰减公式 $A=A_0\mathrm{e}^{-\beta t}$可以写成

$$\ln A=\ln A_0-\beta t$$

即 $\ln A$ 是的线性函数。

(2)自变量 x 是等间距变化,即

$$x_{i+1}-x_i=C$$

式中 C 为常数。

除上述四种实验数据处理的方法外,还有最小二乘法等,在此不再赘述。

1.6 用 Origin 软件绘制实验图表

目前科学绘图及数据处理软件常用的有 Origin、MATLAB 和 Sigma Plot 等。Origin 软件使用简单,兼容性好,是科技工作者常用的一种科学绘图及数据处理软件。

Origin 是美国 OriginLab 公司研发的图形可视化和数据分析软件,是科研人员和工程师常用的数据分析和制图工具。Origin 可以实现制图、数据探索、探索性分析、曲线和曲面拟合、峰值分析、统计等六大常用功能。Origin 软件是一个多文档界面(Multiple Document Interface)的应用程序。它将用户所有的工作窗口都保存在 *. opj(Project)文件中,打开时窗口按保存时的位置弹出。另外,各子窗口也可以单独保存,以便被其他项目文件调用。一个项目文件可以包括多个子窗口,子窗口可以是工作表(Worksheet)窗口、绘图(Graph)窗口、函数绘图(Function Graph)窗口、矩阵(Matrix)窗口和版面设计(Layout)窗口等项目文件中的各窗口相互关联,可以实现数据实时更新。

Origin 软件可以很好地对物理实验中测得的数据进行计算、分析以及数据结果的图形化呈现。下面通过实验中具体的实例展示说明(以 Origin 2018 版本为例)。

一、数据处理

用一级千分尺对小球直径测量 8 次,测量结果见表 1-6-1。

表 1-6-1 千分尺测量小球直径数据表

测量次数	1	2	3	4	5	6	7	8
D/mm	0.975	0.974	0.981	0.979	0.980	0.972	0.982	0.970

要求用 Origin 软件的数据处理功能计算小球的直径平均值 $\overline{D}$、单次测量值实验标准差 σ_D 及平均值的实验标准差 $\sigma_{\overline{D}}$。

解 打开 Origin 软件,工作界面如图 1-6-1 所示。双击数据工作表 Date1 中第 1 列表头,弹出列属性对话框,修改 Column Name 为 N;在 label 区输入“测量次数”,确定后在第 1 列表中输入测量次数数据;同样修改第 2 列的属性及在第 2 列中输入小球直径数据。

选中第 2 列，单击“列统计”按钮 ，结果如图 1-6-2 所示。

图 1-6-2 中，明确显示了小球直径测量结果常用的各方面统计数据，如平均值 $\overline{D}=0.976\ 62$ mm，标准差 $\sigma_D=0.004\ 47$ mm。

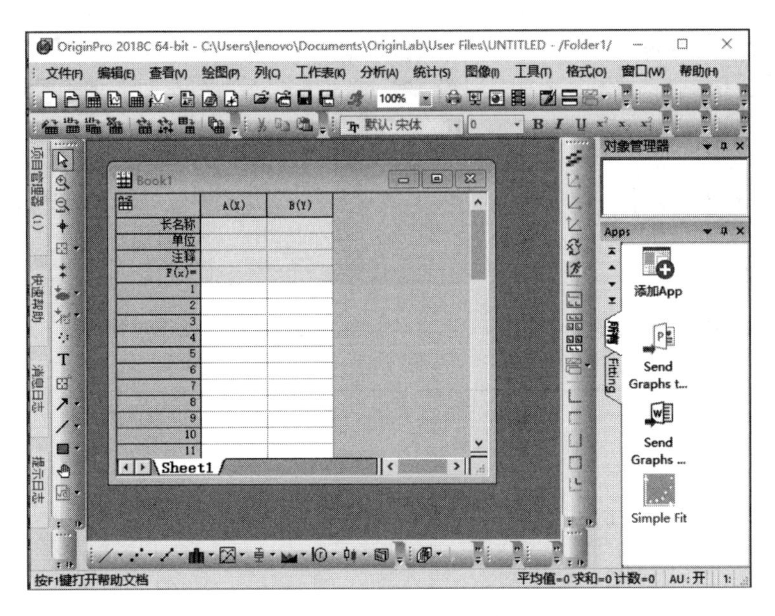

图 1-6-1　Origin 工作界面

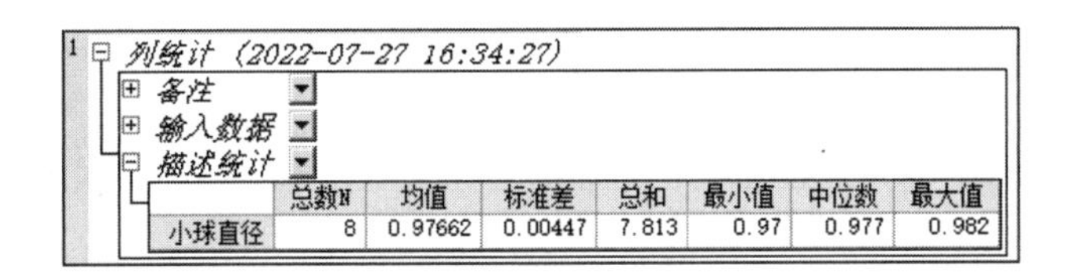
1 列统计 (2022-07-27 16:34:27)
备注
输入数据
描述统计

	总数N	均值	标准差	总和	最小值	中位数	最大值
小球直径	8	0.97662	0.00447	7.813	0.97	0.977	0.982

图 1-6-2　Origin 处理实验数据

二、绘图及曲线的拟合

例 2　用 Origin 软件绘制一小球做自由落体运动时下落的位移 s 与时间 t 的关系曲线。实验测量的数据见表 1-6-2。

表 1-6-2　位移与时间数据表

s/m	0.00	0.20	0.40	0.60	0.80	1.00	1.20
t/s	0.000	0.198	0.296	0.341	0.417	0.443	0.508

解　启动 Origin 软件，将表 1-6-2 所示数据输入数据工作表中，并修改有关数据工作表的设置，如图 1-6-3 所示。选中数据表中两列数据，单击主菜单“绘图”中的“点线图”（见图 1-6-4），可自动绘出点线图（见图 1-6-5）。

双击图形中的横坐标和纵坐标可以修改坐标轴名称；单击主菜单“分析”中的“拟合”/“多项式拟合”（见图 1-6-6），自动得出拟合曲线和拟合结果数据，如图 1-6-7 和图 1-6-8 所示，即 s 和

t 的关系为

$$s=4.448\ 77t^2+0.157\ 42t-0.003\ 29\approx\frac{1}{2}gt^2$$

	A(X)	B(Y)
长名称	时间	下落位移
单位	s	m
注释		
F(x)=		
1	0	0
2	0.198	0.2
3	0.296	0.4
4	0.341	0.6
5	0.417	0.8
6	0.443	1
7	0.508	1.2
8		

图 1-6-3　数据表

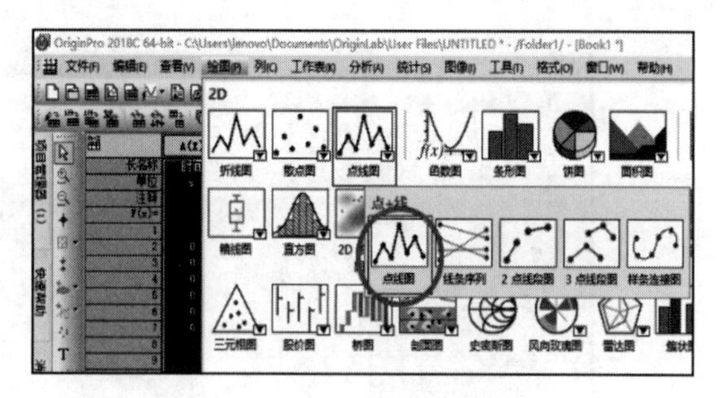

图 1-6-4　绘图过程

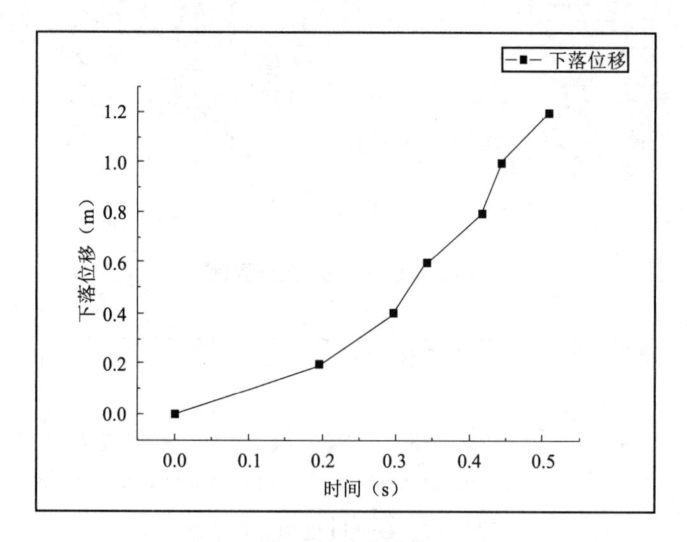

图 1-6-5　点线图

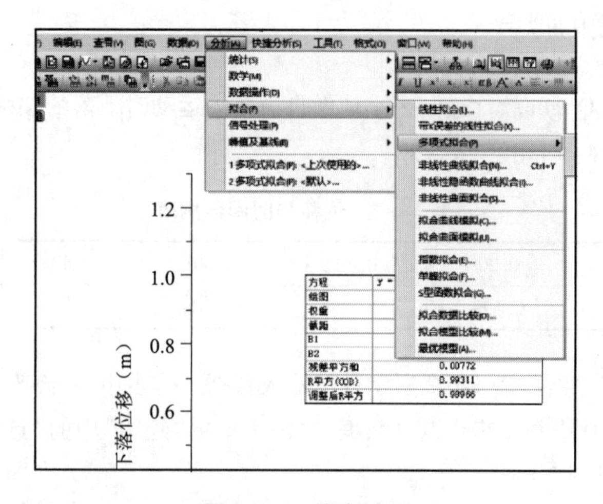

图 1-6-6　拟合过程

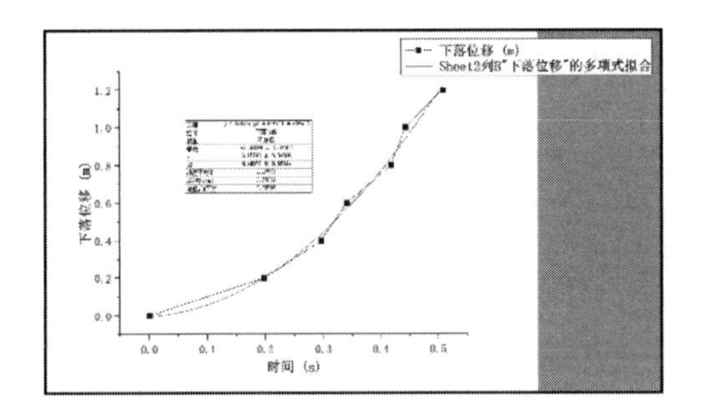

图 1-6-7　拟合曲线

方程	y=Intercept+B1*x^1+B2*x^2
绘图	下落位移
权重	不加权
截距	−0.003 29±0.043 07
B1	0.157 42±0.348 06
B2	4.448 77±0.659 14
残差平方和	0.007 72
R平方(COD)	0.993 11
调整后R平方	0.989 66

图 1-6-8　拟合结果数据

思考与练习

1. 用 0～25 mm 的螺旋测微器测球的直径 5 次，数据如下（单位：mm）：

$$1.679, 1.670, 1.676, 1.673, 1.672$$

试求直径的平均值、绝对误差、相对误差及结果的表达式（绝对误差要求用两种方法）。

2. 试利用有效数字运算法则计算下列各式的结果。

(1) $98.754 + 1.3$；

(2) $107.5010 - 2.51$；

(3) 111×0.10；

(4) $237.5 \div 0.10$；

(5) $\dfrac{76.00}{40.0 - 2.00}$；

(6) $\dfrac{800.0 \times \pi}{(200 + 1.00 \times 10^{-4}) \times 50}$。

3. 下列结果表达式或说法是否正确？如不正确请改正。

(1) $L = (10.435 \pm 0.1)$ cm；

(2) $t = (85.2 \pm 0.1)$ s；

(3) $L = 12.0$ km ± 100 m；

(4) $d = (2.2207 \pm 5 \times 10^{-4})$ m；

(5) 28 cm = 280 mm；

(6) 20 mm = 0.02 m；

(7) $0.0221 \times 0.0221 = 0.00048841$。

(8) 用同一仪器测量两个长度量，结果可写成 $l_1 = (400.0 \pm 0.8)$ cm，$l_2 = (5.0 \pm 0.1)$ cm，则 l_1 的相对误差大。

4. 据尾数舍入法则将下列各值取 5 位有效数字。

(1) $\pi = 3.14159265$；

(2) $t = 1.00005$ s；

(3) $c = 4.80325 \times 10^{-10}$ g；

(4) $g = 980.13500$ cm/s^2。

5. 计算下列间接测量量的绝对误差 ΔN、相对误差 E_N，并写出间接测量量的结果表达式 $N \pm \Delta N$。

(1) $N = A + B - \frac{1}{3}C$,

$A = (0.576\,8 \pm 0.000\,2)\,\text{cm}, B = (85.07 \pm 0.02)\,\text{cm}, C = (3.247 \pm 0.002)\,\text{cm}$;

(2) $N = \frac{4M}{\pi D^2 H}$,

$M = (236.124 \pm 0.010)\,\text{g}, D = (2.345 \pm 0.005)\,\text{cm}, H = (8.201 \pm 0.012)\,\text{cm}$。

6. 写出下列函数的最大误差。

(1) $N = 3A - 5B + 2C, \Delta N =$ ________;

(2) $N = 4\pi \frac{A^2 B^3}{C^4}, E_N =$ ________。

第2章

演示物理实验

演示实验是指通过实验的方式,加以演说或解释的过程。历史上著名的伽利略落体实验,就是通过实验的方式证明质量不同的两个铁球从同一高度做自由落体运动,会同时落地,从而推翻了亚里士多德的“重的物体下落速度比轻的物体下落速度快”的结论。演示实验是易于观察现象的实验过程,趣味性强。应用演示实验可以充分调动学生的视觉、听觉、嗅觉等,趣味性强,使教学效果更好、充满活力。

在课堂教学中,并不是所有的实验都适合学生亲自动手体验,有些情况演示实验最为适合。

1. 实验器材的限制

比如,在进行大气压强的教学过程中,为了证明大气压强很大,可以支撑起10 m左右的水柱时,教师可进行演示实验,将透明细软管中充满红色水,上端密封,固定在四层楼高的窗外,先堵住软管下端,不让水流出,然后将软管下端伸入水桶中,同时松开软管下端,观察水柱移动情况,发现水柱先下降,最后停在10 m左右的高度。学生可以在三楼观察到水柱的移动情况。再配合视频演示,达到教学目标。像这样的实验,难度系数比较高,操作起来不是很方便,所以适合演示实验而不适合学生实验。

2. 具有危险性的实验

比如,在学习内能与机械能之间的相互转化时,在试管中装有少量水,用橡皮塞将试管口封住,将试管在酒精灯上加热,会观察到水沸腾,然后橡皮塞从试管口飞出。这样的实验适合教师演示,不能将试管口对准学生;如果让学生分组做可能会将沸水溅出,造成伤害。

再如,将机械能转化为内能的实验中,使用空气压缩点火仪,因为响声大,比较难做,需要力气大、胆子大的男同学配合教师演示,不适合所有的学生进行实验。

3. 猜想类实验

在探究类教学活动之前,需要引导学生进行猜想,而猜想实验适合作为演示实验。因为一节课的时间是有限的,所有的实验都让学生进行会降低课堂效率,使教学目标无法完成。例如,在探究力的作用效果与哪些因素有关时,需要先引导学生猜想哪些因素影响力的作用效果。教师演示用大小不同的力拉伸弹簧,弹簧形变程度不同,说明力的作用效果与力的大小有关。教师演示拉弹簧和压弹簧,也会影响弹簧的形变,所以力的作用效果与力的方向有关。在猜想力的作用效果与力的作用点有关时,有一部教师列举的例子是从门把手处开门比作用在门轴上开门要容易很多,实现控制力的大小和方向一样,只改变作用点,从而说明力的作用效果和力的作用点有关。其实这样是不恰当的,因为有门把手和没有门把手也是很重要的一个因素,教师没有控制这个因素不变,而更合理的操作是让学生从门框边处推门比从靠近门轴处推门更容易一些,说明力的作用效果与力的作用点有关。在老师的引导下学生猜想出影响力的作用效果与力的大小、方向、作用点有关后,再利用控制变量法探究力的作用效果与这三个因素的关系,整节课环环相扣,调动了学生学习的积极性,使课堂教学更加有效。

爱因斯坦曾说:探索真理比占有真理更为可贵。在课堂教学中教师有意识地利用演示实验方式完成教学目标,可以充分调动学生的各种感官,使学生对知识的理解更加深刻。

物理演示实验是物理原理的直观教学,与分组实验、课外活动相比有一定的区别。引导学生观察、思考、分析实验现象,得出结论,是物理实验领域重要的组成部分。

本章在介绍实验仪器、实验现象并阐述物理原理之后,特别设置了知识延伸及思考与练习模块。知识延伸部分融合了与演示实验本身或者实验原理相关的理论的发现过程、相关重要人物、相关应用领域与应用案例等基本物理知识外的相关部分。思考与练习模块设计了与当次实验密切相关的问题,用以对实验相关知识进行发散、巩固、提高。让学生不仅完成实验现象的观察,更要达到相关知识的思考。

2.1 受迫振动及共振演示实验

观察水的运动状态,操作并实际感受受迫振动与共振。

实验仪器

水波盆(鱼洗)如图 2-1-1 所示,其是一个由青铜铸造的具有一对提把的盆。外形尺寸:盆口直径为 400 mm,盆深为 180 mm。

图 2-1-1 鱼洗

实验过程及现象

(1)向鱼洗内注入半盆水,把鱼洗放到软垫上。

(2)操作者伸开两手掌,掌面蘸少许水,将两手掌平放在鱼洗的两个提把上,用双手轻搓两个把手,盆就嗡嗡地振动起来。盆中的水在盆的振动中可从水面与盆壁相交的圆周上的四个点喷射出水花,若操作得当,激起的水花可高达 400~500 mm。

(3)实验时,一边观看水花的喷射,一边观看水面上振动的波纹分布。

(4)实验完毕,把鱼洗内的水倒掉。

注意:做本实验一定要有耐心,水花的喷射与人手摩擦提把的频率基本无关,故不能着急。

物理原理

从振动与波的角度来分析是由于双手来回摩擦铜耳时,形成铜盆的受迫振动,这种振动在水面上传播,并与盆壁反射回来的反射波叠加形成二维驻波。理论分析和实验都表明这种二维驻波的波形与盆底大小、盆口的喇叭形状等边界条件有关。我国汉代已有鱼洗,并把鱼嘴设计在水柱喷涌处,说明我国古代对振动与波动的知识已有相当的掌握,其主要原理:

(1)操作者手搓提把使能量传入的过程,是一个非线性自激振动过程,其物理实质是用单方向的力激起提把的振动。

(2)提把的振动耦合为盆体的横驻波共振。鱼洗盆的提把安装在盆内侧面相对的两侧,它的振动可以耦合为盆体的横驻波共振。本实验所用鱼洗盆侧面环盆一周有四个波节、四个波腹的驻波的频率与提把自激振动的频率相接近(最好略高一点)时,可以最有效地激起该波的振动。

(3)波腹处剧烈的振动使水具有的动能大于水的表面张力限定的势能,且能克服重力再向上运动时,水被撕裂成水珠从水面飞出,形成向上喷射的水花。本实验鱼洗中激起的振动为四波腹四波节模式,所以有四股水花从波腹处飞出。使提把由于非线性过程而产生的自激振动的频率接近鱼洗侧面横驻波模式(四波腹四波节)的固有频率,是本装置结构的关键。

知识延伸

鱼洗,古代中国盥洗用具,金属制。"洗"在中国古代是一种生活用品,这种器具的形状与现代的脸盆相似。古代的"洗"有木洗、陶洗、铜洗等。如果"洗"的底上刻有龙就称"龙洗",刻有"鱼"就叫"鱼洗"。

这种器物在先秦时期已被普遍使用,而能喷水的铜质鱼洗大约出现在唐代。它的大小像一个洗脸盆,底是扁平的,盆沿左右各有一个把柄,称为双耳;在洗的底部刻有四条鱼的花纹,雕刻得非常精致。鱼鳞和鱼尾都惟妙惟肖。

鱼洗奇妙的地方是,用手快速有节奏地摩擦盆边两耳,盆会像受撞击一样振动起来,盆内水波荡漾。摩擦得法,可喷出水柱。

这种具有中华民族传统特征的鱼洗,曾多次展出,成为世界博览会上最受欢迎的展品之一。

现在国内很多博物馆都有不同形式的鱼洗藏品。

思考与练习

1. 水为什么会飞起来?
2. 为什么手要洗干净水才会飞起来?
3. 能否让更多地方的水飞起来?
4. 寻找与本实验原理相关的生活当中的物理应用。

2.2　傅科摆演示实验

实验仪器

整个装置封闭在一个方形的玻璃罩(外形尺寸:$l \times b \times h$,400 mm×400 mm×1 400 mm)内,以防止空气流动对仪器工作的影响,正面玻璃为可开关的门,以便进行内部机构调节。电气控制部分安装于仪器上部内,上部正表面排列着电源指示灯、工作指示灯、电源开关、照明开关、幅度调节旋钮等。内部顶端有一丝卡,摆绳(吊丝)就卡在卡丝上。仪器整体质量约 50 kg。傅科摆结构如图 2-2-1 所示,面板示意图如图 2-2-2 所示。

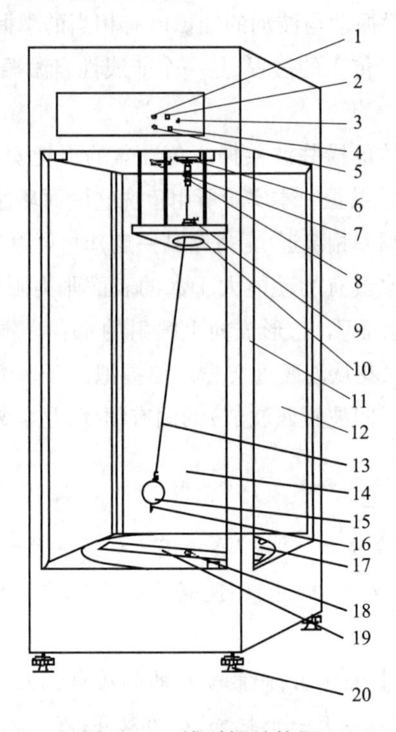

图 2-2-1 傅科摆结构图

1—电源指示;2—工作指示;3—振幅调节;4—照明开关;5—电源开关;6—吊头;7—照明灯;8—丝卡;9—校中架;10—架板;11—机架;12—玻璃;13—吊丝;14—玻璃门;15—摆锤;16—指针;17—刻度盘;18—水平基准盘;19—游标尺;20—水平调节足

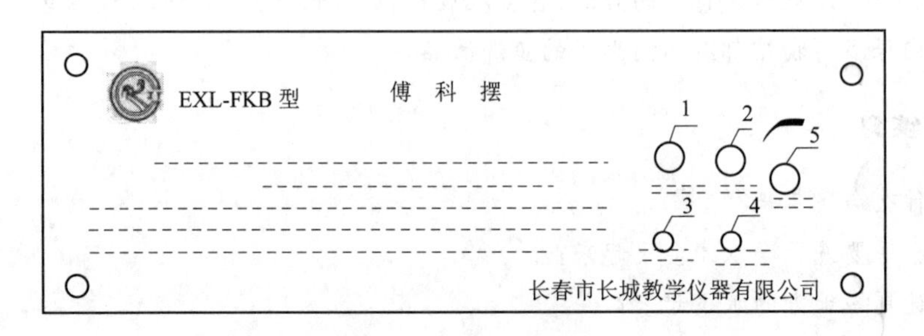

图 2-2-2 面板示意图

1—电源指示;2—工作指示;3—电源开源;4—照明开关;5—振幅调节

摆绳是一条长约 1 m、直径约 0.3 mm 的钢丝。摆绳穿过安装在吊头上的丝卡,卡龙环侧面有一校验吊丝是否从卡龙环中央通过的校中螺栓。吊丝的下端系着一个质量约 1 kg 的铸铁摆球,摆球下固定一个指针,摆动周期为 1.795 ~ 1.909 s,在地球不同纬度上摆平面平均旋转角速度值相对误差不大于 10%。

仪器的下部能够见到的有水平基准盘,可绕中心转动的游标尺 360°刻度盘。刻度盘下面内封闭着补能用的电磁铁。

仪器底部四角有四个水平调节足,供安装仪器时调节水平用。

工作环境条件：环境温度为 0～40 ℃；相对湿度为不大于 85% RH（40 ℃）；使用电源为 220 V/50 Hz。

实验过程及现象

（1）调节四个水平调节足，使摆球指针正对水平基准盘的中心孔。

（2）接通电源，开启电源开关，见电源指示灯亮。

（3）用手轻轻推一下摆球，幅度以吊丝正好碰到卡龙环内周边为止。碰到内周边时，工作指示灯亮。每碰卡龙环的内周边一次，工作指示灯亮一次，电磁铁对摆球补能一次，不断重复这一过程。

（4）摆开始工作，约过 5 min，振幅大小趋于平稳，如果振幅偏大或偏小可调节振幅调节旋钮，使其减幅或增幅。一般使摆球指针指到刻度盘上略大于 4 的位置即可。

（5）摆进入正常工作后，将游标尺刻线正对摆球指针往复的轨迹，记录起始时间和刻度盘起始位置值，然后轻轻地关闭玻璃门。

（6）经过一段时间，就会发现摆动平面发生了偏转，可以观察摆动平面偏转角度，如果环境光线暗，可打开仪器内照明灯。待 6 小时后，观察记录刻度盘的即时位置的偏转角度，求出每小时的平均偏转角度 ω'。

（7）计算该地方地理纬度上傅科摆摆动平面的旋转速度

$$\omega_1 = \omega_0 \cdot \sin\psi$$

相对误差

$$\delta = \frac{|\omega_2 - \omega_1|}{\omega_1} \times 100\%$$

式中，ω_0 表示地球自转的角速度；ω_1 表示傅科摆旋转角速度的理论值；ω_2 表示傅科摆旋转角速度的测量值；ψ 表示傅科摆所在地的地理纬度。

（8）中国处于北半球，在中国傅科摆的摆动平面沿顺时针方向旋转。

物理原理

以太空的某一点为参照系，观察地球上的傅科摆，由于惯性作用，摆平面保持原振动方向，而地球自转的结果使地面上的物体相对摆平面的位置发生偏转，而地球上的人习惯于以地球为参照物，就会感觉摆平面相对地球的位置发生相反的偏转。由于地球在自转，地球上的物体要受两种惯性力的作用，即惯性离心力和科里奥利力，傅科摆在直观地显示地球自转的同时，也显示了科里奥利力的存在和作用，是科里奥利力的作用引起的摆动平面的旋转。

地球的自转基本上是匀速转动，非常缓慢，角速度为

$$\omega_0 = 2\pi(\text{rad/恒星日}) = 7.292 \times 10^{-5}(\text{rad/s})$$

地球上的物体受其影响很小，不易觉察。傅科摆由于能够长时间工作，可以显示这种缓慢的变化，呈现摆动平面的旋转。

傅科摆摆动平面的偏转方向和偏转角速度与傅科摆在地球上所处的地理位置有关。在北半球，摆动平面沿顺时针方向旋转；在南半球，沿逆时针方向旋转；在两极，摆动平面的旋转角速度最大，每昼夜转一周；在赤道，旋转角速度最小，角速度为零。

在不同的地理纬度上，傅科摆摆动平面的旋转角速度为

$$\omega = \omega_0 \cdot \sin\psi$$

式中，ω 表示当地傅科摆摆平面的旋转角速度；ω_0 表示地球自转的角速度；ψ 表示傅科摆所在地的地理纬度。

在南半球，ψ 取负值，ω 值为负，表示傅科摆在南半球的摆动平面是沿逆时针方向旋转。

或者可用下列公式计算傅科摆摆平面的旋转角速度：

$$\omega = 7.292 \times 10^{-5}(\mathrm{rad/s}) \cdot \sin\psi$$

$$\omega = 15.04^\circ \cdot \sin\psi/h$$

知识延伸

法国物理学家让·傅科(Jean Foucault)于1851年在巴黎国葬院(法兰西共和国的先贤祠)大厅穹顶上悬挂了一条67 m长的绳索，悬挂点经过特殊设计使摩擦减少到最低限度，绳索的下面是一个质量为28 kg的摆锤。摆锤的下方是一个直径为6 m的沙盘。每当摆锤经过沙盘上方的时候，摆锤上的指针就会在沙盘上面留下运动的轨迹。这种摆惯性和动量大，因而基本不受地球自转影响而自行摆动，并且摆动时间很长。

按照日常生活的经验，这个摆应该在沙盘上面画出唯一一条轨迹。可人们惊奇地发现，傅科设置的摆每经过一个周期的振荡，在沙盘上画出的轨迹都会偏离原来的轨迹(准确地说，在沙盘边缘，两个轨迹之间相差大约3 mm)。

事实上，摆动平面沿顺时针方向缓缓转动，摆动方向不断变化。

傅科摆放置的位置不同，摆动情况也不同。在北半球时，摆动平面顺时针转动；在南半球时，摆动平面逆时针转动。而且纬度越高，转动速度越快，在赤道上的摆几乎不转动，在两极极点旋转一周的周期则为一恒星日(23小时56分4秒)，简单计算中可视为24小时。

这是由于地球的自转，摆动平面的旋转方向在北半球是顺时针的，在南半球是逆时针的。摆的旋转周期，在两极是24小时，在赤道上傅科摆不旋转。

巴黎国葬院中依然保留着当年傅科摆实验所用的沙盘和标尺。

思考与练习

1. 根据傅科摆的原理，可以深入分析出地理位置不同的河流对河道两侧冲刷的程度不同，试讨论分析其理论根据。

2. 寻找与本实验原理相关的生活当中的物理应用。

2.3 飞机升力演示实验

实验仪器

飞机升力演示器由风机、飞机模型、透明罩、滑杆、滑杆压板、木板底座等组成，如图2-3-1所示。除飞机模型与滑杆压板可取下，其余部件均被固定。工作电源为220 V/50 Hz。

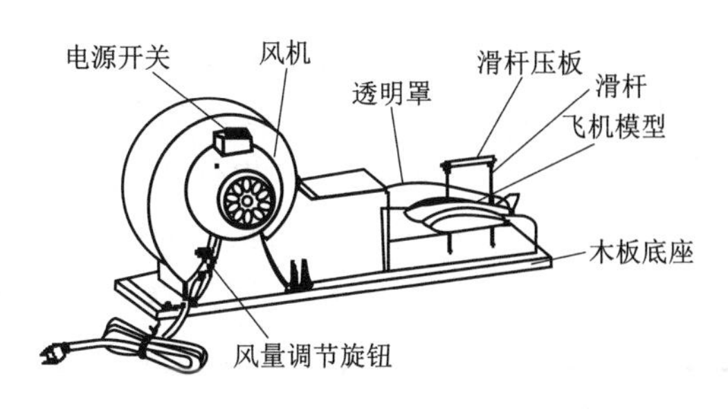

图 2-3-1 飞机升力演示器结构

实验过程及现象

(1)仪器通电使用前应确保各部件处于示意图的状态,飞机模型应机腹向下穿过两滑杆平卧于木板底板上。

(2)确认无异常后,闭合电源开关,风机运行,此时通过透明罩观察,飞机模型将缓缓升起。观察完毕后断开电源开关。

(3)通过风量调节旋钮,可控制飞机模型上升的高度。

(4)取下滑杆压板,将飞机模型顺滑杆向上取出,翻转模型机腹朝上,机头朝前将模型顺滑杆装入,盖好滑杆压板,再次闭合仪器的电源开关,观察后可发现,模型腹部朝上时,模型将不再随风力升起。

物理原理

飞机模型的机翼剖面为前端圆钝、后端尖锐,上边较弯、下边较平,上下不对称,从空气流过机翼的流线(见图 2-3-2)可以看出:当空气流向飞机模型时(相当于飞机向前滑行),分成上下两股,分别沿机翼上表面流过,而在机翼的后缘重新汇合向后流去。因机翼表面突起的影响,气流经过上翼面,气流受挤流速加快(上表面流线密集),而流过下翼面时气流受阻力影响流速缓慢(下表面流线较稀疏)。根据伯努利原理,上方受空气压力小,下方受空气压力大,于是,这个压力差便形成了一种向上的升力,当这个升力大于重力时,飞机就升起来了。

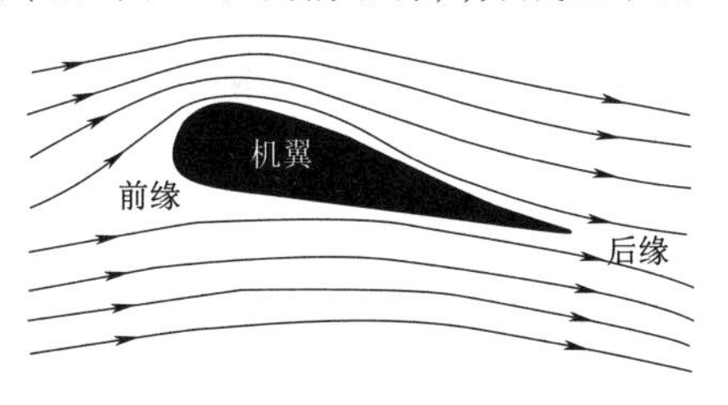

图 2-3-2 飞机机翼升力原理图

知识延伸

固定翼飞机的机翼千姿百态。早期的飞机设计者把机翼的面积做得尽量大,因为机翼越大产生的升力也就越大。但当时受制造机翼材料强度的制约,它不可能被做得太大。于是,为了增大机翼面积,设计师造出了多层机翼的飞机,有二层的、三层的、四层的,它们被称为双翼机、三翼机、四翼机。以后,由于技术改进使飞机的飞行速度提高从而获得了更大的升力,飞机就不再依靠增加机翼面积来提高升力了。20 世纪 20 年代,三翼机及四翼机被淘汰,双翼机几乎一统天下。20 世纪 30 年代,随着飞机速度的提高,双翼机也被淘汰。现在只有在小型低速的飞机中还可见到少量的双翼机,它们常被用于农田作业或短途的观光飞行。

根据机翼在机身上安装的部位不同,又可将它们分成上单翼、中单翼及下单翼三种类型。

上单翼的飞机是指把机翼装在机身上方的飞机。对乘客来说，这种飞机的优点是不论坐在舱内什么位置上，都可以通过舷窗饱览下面的风光，不受机翼的阻挡；机身距地面高度小，上下方便。但对维修人员来说，这种飞机的发动机装在机翼上，离地面较高，维修时很不方便。对飞机设计人员来说，飞机的起落架不好安排。但即使如此，在民航飞机中上单翼飞机数量上还是较多的。中单翼是指将机翼安装在机身中部，从理论上说这种形式的飞机所受到的飞行阻力最小，但是它的翼梁要从机身中间穿过，客舱会被一分为二，考虑到乘客不会喜欢它，所以在民航运输飞机中基本没有中单翼飞机，通常用于空军的战斗机上。下单翼飞机的机翼安装在机身下，起落架容易安排，发动机等设备维修时也方便，这些优点抵消了机身高、乘客视野不佳等缺点，为飞机制造厂家广为采用。民航系统现在运行的大型民航飞机几乎都是下单翼飞机。

除了机翼数量和位置的不同，机翼在形状上也是多种多样：长方形的、梯形的、三角形的等。低速飞行的小型机机翼多选择长方形，除便于制造外，长度相同时长方形的面积较大也是理由之一。大型的高速飞机多采用后掠的梯形机翼，超音速的客机则采用三角翼。

思考与练习

1. 现在飞机机翼在末端都是竖起来的，有的甚至有一些美观的造型，难道这些设计就是为了飞机外形美观吗？查阅资料，分析讨论机翼翘尾的空气动力学原因。

2. 观察航模机翼或者儿童手抛泡沫飞机模型的机翼形状，感受滑行中的升力。

2.4 弹性碰撞演示实验

实验仪器

弹性碰撞演示器结构如图 2-4-1 所示，其由底座、框体、悬线及小球组成，小球直径为 20 mm 或 30 mm。

图 2-4-1 弹性碰撞演示器结构

实验过程及现象

(1)拉动一个小球使其偏离竖直方向一定角度，松手令它与其他小球碰撞，观察碰撞过程。

(2)一次拉动两球、三球、多球，令它们与余球碰撞，观察碰撞过程。

物理原理

此演示涉及弹性碰撞和动量守恒原理。

弹性碰撞又称完全弹性碰撞，指在理想情况下，物体碰撞后，形变能够恢复，不发热、发声，没有动能损失。碰撞前后两球的动量和能量之和不变，两球碰撞后的速度等于碰撞前的速度。真正的弹性碰撞只在分子、原子以及更小的微粒之间才会出现。生活中，硬质木球或钢球发生碰撞时，动能的损失很小，可以忽略不计，通常也可以将它们的碰撞看成弹性碰撞。

由钢球组成的系统相互作用的前后满足动量守恒条件，遵循动量守恒。在理想情况下，完全弹性碰撞的物理过程满足动量守恒和能量守恒。如果两个碰撞的球质量相等，则由动量守恒和能量守恒可知，碰撞后被碰撞的小球具有与碰撞小球同样大小的速度，而碰撞小球则停止。多个小球碰撞时可以进行类似分析。事实上，由于小球间的碰撞并非理想的弹性碰撞，或多或少会有能量损失，所以最后小球还是要停下来。

知识延伸

弹性碰撞演示器通常也被称为牛顿摆。虽然叫牛顿摆，可它并不是牛顿发明的，而是1676年由法国物理学家伊丹·马略特(Edme Mariotte)提出来，直到20世纪60年代才被发明出来。其演示的便是能量守恒和动量守恒，所以也称动量守恒摆球、摆摆球、永动球。

思考与练习

1. 在打台球时体会碰撞时的动量守恒。

2. 讨论：在保持牛顿摆中各摆球位置不变的前提下，改变某个球悬线的长短及悬挂的位置，会有什么可能变化的实验现象。

2.5　过山车演示实验

实验仪器

过山车演示器结构如图 2-5-1 所示，主体由底座、导轨、小球组成。外形尺寸为 600 mm×300 mm×650 mm，小球直径为 25 mm。

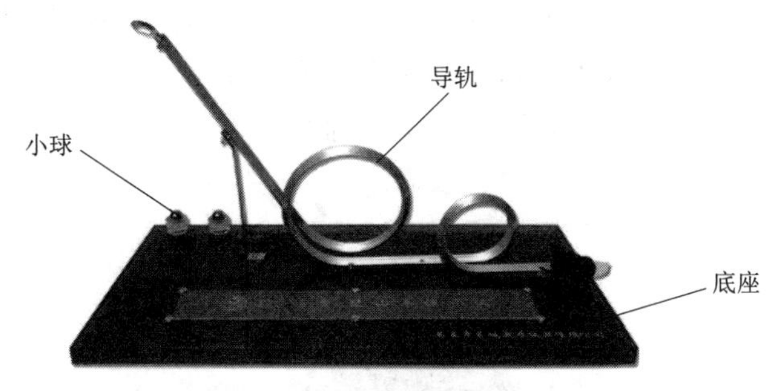

图 2-5-1　过山车演示器结构

实验过程及现象

(1)把小球放在轨道顶端,让它从静止开始下滚,观察小球的运动。

(2)把小球放在轨道顶端稍低的位置,让它从静止开始下滚,观察小球的运动。

物理原理

过山车演示器展现的物理原理是能量守恒以及加速度和力的变化。小球从最高处下行后,就再也没有任何装置为它提供动力。从这时起,带动它沿轨道行驶的唯一“发动机”将是重力势能,即由势能转化为动能又由动能转化为重力势能这样一种不断转化的过程。

知识延伸

美国发明家、商人拉马库斯·阿德纳·汤普森是第一个注册过山车相关专利技术的人(1885 年 1 月 20 日),并曾制造过数十个过山车设施。过山车别名云霄飞车,是一种机动游乐设施,常见于游乐园和主题乐园中。

过山车的垂直立环是一种离心机装置,当过山车以合适的速度越过最高点时,人所受重力恰好可以提供使人沿圆周运动的“向心力”,因而人不会掉下来。当然,需要一些安全防护装置保证乘客的安全,但在大多数大回环中,无论是否有护具,乘客都会停在车厢里。

思考与练习

1. 自制水杯过山车,感受动能势能转换的奇妙。取一有机塑料水杯(杯口比较大),用准备好的线绳将杯子从杯口附近拴好,并尽量保持提起线绳后水杯不歪斜。将水杯盛满水后,拎住线绳的另一端,并想办法将水杯甩起,直至完成水杯的圆周运动并保持水不洒出。

2. 生活中很多时候都会用到动能势能的转换,如自由式滑雪。尝试寻找与本实验原理相关的生活当中的其他应用。

2.6 角速度矢量合成演示实验

实验仪器

角速度矢量合成演示器结构如图 2-6-1 所示,主要包括底座、球体、转动手轮、指针等部分。外形尺寸为 480 mm×480 mm×560 mm,球体直径为 300 mm。

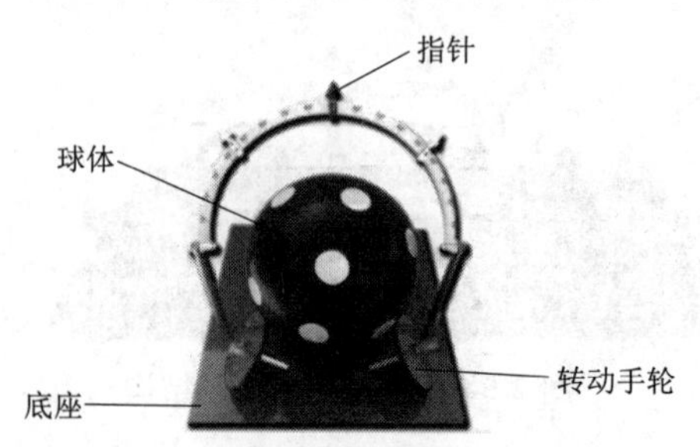

图 2-6-1 角速度矢量合成演示器结构

实验过程及现象

(1)摇动左手轮,使球体沿一确定的转轴匀速转动,观察者可以看到球上的圆点扫描出一族圆弧线,这些圆弧线位于与确定方向相垂直的平面上,这些圆弧线转动方向按右手法则旋进的方向就是分角速度矢量 $\boldsymbol{\omega}_1$ 的方向。转动半圆弧形标尺并沿弧移动箭头,使其箭头指向 $\boldsymbol{\omega}_1$ 的方向。

(2)按(1)中所述的操作步骤,摇动右手轮,移动箭头示出角速度矢量 $\boldsymbol{\omega}_2$ 的方向。

(3)用左右两手分别同时摇动两个手轮,使球体同时参与两个确定的转动方向转动,使分角速度矢量沿 $\boldsymbol{\omega}_1$ 和 $\boldsymbol{\omega}_2$ 两个方向。当摇动二手轮的转速相同,即二分角速度矢量的大小相等时,则圆点所描出的一族圆圈恰位于与两箭头所指方向的分角线方向相垂直的平面上。且此圆圈转动方向按右手法则旋进的方向(分角线的方向)就是角速度矢量 $\boldsymbol{\omega}$ 的方向,它们满足平行四边形运算法则 $\boldsymbol{\omega}=\boldsymbol{\omega}_1+\boldsymbol{\omega}_2$。

(4)若左手轮摇动的转速大于右手轮的转速时,$|\boldsymbol{\omega}_1|>|\boldsymbol{\omega}_2|$,与圆点扫描出的一族圆圈平面相垂直的方向(即合成角速度的 $\boldsymbol{\omega}$ 的方向)向 $\boldsymbol{\omega}_1$ 箭头所指向的方向靠拢,如图2-6-2(b)所示若 $|\boldsymbol{\omega}_1|<|\boldsymbol{\omega}_2|$,则 $\boldsymbol{\omega}$ 的方向向 $\boldsymbol{\omega}_2$ 的方向靠拢,如图2-6-2(c)所示。

在二分角速度矢量方向不变的情况下,改变 $\boldsymbol{\omega}_1$ 和 $\boldsymbol{\omega}_2$ 矢量的大小,通过演示器可以定性地观察到合成角速度矢量 $\boldsymbol{\omega}$ 与分角速度矢量 $\boldsymbol{\omega}_1$ 和 $\boldsymbol{\omega}_2$ 满足平行四边形矢量合成法则,这说明角速度是一个矢量。

物理原理

若刚体(球体)参与两个不同方向的转动,一个方向转动的角速度矢量为 $\boldsymbol{\omega}_1$,另一个方向转动的角速度矢量是 $\boldsymbol{\omega}_2$,则刚体合成转动的角速度矢量 $\boldsymbol{\omega}$ 等于两个角速度矢量 $\boldsymbol{\omega}_1$ 和 $\boldsymbol{\omega}_2$ 的矢量和,它们遵守平行四边形法则,如图2-6-2所示。

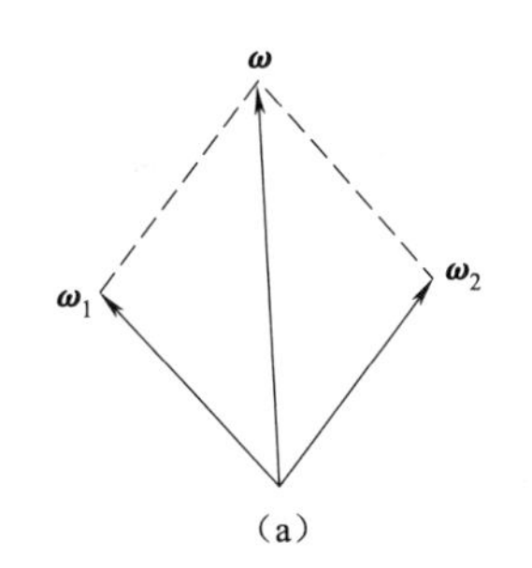

(a)

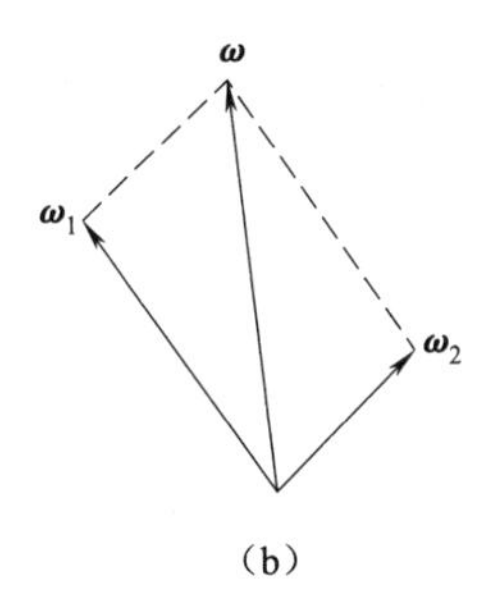

(b)

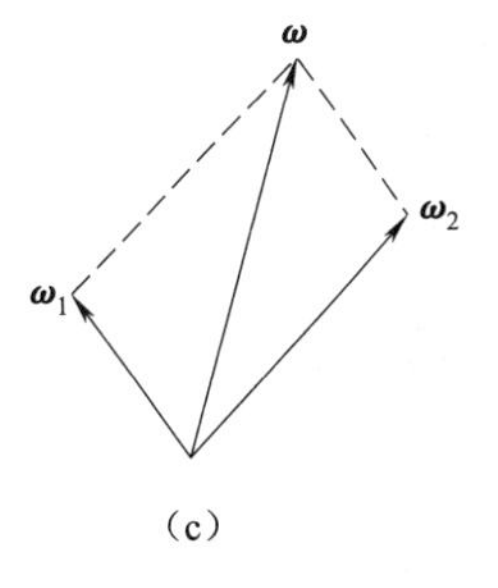

(c)

图2-6-2　角速度合成平行四边形法则

知识延伸

角速度矢量合成从更广泛的意义上来讲,就是矢量合成。而矢量合成在生活中比比皆是,从早期轰炸机在高空高速飞行时投放炸弹到现在导弹的空基发射都严格使用了矢量合成,飞船的变轨及姿态调整都需要通过发动机的推进获得某一其他方向上的速度进而完成,这里面发动机的推力都是经过严格的矢量合成计算获得的精确数据,否则,失之毫厘,谬以千里。现在的战斗机出现了一种可以变换推力方向的发动机,也称“矢量发动机”,大大提高了飞机的机动性,提升了战斗力和战时生存能力。

讨论角速度矢量合成演示器的缺陷和不足,研究实验的改进方案。

2.7 纵波演示实验

实验仪器

纵波演示器结构如图 2-7-1 所示,整体尺寸为 2 000 mm × 380 mm × 400 mm;彩色弹性振子所绕圆环直径为 70 mm。

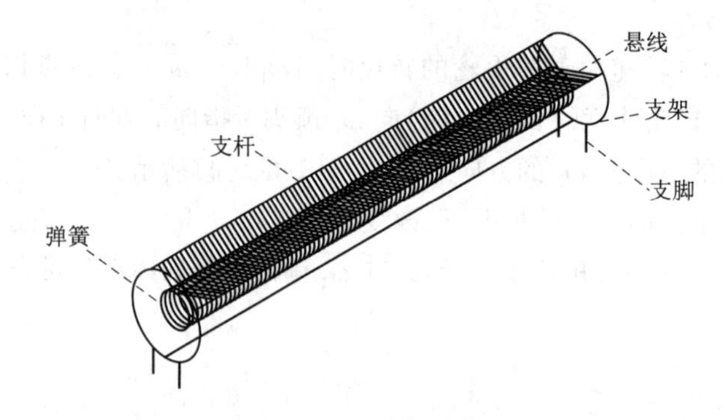

图 2-7-1 纵波演示器结构

实验过程及现象

(1)把软弹簧纵波演示器放在实验桌上,手拉弹簧端的振子,放手令它自由振动,细弹簧在它的激励下产生纵波向另一端传播,观察纵波疏部和密部的运动。

(2)调节另一端的阻尼,使纵波传播过来的能量刚好被阻尼所损耗掉,即可实现纵波行波的传播。若将阻尼端完全固定(或完全自由),可看到纵波驻波。

物理原理

纵波是和横波不同的一种机械波,在波动中质点的振动方向和波的传播方向平行。同横波一样,介质中质点只是在平衡位置附近做周期性的振动,不会随着波的传播而前进。纵波可以在固体中、液体中及气体中传播。纵波在传播时,沿传播方向介质的密度不断发生变化,即可以观察到纵波的疏部和密部。对弹簧来说,纵波的传播使疏密度不断变化。该演示可以真实地观察纵波的形成与传播过程。

纵波物理图像的演示较常用的是悬挂软弹簧或悬挂塑料弹簧,其特点是刚度系数 k 很小,使波速较小,便于演示。悬挂弹簧式纵波演示器如图 2-7-2 所示。如果悬丝线较长,波的振幅不大,可以忽略悬挂对波速的影响。下面先分析在软弹簧中存在波时软弹簧的张力,即波列某一点若断开时,断点两边的相互作用力。设弹簧的刚度系数为 k,软弹簧作为一个弹性体,只研究其中原长为 Δx 的一小段。设左边对它的拉力为 T_x,右边为 $T_{x+\Delta x}$,左端的位移为 u_x,右端为 $u_{x+\Delta x}$,如图 2-7-3 所示。若 $u_x = u_{x+\Delta x}$,则表示该小段平移,本身无伸缩,两边不会有拉力,实际的

伸长为 $u_{x+\Delta x}-u_{x+}$，当 $\Delta x\to 0$ 时，Δx 范围可看作均匀伸缩，$T_{x+\Delta x}\to T_x$，由于 T 与相对伸长成正比，即

$$T_x=\lim_{\Delta x\to 0}k\left(\frac{u_{x+\Delta x}-u_x}{\Delta x}\right)=k\frac{\partial u}{\partial x}$$

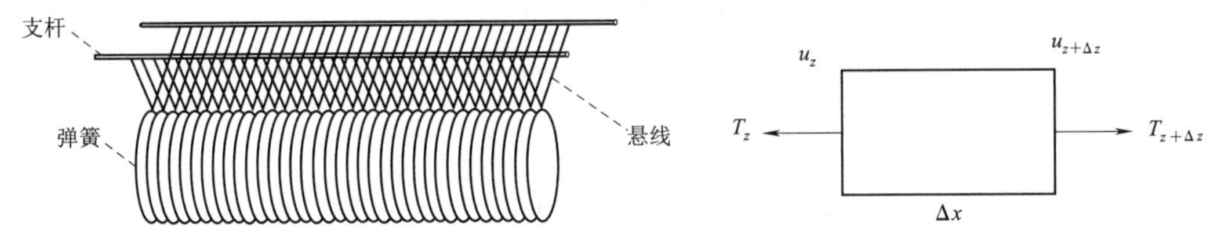

图 2-7-2　悬挂弹簧式纵波演示器结构

图 2-7-3　小元段的受力图

进一步分析在两边拉力的合力作用下此小元段的运动。由于

$$\Delta T=T_{x+\Delta x}-T_x=\frac{\partial T}{\partial x}\Delta x=k\frac{\partial^2 u}{\partial x^2}\Delta x$$

若此软弹簧的质量的线密度为 η，则由牛顿定律得

$$\eta\Delta x\frac{\partial^2 T}{\partial t^2}=k\frac{\partial^2 u}{\partial x^2}\Delta x$$

即

$$\frac{\partial^2 u}{\partial t^2}-\frac{k}{\eta}\cdot\frac{\partial^2 u}{\partial x^2}=0$$

这就是纵波的波动方程，波速为

$$c=\sqrt{\frac{k}{\eta}}$$

方程的解为

$$u(x,t)=A\cos\left[\omega\left(t-\frac{x}{c}\right)+B\right]$$

式中，A、B 为积分常数。该式就是纵波的表达式。之所以选用软弹簧或塑料弹簧，是因为它的 k 较小，从而使波速 c 较小，当有纵波在弹簧中传播时，疏部及密部行进较慢，便于观察。通常将它的一端与一个振子相连，振子振动作为波源，激发纵波在软弹簧中传播。另一端固定或完全自由时会出现驻波；若能完全吸收波的能量，则可演示行波。若波的振幅较大，则悬线也将对波动产生影响，它将增大 k，使波速略有增加。

知识延伸

现在人们对地震的侦测已经有了一定的能力。而地震检测用的就是对波的检测。地震波主要包含纵波和横波。振动方向与传播方向一致的波为纵波（P 波）。来自地下的纵波引起地面上下颠簸振动。振动方向与传播方向垂直的波为横波（S 波）。来自地下的横波能引起地面的水平晃动。由于纵波在地球内部传播速度大于横波，所以地震时，纵波总是先到达地表，而横波总落后一步。因此，发生较大的地震时，人们一般先感到上下颠簸，过数秒到十几秒后才感到有很强的水平晃动。从能量上来看，地震发生时，横波的能量远大于纵波，破坏力也更大，如果人能够感受到地震纵波并抓紧横波到来前的十几秒时间差进行躲避或者防护，很大程度上能够减轻地震带来的伤害。

讨论并研究其他纵波传递能量的演示实验。

2.8 声波波形演示实验

实验仪器

声波波形演示仪结构如图 2-8-1 所示，主要包括底座、支架、弦振管、弦、转筒、音箱、音品等几部分。外形尺寸为 1 100 mm × 1 000 mm × 1 800 mm；其中发音吉他尺寸为 350 mm × 500 mm。

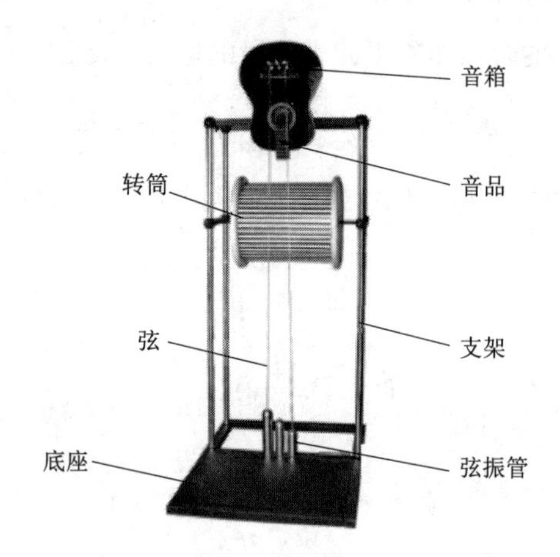

图 2-8-1 声波波形演示仪结构

实验过程及现象

(1) 调整转筒高度至适当高度(适应操作)。

(2) 调整三根弦的张力应适度(使得音响大小及频率不同)。

(3) 转动转筒(手持两侧凸缘部分)后，在音品位处弹触弦(单根及组合)。

(4) 转筒转速的快慢及触弦的力度不同情况下，在转筒转动同时，直视转筒与弦在视线重合位置时，会看到不同幅度、频率的波形。

(5) 以上所演示的声波波形是基于共振和视错觉及视觉暂留原理共同作用的结果。

(6) 使用完毕后应将张紧弦松弛置放。

物理原理

声波是声音的传播形式，发出声音的物体称为声源。声波是一种机械波，由声源振动产生，声波传播的空间称为声场。

声波可以理解为介质偏离平衡态的小扰动的传播。这个传播过程只是能量的传递过程，而不发生质量的传递。如果扰动量比较小，则声波的传递满足经典的波动方程，是线性波。如果扰动很大，则不满足线性的声波方程，会出现波的色散和激波的产生，表现为可视化波形的声波。

声音始于空气质点的振动,如吉他弦、人的声带或扬声器纸盆产生的振动。这些振动一起推动邻近的空气分子,而轻微增加空气压力。压力下的空气分子随后推动周围的空气分子,后者又推动下一组分子,依此类推。高压区域穿过空气时,在后面留下低压区域。当这些压力波的变化到达人耳时,会振动耳中的神经末梢,将这些振动称为声音。

知识延伸

物体(声源、发声体)产生的振动使附近的空气粒子产生同样的振动,这些粒子把振动又传递到其他粒子,这样连续传递直到最初的能量渐渐耗尽。压力向邻近空气传播的过程即产生声波。

首先,声波是一种波动,声源发出声音后要经过一定的介质才能向外传播,即声波是依靠介质的质点振动传递声能的。当介质发生变化(包括介质材料的变化、密度及温度的变化等)时,声音的传播也会随之发生变化,如声速改变、传播方向改变等。声波的传播需要介质,一切固体、液体、气体都可以作为介质。一般情况下,声音在固体中传得最快,在气体中传得最慢(软木除外)。声波在大气和液体介质中是纵波,在固体介质中既有纵波也有横波。声波在真空中无法传播,这是因为真空中缺乏产生传播振动的物质。比如,月球表面是没有空气存在的,即使两位宇航员就处于正对面,他们也无法听到对方的声音。

通常情况下,人耳能听到的声波频率为20 Hz~20 kHz,被称为可听声。每个物体都有独特的声波频率和波长,这使声波成为人们认识世界万物的重要信息来源之一。

另外,声波在空气中传播时很容易受到风和温度的影响。在1个标准大气压下,气温为15 ℃时,声波的速度(声速)约为340 m/s。顺风时声波速度更快,传播距离也更远,逆风时则相反。

在众多的介质变化中,空气温度的变化将会使声速发生改变,这种变化具体表现为:声音在高温空气中传播得更快(温度高,作为传播介质的气体分子越活跃,声波传播越快),其速度与热力学温度的平方根成正比。声波在空气中的速度随温度的变化而变化,温度每上升/下降5 ℃,声音速度将提高/降低3 m/s。

思考与练习

1. 从物理学角度讨论乐声与噪声的区别。

2. 除了指纹识别、面容识别外,还有一种利用声音进行个体识别的手段,称为“声纹”。查阅资料,深入了解“声纹”识别的物理学原理。

2.9 超声波演示实验

实验仪器

超声波演示仪结构如图2-9-1所示,外形尺寸为220 mm×200 mm×90 mm。主要由液槽、面板、超声波发生器、调节钮、转动轮几部分组成。工作条件为220 V/50 Hz电源输入。

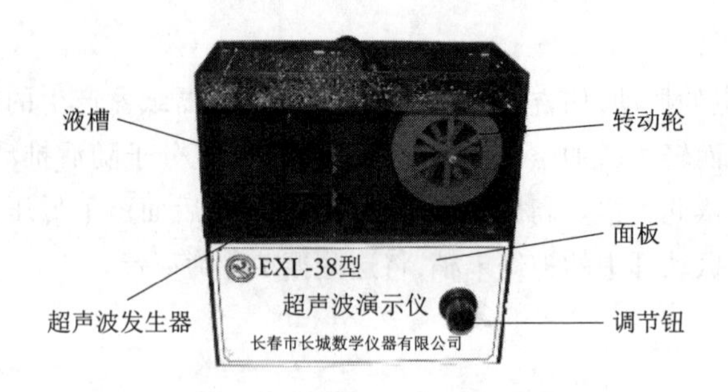

图 2-9-1 超声波演示仪结构

实验过程及现象

(1)具有演示超声波所具有的良好的方向性。(如直线、折射现象)

方法:超声器+棱镜改变方向。

(2)超声波透镜的声聚焦效果。通过声透镜,了解超声波在不同机制中的折射规律。方法:取少量水于透镜管内(视能量大小),持管对正焦点,会伴有水雾产生和水柱溅射。通过"超声波的喷泉和雾化"现象观察超声波具有的大能量。

(3)直观地观察超声波在超声波传播方向存在着定向压力。(使水轮转动)

(4)强功率超声波在液体中产生的空化现象。观察部分空化细泡在液体内部的猛烈运动等(调节旋钮由弱至强变化)。

(5)超声波在液体中产生的"乳化"现象。(观察水和油的混合过程)

物理原理

超声波与一般声波相比频率高、波长短,具有能量大、方向性好、穿透本领高等特点,且在媒质中传播时产生一系列的作用。可应用于检测、测量、控制技术、加工技术中。

超声波具有以下几方面明显的特点:

(1)超声波波长短,具有各向异性。

(2)超声波能在各种不同媒质中传播,且可传播足够远的距离。

(3)超声波与传声媒质的相互作用适中,易于携带有关传声媒质状态的信息诊断或对传声媒质产生效用及治疗。

(4)超声波可在气体、液体、固体、固熔体等介质中有效传播。

(5)超声波会产生反射、干涉和叠加现象。

知识延伸

超声波的"超"是由其频段下界超过人的听觉而来,一般把波长短于 2 cm 的机械波称为"超声波"。但在实际应用中,一般波长在 3.4 cm 以下(10 000 Hz 以上)的机械波,就可以视作超声波研究。通常用于医学诊断的超声波波长为 10~350 μm。

超声波是一种机械波,它必须依靠介质进行传播,无法存在于真空(如太空)中,所以无法在真空中使用超声波。

超声波的波长比一般声波短得多,因而可以用来切削、焊接、钻孔等。工业与医学上常用超声波进行超声探测。

超声波在传播过程中，存在一个正负的交变周期，在正相位时，超声波对介质分子挤压，改变介质原来的密度，使其增大；在负压相位时，使介质分子稀疏，进一步离散，介质的密度减小，当用足够大强度的超声波作用于液体介质时，介质分子间的平均距离会超过使液体介质保持不变的临界分子距离，液体介质就会发生断裂，形成微泡。这些小空洞迅速胀大和闭合，会使液体微粒之间发生猛烈的撞击作用，从而产生几千到上万个大气压的压强。微粒间这种剧烈的相互作用起到了很好的搅拌作用，从而使两种不相溶的液体（如水和油）发生乳化，且加速溶质的溶解。这种由超声波作用在液体中所引起的各种效应称为超声波的空化作用。

思考与练习

1. 讨论并研究超声波在其他领域中的应用。
2. 利用超声波清洗器清洗眼镜等不易清洗的狭小空间，感受超声波的能量传递。

2.10 仿真雷电演示实验

实验仪器

仿真雷电演示仪结构如图2-10-1所示，主要由底座、仿真雷电发生器、玻璃外罩组成。外形尺寸为90 cm×55 cm×130 cm，仪器电源功率为60 W/组。

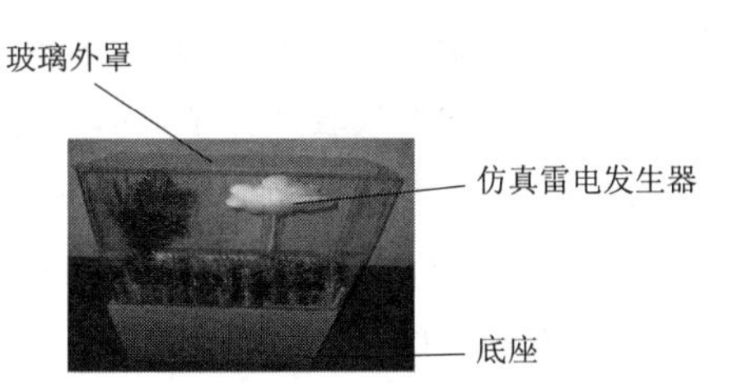

图2-10-1 仿真雷电演示仪结构

实验过程及现象

（1）轻按按钮，便可以观察到电闪雷鸣。

（2）全封闭安全罩，保证安全放电。使用中，注意不要长时间按着按钮放电，以免装置使用过度，造成烧坏。注意内置的电容属于易损件，效果不佳时，可以自行更换电容器。

物理原理

雷电是云内、云与云之间或云与大地之间的放电现象。由于太阳辐射的作用，近地层空气温度升高，密度降低，产生上升运动，在上升过程中水汽不断冷却凝结成小水滴或冰晶粒子，形成云团，而上层空气密度相对较大，产生下沉运动，这样的上下运动形成对流。在对流过程中，云中的小水滴和冰晶粒子发生碰撞，吸附空气中游离的正离子或负离子，水滴和冰晶就分别带有正电荷和负电荷，一般情况下，正电荷在云的上层，负电荷在云的底层，这些正负电荷聚集到一定的量，正负电荷之间的电位差达到一定程度，就会发生猛烈的放电现象，这就是雷电的形成过程。雷电电荷在放电过程中，产生很强的雷电电流，雷电电流将空气击穿，形成一个放电通道，出现的火光就是闪电。在放电通道中空气突然加热，体积膨胀形成爆炸的冲击波产生的声音就是雷声。

雷雨天时最好不要站在大树下和空旷地，以免使自己处于雷电的接通尖端（尖端放电），被雷电所伤。

知识延伸

对雷电的物理原理研究起源于美国物理学家富兰克林。1752 年 6 月的一天，阴云密布，电闪雷鸣，一场暴风雨就要来临了。富兰克林和他的儿子威廉一道，带着上面装有一个金属杆的风筝来到一个空旷地带。富兰克林高举起风筝，他的儿子则拉着风筝线飞跑。由于风大，风筝很快就被放上高空。刹那间，雷电交加，大雨倾盆。富兰克林和他的儿子一道拉着风筝线，父子俩焦急地期待着，此时，刚好一道闪电从风筝上掠过，富兰克林用手靠近风筝上的铁丝，立即掠过一种恐怖的麻木感。他抑制不住内心的激动，大声呼喊："威廉，我被电击了！"随后，他又将风筝线上的电引入莱顿瓶中。回家以后，富兰克林用雷电进行了各种电学实验，证明了天上的雷电与人工摩擦产生的电具有完全相同的性质。富兰克林关于天上和人间的电是同一种东西的假说，在他自己的这次实验中得到了证实。

风筝实验的成功使富兰克林在全世界科学界名声大振。英国皇家学会给他送来了金质奖章，聘请他担任皇家学会的会员。他的科学著作也被译成了多种语言。他的电学研究取得了初步胜利。1753 年，俄国电学家利赫曼为了验证富兰克林的实验，不幸被雷电击死，这是做电实验的第一个牺牲者。血的代价，使许多人对雷电试验产生了戒心和恐惧。但富兰克林在死亡的威胁面前没有退缩，经过多次试验，他制成了一根实用的避雷针。他把几米长的铁杆，用绝缘材料固定在屋顶，铁杆上紧拴着一根粗导线，一直通到地里。当雷电袭击房子的时候，它就沿着金属杆通过导线直达大地，房屋建筑完好无损。1754 年，避雷针开始应用，后来相继传到英国、德国、法国，最后普及到世界各地。

思考与练习

1. 雷电产生都需要哪些必要条件？
2. 提到雷电，人们更多想到的是防雷，你可以列举雷电的有用之处吗？
3. 查阅相关资料，了解中国古代对雷电的相关研究和认识。

2.11 尖端放电演示实验

实验仪器

尖端放电演示仪结构如图 2-11-1 所示，由底座、蜡烛、电针、导线等组成。外形尺寸：底座直径为 200 mm，仪器高为 400 mm，配有直径 4 mm、长度 100 mm 的电针。

仪器需使用维氏起电机提供静电，维氏起电机结构如图 2-11-2 所示，使用时需要将尖端放电演示仪的导线连接到维氏起电机的放电杆上。

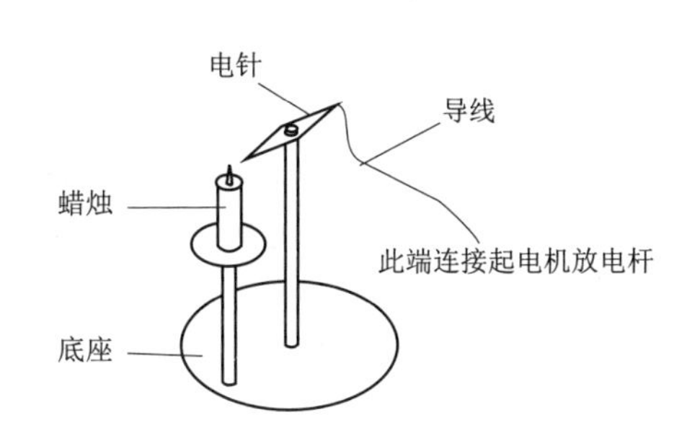

图 2-11-1　尖端放电演示仪结构

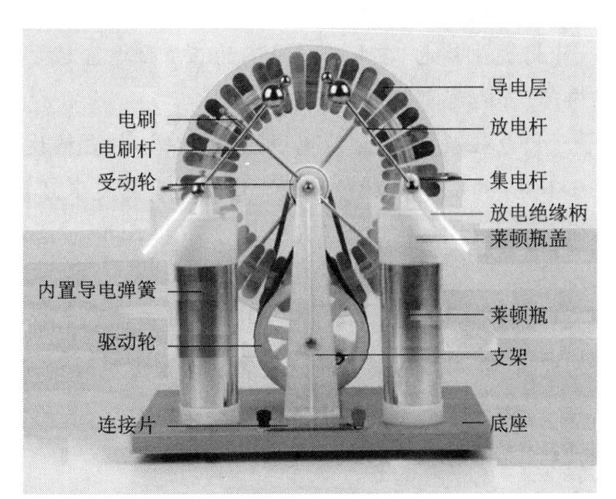

图 2-11-2　维氏起电机结构

实验过程及现象

(1)把蜡烛按图 2-11-1 所示安放好。

(2)调整指针让它与蜡烛头平齐。

(3)将起电机的一极接在针形导体上。

(4)点燃蜡烛。

(5)摇动起电机,使针形导体带电。

(6)观察蜡烛火焰的变化。

物理原理

尖端放电是在强电场作用下,物体尖锐部分发生的一种放电现象,属于一种电晕放电。

带电导体处于静电平衡时,其表面各点的电荷面密度与表面邻近处场强的大小成正比。同时,对于孤立导体而言,其表面的电荷面密度与该处表面曲率有关,曲率($1/R$)越大的地方电荷密度也越大,曲率越小的地方电荷密度也越小。对于有尖端的带电导体,尖端处电荷面密度大,则导体表面邻近处场强也特别大。当电场强度超过空气的击穿场强时,就会产生空气被电离的放电现象,称为尖端放电。

此实验进行时,由于导体尖端处电荷密度最大,所以附近场强最强。在强电场的作用下,尖端附近的空气中残存的离子发生加速运动,这些被加速的离子与空气分子相碰撞时,使空气分子电离,从而产生大量新的离子。与尖端上电荷异号的离子受到吸引而趋向尖端,最后与尖端上电荷中和;与尖端上电荷同号的离子受到排斥而飞向远方形成“电风”,把附近的蜡烛火焰吹向一边,甚至将其吹灭。

知识延伸

放电现象是指正电荷与负电荷相互接近并放电的现象。常见的放电现象有以下几种:

(1)尖端放电(避雷针的原理即是根据此)。

(2)静电放电(家电、电子器件都会产生,常常对元件有损害)。

(3)火花放电,在电势差很高的正负带电区域之间所产生的气体放电现象,如云层放电(云层内部、云地之间)等。

(4)电弧放电,气体放电中最强烈的一种自持放电。当电源提供较大功率的电能时,若极间电压不高(约几十伏),两极间气体或金属蒸气中可持续通过较强的电流(几安至几十安),并发出强烈的光辉,产生高温(几千至上万摄氏度),这就是电弧放电。电弧是一种常见的热等离子体。

火花放电与尖端放电有区别也有联系。火花放电是电极间的气体被击穿,形成电流在气体中的通道,即明显的电火花。火花放电与尖端放电是两个可以相交的集合。火花放电可以是尖端放电,还可以是平板放电等其他非尖端放电;尖端放电一般是火花放电,如果强度较小则是电晕放电,反之则形成电弧弧光放电。

思考与练习

1. 冬季人们经常会因为静电受到电击而疼痛,如接触门把手时。根据尖端放电原理,设计避免被静电电击的思路与方案。

2. 寻找与尖端放电原理相关的生活当中的实际应用。

2.12 电磁炮演示实验

实验仪器

电磁炮演示仪如图 2-12-1 所示,由炮体支架、炮体、线圈、升降手钮和车轮组成。炮管直径为 80 mm,炮管长为 1 030 mm。炮弹直径为 12 mm、长为 40 mm、质量为 20 g。最大有效射程为6 m。

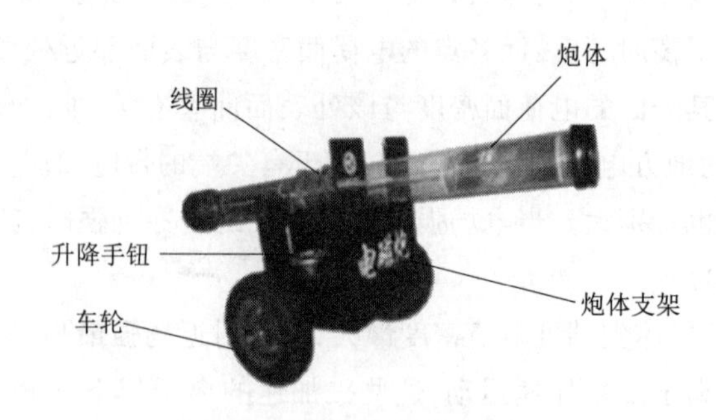

图 2-12-1 电磁炮演示仪

实验过程及现象

(1)检查实验安全环境,炮口沿线不能站人或放置易碎物。

(2)转动手轮,将炮体抬升至最大仰角。

(3)装填炮弹,使弹体滑到发射部位。

(4)摇动转轮,调整炮体发射角度。顺时针转动手轮时升高角度,逆时针转动手轮时降低炮角角度。

(5)按动发射按钮,完成一次发射操作。

(6)连续使用的次数应少于 20 次(线圈升温会影响使用寿命)。

(7)使用完毕后,及时拔掉电源。

物理原理

电磁炮是利用电磁力代替火药爆炸力来加速弹丸的电磁发射系统,它主要由电源、高速开关、加速装置和炮弹组成。根据通电线圈磁场的相互作用原理,加速线圈固定在炮管中,当通入交变电流时,产生的交变磁场就会在线圈中产生感应电流,感应电流的磁场与加速线圈电流的磁场相互作用,使弹丸加速运动并发射出去。

电磁炮的基本原理是磁场力,即磁场会对带电的物体产生力的效应。这种磁场力在微观上的体现是洛伦兹力,即磁场对运动电荷产生的作用力;而在宏观上的体现则是安培力,即磁场对电流/通电导体产生的力的作用。所以,对于电磁炮来说,其工作原理其实就是安培力在实际应用中的体现。为什么不说是洛伦兹力?因为电荷的定向移动形成电流,所以,安培力其实就是带电导体内部大量定向移动的电荷在磁场中所受到的洛伦兹力的合力,也就说,安培力是洛伦兹力在宏观上的体现。具体原理如图 2-12-2 所示。

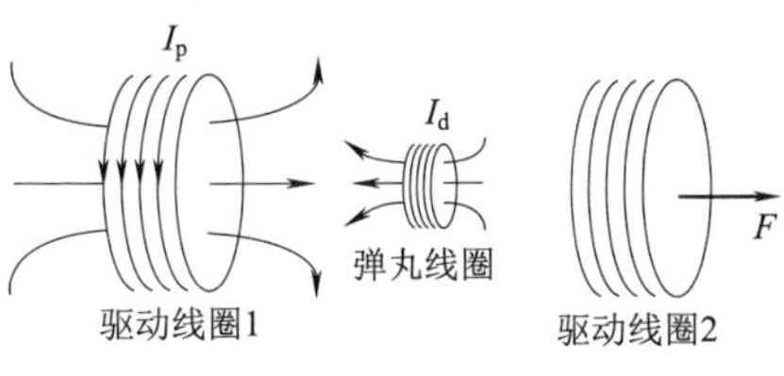

图 2-12-2　电磁炮原理

知识延伸

由于电磁炮具有一些明显的优点,所以引起了科研人员的兴趣。

(1)电磁炮只需要电能,发射成本低,性价比高。跟传统火炮和火箭的化学推进剂相比,成本能节省到 1/100,甚至 1/1 000。

(2)便于控制,通过调节发射器的电力功率,只需要控制供电电流就可调节发射速度和射程,而且一次可发射多枚射弹。

(3)电磁炮的稳定性、隐蔽性更好,操作更方便,不会造成核武器那样的污染。

但也有报道提到电磁炮具有很多弊端:

(1)电磁炮体积大,用电多,对搭载平台要求高。

(2)电磁炮射程有限,搭载平台易受威胁。

(3)精度还不够理想。目前,地球表面不均匀的曲度、不规则的引力,包括空气温度、密度或湿度等,甚至普通的风都会影响磁轨炮的射击精度。

(4)电磁炮轨道容易损坏,炮管的寿命很短,很难保证火力的持续性。

至于电磁炮未来的前景如何,相信不久的将来答案就会揭晓。

思考与练习

1. 查阅资料,讨论研究小型电磁炮的制作方案。

2. 寻找与电磁驱动原理相关的生活当中的实际应用。

2.13 互感现象演示实验

实验仪器

互感现象演示仪如图 2-13-1 所示,包含电源、线圈及线圈支架,并配有相互连接的接口。两组独立空心电感线圈,可进行不同距离的互感现象演示和不同角度的互感现象演示,信号发生源可进行单独编辑,可根据需要进行不同信号发生的设计。线圈主机大小为 400 mm×150 mm×100 mm,电源装置外形尺寸大小为 220 mm×205 mm×90 mm。

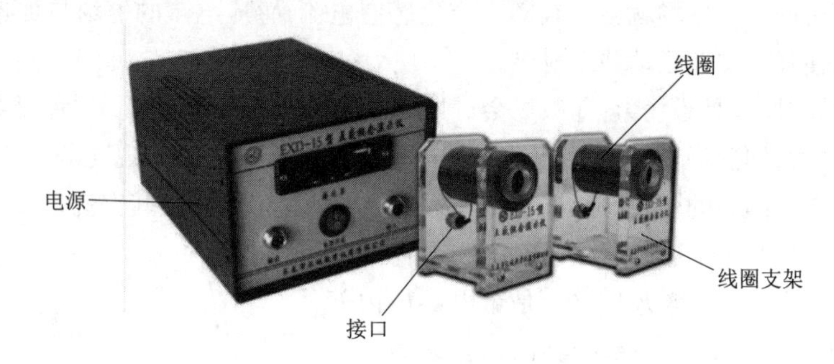

图 2-13-1 互感现象演示仪

实验过程及现象

(1)连接好仪器。

(2)打开电源开关。

(3)移动线圈主机,并感知声音变化。将两线圈之间距离移远,则声音变小,表明此时互感减小;反之,当两线圈之间距离移近,则声音变大,表明此时互感增大。当两线圈处于相互垂直的位置时,声音消失,表明此时互感最小。

(4)实验完毕,关闭电源。

物理原理

互感的本质是电磁感应现象。当某一线圈中的电流发生变化时,它所产生的变化磁场将使位于它附近的另一线圈中产生感生电动势,反之也成立,这种电磁感应现象称为互感现象。由此产生的感生电动势称为互感电动势。无论在何处,只要存在两个电流回路,就会有互感,用于描述两回路相互作用大小的系数为互感系数,其单位是亨利(H),或伏·秒/安培(V·s/A)。互感系数在数值上等于当第二个回路电流变化率为 1 A/s 时,在第一个回路所产生的互感电动势的大小。互感仅与两个线圈形状、大小、匝数、相对位置以及周围的磁介质有关。若两个相互作用回路距离逐渐增加,则互感快速减小。两个电路之间的互感耦合相当于一个连接在两个电路之间的微小变压器。无论何处,对于两个相邻电流回路的相互作用,可以看成是一个变压器的初级和次级,从而得到互感。

知识延伸

互感的系统研究起始于 1838 年美国科学家亨利(Joseph Henry,1797—1878)做的不同等级感应电流的实验,这些实验都属于互感实验。

亨利在电学上有杰出的贡献。他发明了继电器(电报的雏形),比法拉第更早发现了电磁感应现象,还发现了电子自动打火的原理,对于电磁学贡献颇大。

互感现象在电工、电子技术中应用很广。变压器是互感现象最典型的应用,它由初级线圈 N1、次级线圈 N2 和铁芯所组成。它可以起到升高电压或者降低电压的作用,还可以把交变信号由一个电路传递到另一个电路。但是,互感现象也会带来危害,电子装置内部往往由于导线或器件之间存在的互感现象而干扰正常工作,这就需要采取一定的屏蔽措施来避免互感带来的影响。例如,可在电子仪器中把易产生互感耦合的元件采取远离、调整方位或磁屏蔽等方法来避免元件间的互感影响。

思考与练习

1. 详细了解变压器的工作原理。
2. 寻找与互感原理相关的生活当中的实际应用。

2.14　磁聚焦演示实验

实验仪器

磁聚焦演示仪如图 2-14-1 所示,由底座、线圈及线圈支架组成。本实验使用 8SJ45J 或改进型示波器。仪器输入电源为 220 V/50 Hz,聚焦电压为 280 ~ 750 V,加速电压为 950 ~ 1 320 V,灯丝电压为 6.3 V。

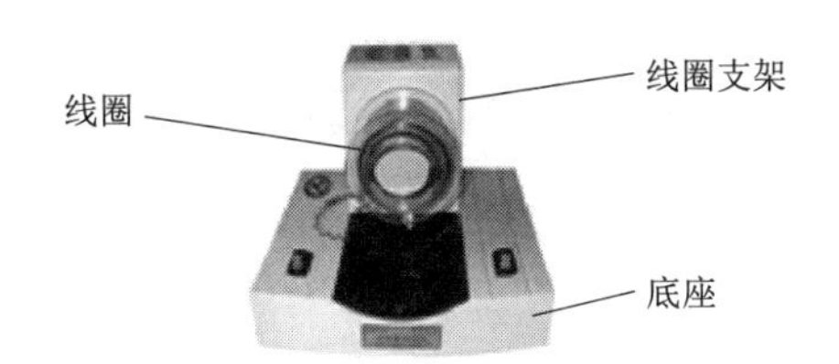

图 2-14-1　磁聚焦演示仪

实验过程及现象

(1)打开电源开关,预热 1 min。

(2)示波器显示屏上出现电子光斑,可调节位移旋钮,使光斑位于显示屏中央且亮度适中(调节光栅钮)。

(3)连接聚焦场线圈接线柱,会观察到在线圈的磁场作用下,电子束光斑会聚于显示屏中间一点。移动聚磁场线圈,可观察到电子束的螺旋轨迹(径向旋转)和光斑会聚过程(纵向移动)。

(4)断开聚焦线圈电源;外加永久磁铁,会观察到电子束在洛伦兹力的作用下产生偏转。

物理原理

带电粒子进入磁场时,如果其速度方向与磁场方向平行,则带电粒子不受洛仑兹力的作用,将做匀速直线运动;如果速度方向与磁场方向垂直,则带电粒子所受洛仑兹力方向与速度方向垂直,粒子将做匀速率圆周运动;如果速度与磁感应强度之间的夹角为 θ 时,粒子将做螺旋线向前运动。

把速度分解成平行于磁场的分量与垂直于磁场的分量,即

$$\begin{cases} v_{/\!/} = v\cos\theta \\ v_{\perp} = v\sin\theta \end{cases}$$

平行于磁场的方向:$F/\!/ = 0$,匀速直线运动。

垂直于磁场的方向:$F_{\perp} = qvB\sin\theta$,匀速圆周运动。

回旋半径:$R = \dfrac{mv_{\perp}}{qB} = \dfrac{mv\sin\theta}{qB}$。

回旋周期:$T = \dfrac{2\pi R}{v_{\perp}} = \dfrac{2\pi m}{qB}$。

螺距-粒子回转一周所前进的距离:$d = v_{/\!/}T = \dfrac{2\pi mv\cos\theta}{qB}$。

螺距 d 与 $v_{\perp}$ 无关,只与 $v_{/\!/}$ 成正比,若各粒子的 $v_{/\!/}$ 相同,则其螺距相同,每转一周粒子都相交于一点,利用这个原理,可实现磁聚焦。

磁聚焦原理如图 2-14-2 所示。

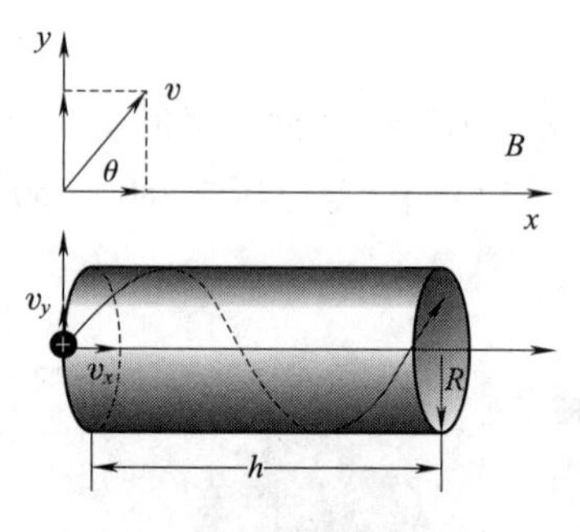

图 2-14-2　磁聚焦原理

知识延伸

“磁聚焦”一词源于磁场作用下电子束的发射现象。一束发散角不大的带电粒子束,当它们在磁场 B 的方向上具有大致相同的速度分量时,它们有相同的螺距。经过一个周期它们将重新会聚在另一点,这种发散粒子束会聚到一点的现象与透镜将光束聚焦现象十分相似,因此称为磁聚焦。

带电粒子在磁场中的螺线运动被广泛应用于“磁聚焦”技术,从电子枪射出的电子以各种不同的初速度进入近似均匀的恒定磁场 B 中,电子枪的构造保证各电子初速 v 的大小近似相等且 v 与 B 的夹角足够小,以致每个电子都做螺线运动。于是,虽然开始时各电子分道扬镳,但各自转了一圈后竟又彼此相会,从而达到使电子束聚焦的目的。

磁聚焦在许多电真空系统(如电子显微镜)中得到广泛应用,实际中用得更多的是短线圈内非均匀磁场的磁聚焦。

思考与练习

1. 详细了解磁聚焦的物理原理。
2. 寻找与磁聚焦原理相关的生活当中的实际应用。

2.15　涡流热效应演示实验

实验仪器

涡流热效应演示仪如图 2-15-1 所示,由电箱、铁芯、线圈和上盖板组成。仪器外形尺寸为 200 mm×180 mm×220 mm,输入电源为 220 V/50 Hz。

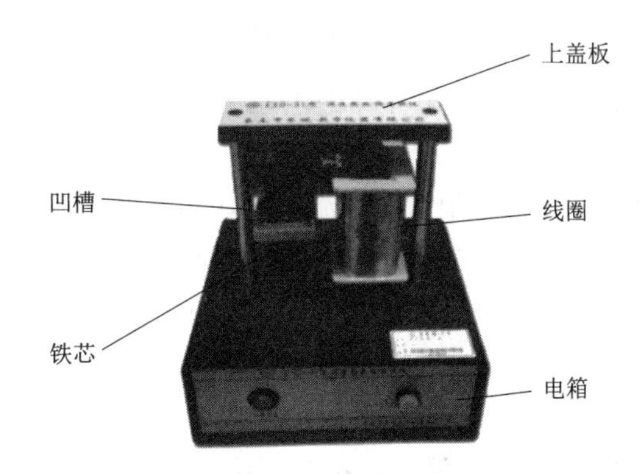

图 2-15-1　涡流热效应演示仪

实验过程及现象

(1)将少量的石蜡磨成粉状放入凹槽中。(也可在凹槽中注入少量水,但要注意飞溅和绝缘)。

(2)接通交流电源开关,即将 220 V/50 Hz 的交流电接入初级线圈。

(3)观察石蜡粉的变化。

物理原理

接通交流电源开关后,即将 220 V/50 Hz 的交流电压接入初级线圈,初级线圈中便会产生很大的励磁电流。在"口"字形磁轭中产生很高的磁通量,该交变磁通量穿过凹槽而产生互感电动势,由于凹槽电阻很小,因此产生很大的感应电流,释放出很大的焦耳势能,足以在 30 s 内使凹槽内的石蜡熔化或使水沸腾(要根据实时的温度决定)。

物理原理主要是涡流生热。涡流(Eddy Current,又称傅科电流)现象在 1851 年被法国物理学家莱昂·傅科所发现。

法拉第电磁感应定律告诉我们,当穿过闭合回路中的磁通量发生变化时,回路中就会产生感应电动势。若闭合回路导电,则在回路中产生感应电流。

穿过闭合回路中的磁通量变化主要有以下不同方式:磁感应强度不变,导体回路的面积发生变化;导体回路面积不变,穿过回路的磁场发生变化。

涡电流的产生是由于导体回路不变,其周围磁场发生了变化,致使穿过闭合回路的磁通量变化,进而产生感应电动势和感应电流。在这种情况下,感应电流的产生是因为变化的磁场在其周围会激发出一种涡旋状的电场,称为涡旋电场或感生电场,带电粒子受感生电场力的作用而定向运动形成电流,该电流即为涡电流(见图 2-15-2)。

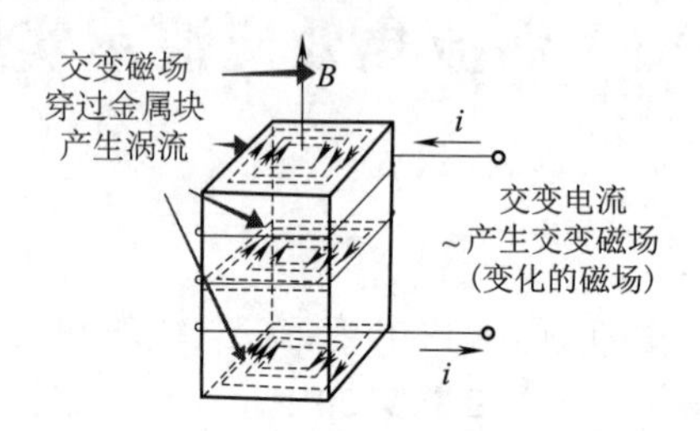

图 2-15-2 涡流热产生的物理原理

导体内部的涡流也会产生热量,如果导体的电阻率小,则产生的涡流很强,产生的热量就很大。

利用足够大的电力在导体中产生很大的涡流,导体中电流可以发热,使金属受热甚至熔化。据此制造了感应炉,用来冶炼金属。在感应炉中,有产生高频电流的大功率电源和产生交变磁场的线圈,线圈的中间放置一个耐火材料(例如陶瓷)制成的坩埚,用来放有待熔化的金属。

知识延伸

涡流是由于电磁感应所引起的,并没有直接互相接触。人们充分利用了涡流有利的一面,应用在各种场景中。

1. 高频熔炼

冶炼金属冶炼炉外缠绕着线圈,冶炼炉内装入被冶炼的金属,线圈通上高频交变电流,这时被冶炼的金属中就产生很强的涡流,从而产生大量的热使金属熔化(见图 2-15-3),这种冶炼方法速度快,温度容易控制。

图 2-15-3 高频熔炼炉示意图

2. 金属探测

通常金属检测器由两部分组成,即检测线圈与自动剔除装置,其中检测线圈为核心部分。简单地说,探测器产生周期性变化的磁场,周期性变化的磁场在空间产生涡旋电场,而涡旋电场如果遇到金属,就会形成涡电流,涡电流产生后反作用于磁场使线圈的电压和阻抗发生变化,可以被检测到。

例如,检测线圈通过高频交流电,会产生高频可变磁场,如果线圈附近有金属存在,在金属中就产生涡流,涡流又产生涡流的磁场,这个磁场反过来会影响检测线圈,设置检测线圈受到异常干扰就报警,由此判断有金属杂质存在。

安检门缠绕的电路通过交变电流,产生交变磁场,当人携带金属通过安检门时,金属会产生涡流，涡流会反过来影响安检门的电流，当系统检测到电流有异常，就会报警(见图2-15-4)。扫雷探测器、便携式金属探测器也是涡流的应用实例。

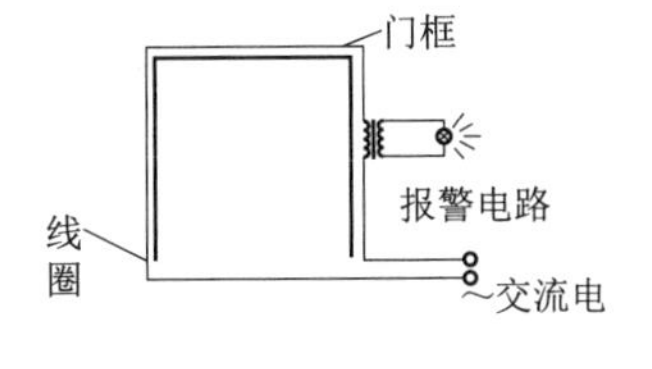

图2-15-4　安检门工作示意图

3. 电磁灶

电磁灶的台面下布满了金属导线缠绕的线圈，当通上交替变化极快的交流电时，在台板与铁锅底之间产生强大的交变磁场，磁感线穿过锅体，使锅底产生强涡流(见图2-15-5)，当涡流受材料电阻的阻碍时，就放出大量的热量，将饭菜煮熟。

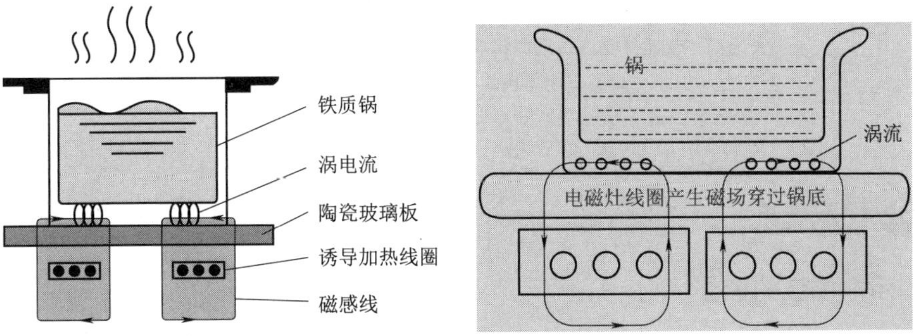

图2-15-5　电磁灶工作示意图

4. 高频焊接

高频焊接是利用高频电流所产生的趋肤效应和相邻效应，将钢板和其他金属材料对接起来的新型焊接工艺(见图2-15-6)。

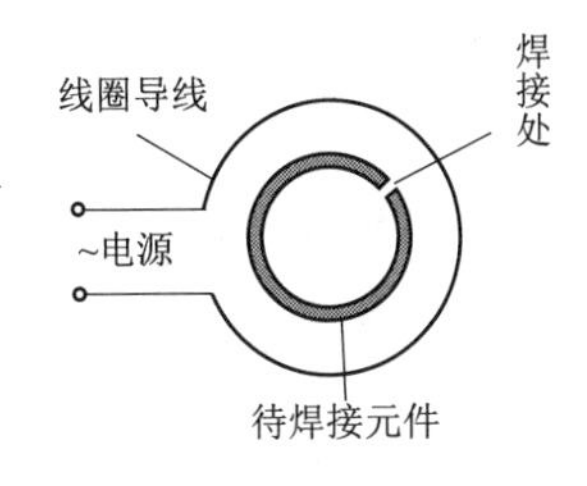

图2-15-6　高频焊接示意图

此外，电磁驱动也是涡流的有益应用。

当然，涡流很多时候也是有危害的。用电器的线圈中流过变化的电流，在铁芯中产生的涡流使铁芯发热，浪费了能量，还可能损坏电器。这个时候就必须减小涡流。

思考与练习

1. 寻找与减小涡流相关的生活当中的实际应用。
2. 讨论减小涡流的手段和途径都有哪些。

2.16　电磁波的发射接收与趋肤效应演示实验

实验仪器

电磁波的发射接收与趋肤效应演示仪如图2-16-1所示，主要由电源、开关和各种天线组成。各部分外形尺寸，电箱为130 mm×130 mm×200 mm；趋肤天线为850 mm×40 mm×30 mm；趋肤圆环为ϕ130 mm×90 mm；发射天线为ϕ8 mm×840 mm。

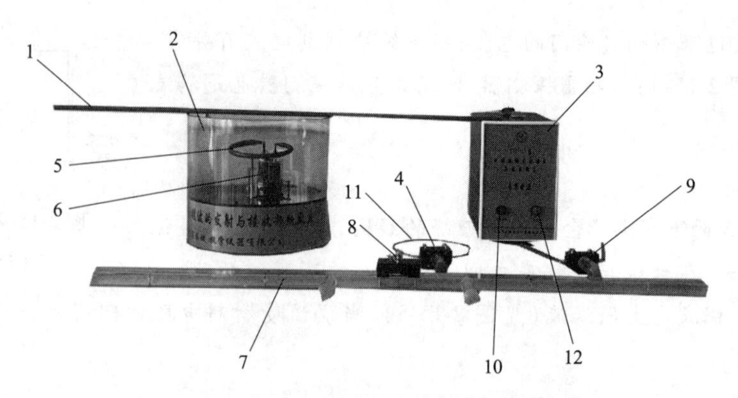

图 2-16-1　电磁波的发射接收与趋肤效应演示仪

1—天线;2—仪器外壳;3—电源;4—圆环天线座;5—发射天线;6—电子管;
7—趋肤效应天线;8—趋肤效应灯泡及灯座;9—半波天线;
10—电源开关;11—圆环天线;12—高压开关

实验过程及现象

1. 演示电磁波的能量

调节半波振子接收天线与发射天线同长度,一只手将半波振子接收天线放到电磁波发射方向,并与发射天线平行。由 0.5 m 渐近,接收天线上的小电珠立刻发亮,表面接收天线将部分电磁波的能量转化为光能,因金属导体中的自由电子在交变电场的作用下移动,形成交变电流来解释,使学生加深对电场的认识。

2. 演示电磁波的电场方向

调整半波振子接收天线与发射天线同长度,将半波振子接收天线放在正对发射天线约 0.5 m处。接通高压开关,将半波振子接收天线水平绕发射天线轴心转动 360°,然后将接收天线垂直,绕发射天线轴心转动 360°,可以观察到只有当接收天线与发射天线平行时,小电珠发亮,由此可以定出电磁波的电场方向。

3. 演示电磁波的磁场方向

将高压开关接通,手持环形接收天线由远及近适当处,使其水平,调整环形接收天线上的微调电容器,使环形天线上的小灯达到最亮。转动环形天线的平面,当水平放置时,小电珠达到最亮,由此定出电磁波的磁场方向,与上面演示相比较就可以形象地观察到电磁波的电场与磁场是互相垂直的。

4. 天线辐射的角分布

可用接收天线在水平面内绕发射天线一周,由接收天线灯泡的亮暗变化演示辐射的角分布。

5. 演示电磁波的共振

将半波振子接收天线移到正对发射天线 0.5 m 处,并使接收天线与发射天线平行,接通高压开关,接收天线上的小电珠发亮。将接收天线拉长或缩短(改变接收天线的固有频率),接收天线上的小电珠就变暗或熄灭,只有当接收天线为某一长度时,小电珠最亮,因为此时接收天线的固有频率与接收的电磁波频率相同,产生共振。

6. 演示开放电路

接收天线与发射天线同长并与发射天线平行,放在正对发射天线相距0.5 m处。接通高压开关,接收天线上的小电珠发亮,将发射天线从发射机取下,小电珠立刻熄灭,再放上又发亮,再取下又熄灭,若将发射机上的发射天线取下时,将半波振子发射天线平移靠近发射机,当靠得很近时,接收天线上的小电珠又发亮光,这说明发射机还在发射电磁波,但强度已弱,因为普通振荡回路电磁场被约束在较小的空间,只有当振荡回路展成一直线时,电磁场充分暴露于空间,有利于低能磁场的辐射,这就是开放电路。

7. 演示传输线上的电压驻波

用环形接收天线沿线发射天线平行接近慢慢移动,可看到接收天线灯泡亮暗变化,演示出电压的波腹与波节。演示完毕断开高压开关,当所有实验项目完毕后,应取下220 V电源插头。

8. 趋肤效应的演示

趋肤效应接收器为两个长度完全一样的接收天线,其中一个为空心,另一个为实心,固定在一起。演示时手持趋肤接收器由远渐近后可看到两个灯亮度不同,产生这种现象的原因即为趋肤效应。

物理原理

1. 电磁波传递声音和图像信号的原理

先将信号载在电磁波上,再把载有信号的电磁波发射出去,到达接收处从电磁波上把信号检出来。无线电广播和电视是利用电磁波来传递声音和图像信号的,均存在电磁波的发射和接收两个过程。

2. 电磁波的发射过程

(1)由高频振荡器产生高频振荡电流。

(2)把要传递的声音和图像信号变成电流信号(电信号)。

(3)将振荡器产生的高频振荡电流和声音、图像的信号电流一同输入调制器中,使高频振荡电流随着传递的声音图像信号发生相应变化,再把这样的高频振荡电流送到发射天线,发射的电磁波就带有要传递的声音和图像信号了。即将要传递的信号"加"到电磁波上,把带有信号的电磁波发射出去。

①原理:利用电磁波发送声音和图像信号的工作是由广播电台和电视台来承担的,电台中的振荡器先产生高频振荡电流,同时将声音信号变为电信号,由调制器将这个信号加载到无线电波上,通过发射机的天线将无线电波发射到空中。

②振荡器:产生高频振荡电流的装置。

③调制器:把高频振荡电流变为带有信号的高频振荡电流的装置。

3. 电磁波的接收和检波

(1)用天线接收电磁波。

(2)用调谐器即收音机或电视机中选台的电路选出所需要的电信号。

(3)让高频振荡电流经过检波器,将要传递的声音信号和图像信号从高频振荡电流中“检”出。把声音信号和图像信号分别送到扬声器和电视机,即可听到声音和看到图像。

4. 趋肤效应

趋肤效应是指导体中有交流电或者交变电磁场时,导体内部的电流分布不均匀的一种现象,如图 2-16-2 所示。

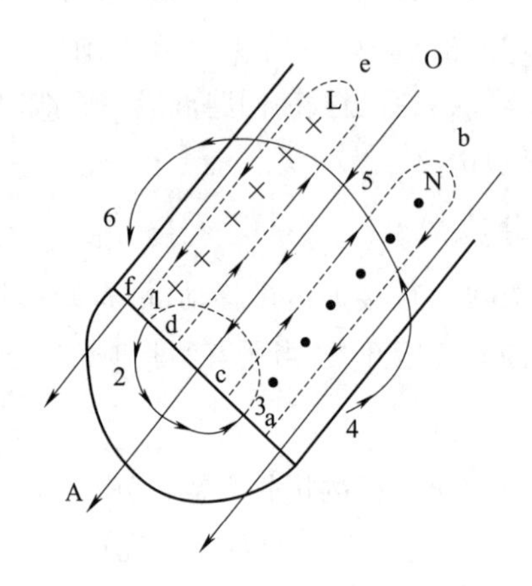

图 2-16-2 趋肤效应示意

知识延伸

电磁波的实验证实标志是 1888 年,赫兹发表了论文《论动电效应的传播速度》,公布了实验内容,在电磁学发展史中具有非常重大的价值。由法拉第开创、麦克斯韦总结的电磁理论,至此取得决定性的胜利。它不仅证实了麦克斯韦发现的真理,更重要的是开创了无线电电子技术的新纪元。

赫兹(Heinrich Rudolf Hertz,1857—1894),德国物理学家。赫兹用实验证实了电磁波的存在。1878 年夏天,亥姆霍兹向学生们提出了一个物理竞赛题目,要学生们用实验方法验证电磁波的存在,以验证麦克斯韦的理论。从那时起,师从亥姆霍兹的赫兹就着手进行这一重大课题的研究。1886 年 10 月,赫兹用放电线圈做火花放电实验,偶然发现近旁未闭合的绝缘线圈中有电火花跳过,便敏锐地想到这可能是电磁共振。由此开始直到 1888 年,赫兹集中力量持续进行了有关电磁波特性的多方面实验。首先,他反复改变导体的形状、介质的种类、放电线圈与感应线圈之间的距离等,终于确认了电磁波的存在。他用一个未闭合电路连接在感应圈上作为发射器,近旁放一未闭合的回路作为探测器,当感应圈产生火花放电时,探测器气隙间便有火花跳过。1887 年 11 月 5 日,赫兹在寄给亥姆霍兹的一篇题为《论在绝缘体中电过程引起的感应现象》的论文中,总结了这个重要发现。接着,赫兹通过实验确认了电磁波是横波,具有与光类似的特性,如反射、折射、衍射等,并且实验了两列电磁波的干涉,同时证实了在直线传播时电磁波的传播速度与光速相同,从而全面验证了麦克斯韦电磁理论的正确性,并且进一步完善了麦克斯韦方程组,得出了麦克斯韦方程组的现代形式。此外,赫兹又做了一系列实验。他研究了紫外光对火花放电的影响,发现了光电效应,即在光的照射下物体会释放出电子的现象。这一发现后来成了爱因斯坦建立光量子理论的基础。

为了纪念赫兹的功绩,人们用他的名字来命名各种波动频率的单位,简称“赫”。

趋肤效应最早在英国人贺拉斯·兰姆(Horace Lamb,1849—1934)于1883年发表的一份论文中提及,只限于球壳状的导体。1885年,奥利弗·赫维赛德(Oliver Heaviside,1850—1925)将其推广到任何形状的导体。

趋肤效应使得导体的电阻随着交流电的频率增加而增加,并导致导线传输电流时效率减低,耗费金属资源。在无线电频率的设计、微波线路和电力传输系统方面都要考虑到趋肤效应的影响。

钢铁工业中利用趋肤效应来为钢进行表面淬火,使钢材表面的硬度增大;高频焊接中也有趋肤效应的应用。

当然,趋肤效应也有不利的一面,必须想办法减轻其负面影响。

思考与练习

1. 查找资料,深入了解收音机接收无线电信号的原理和方法。

2. 在减少趋肤效应时,一种办法是采用利兹线。查阅资料,详细了解利兹线的具体应用方法及物理原理。

2.17　辉光演示实验

实验仪器

辉光球演示仪结构如图2-17-1所示。其分为底座和辉光球体两部分,采用220 V交流电源。

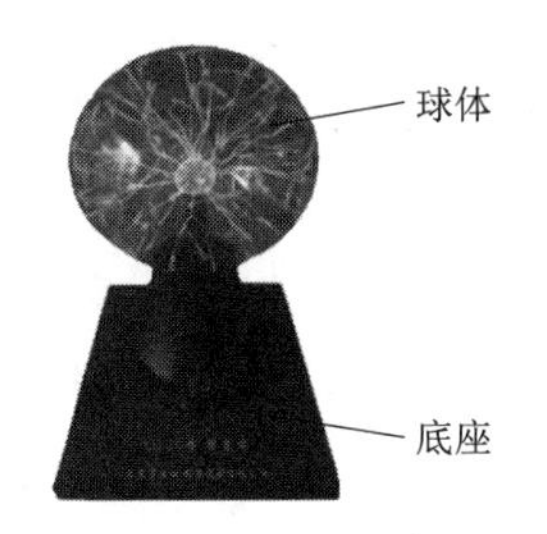

图2-17-1　辉光球演示仪结构

实验过程及现象

(1)把辉光球演示仪接入220 V交流电路,就会看到模拟电场的中心玻璃发出光线,中心球相当于点电荷,产生的光线相当于电场线。

(2)用手接触玻璃球外壳,就会看到所有光线集中射向手触处,说明手被静电所感应,使电场线重新分布。

物理原理

辉光球又称电离子魔幻球,它的外壳是高强度玻璃,球内充有稀薄的惰性气体(如氩气等),玻璃球中央有一个黑色球状的高频率、高电压电极。球的底部有一块振荡电路板,通过电压变换器,可将低电压转变为高压高频电压加在电极上。电极通电后,电极和外球之间产生极高的电势差,根据 $E=U/d$,可知球内的电场很强,并且以球内中央电极为中心向四周呈辐射状分布。球内稀薄气体被高频高压电场电离,带电粒子定向运动,形成导通电流,呈辐射状分布,产生辐射状的辉光,绚丽多彩,如图 2-17-2 所示。

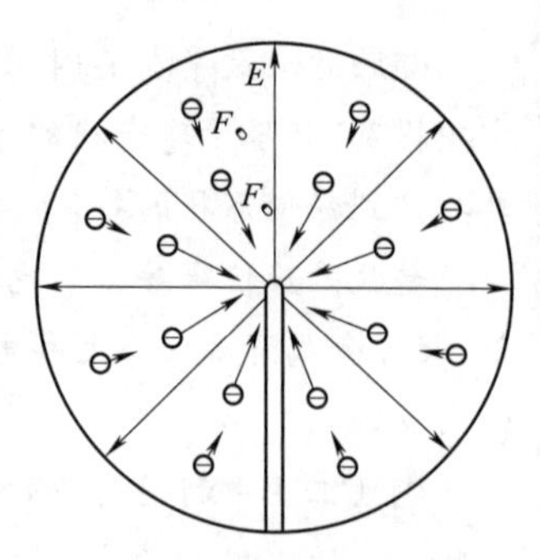

图 2-17-2 辉光球带电粒子定向运动示意图

辉光球工作时,在球中央的电极周围形成一个类似于点电荷的电场。由于人体的电阻远小于空气的电阻,当用手(人与大地相连)触及球时,球周围的场和电势不再均匀对称,人体的电势较低,更利于球心电势的降落而形成较强的放电通道,辉光在手指的周围处变得更为集中,更明亮,产生的弧线顺着手的触摸移动而移动起舞。

知识延伸

辉光在自然界中也是存在的。北极光就是一种辉光,它是位于海平面以上 800 ~ 1 000 km 的气体,由于受到外界空间高速粒子的轰击而发出的冷辉光所形成的极光束。

在日常生活中,低压气体中显示辉光的放电现象有广泛的应用。例如,在低压气体放电管中,在两极间加上足够高的电压时,或在其周围加上高频电场,就使管内的稀薄气体呈现出辉光放电现象,其特征是需要高电压而电流密度较小。辉光的部位和管内所充气体的压强有关,辉光的颜色随气体的种类而异。荧光灯、霓虹灯的发光都属于这种辉光放电。

霓虹灯即氖灯,是一种冷阴极放电管,把直径为 12 ~ 15 mm 的玻璃管弯成各种形状,管内充以数毫米汞柱压力的氖气或其他气体,每 1 m 加约 1 000 V 的电压时,依管内的充气种类,或管壁所涂的荧光物质而发出各种颜色的光,多用此作为夜间的广告等。若把电容器接在霓虹灯两极上,则可做成时亮时灭的霓虹灯广告。电容器的电容大,亮灭循环的时间长;电容器的电容小,则亮灭循环的时间较短。霓虹灯需要电压较高。灯管越细、越长需要的电压就越高。

日光灯亦称"荧光灯",是一种利用光质发光的照明用灯。灯管用圆柱形玻璃管制成,实际上是一种低气压放电管。两端装有电极,内壁涂有钨酸镁、硅酸锌等荧光物质。制造时抽取空气,充入少量汞和氩气。通电后,管内因汞蒸气放电而产生紫外线,激发荧光物质,使它发出可见光,不同发光物质产生不同颜色,常见的近似日光(荧光物质为卤磷酸钙)。荧光灯光线柔和,发光效率比白炽灯高,其温度为 40 ~ 50 ℃,所耗的电功率仅为同样明亮程度的白炽灯的 1/3 ~ 1/5。日光灯广泛用于生活和工厂的照明光源。

氙灯是一种高辉度的光源。它的颜色成分与日光相近,故可以做天然色光源、红外线、紫外线光源、闪光灯和点光源等,应用范围很广。其构造是在石英管内封入电极,并充入高压氙气而制成的放电管。在稀有气体中,氙的原子序数大,电离电压低,容易产生高能量的连续光谱,并且因离子的能量小,电极的寿命长达数千小时。由于点灯需要高电压,因此要使用附属的启动器、安定器、点灯装置等。

思考与练习

日光灯在照明的应用历史上曾经一度占有绝对地位,因其比白炽灯的发光效率高,相对节能,日光灯也称"荧光灯",其本质也是辉光。查阅资料,深入了解日光灯的发光机理。

2.18　布朗运动演示实验

实验仪器

布朗运动演示仪结构如图2-18-1所示。分为底座、灯源、显微镜物镜、显微镜目镜、载玻片、监视器等。

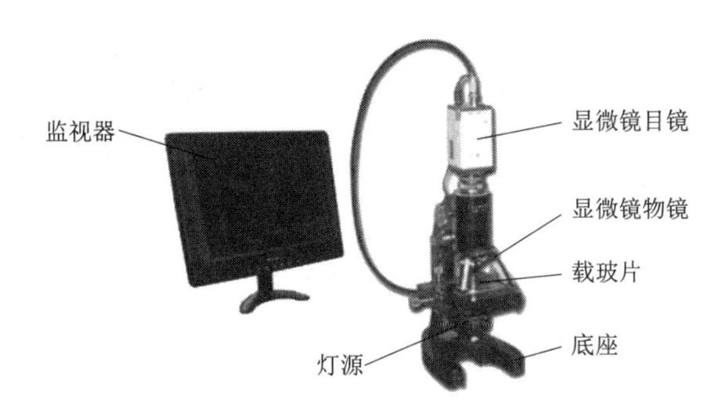

图2-18-1　布朗运动演示仪结构

实验过程及现象

(1)先将藤黄用研钵研细,经酒精浸泡后加水稀释,蘸几滴滴在载波片上,盖片排除气泡、擦干,至此切片做好。藤黄要研细,否则会由于藤黄粒子受到来自各个方向大量分子的碰撞作用而处于平衡状态,而观察不到布朗运动现象。藤黄液的浓度要适宜,浓度太大藤黄粒子容易连在一起,浓度太小进入显微镜物镜的粒子数太少,效果都不明显。

注意:藤黄有毒,实验后要洗手。如果没有藤黄,使用制图用的碳素墨水效果也很好。

(2)将滴有藤黄液的载波片放在夹持架上,把摄像接口一侧旋在显微镜上,另一侧旋在摄像头上。

(3)把视频线一端接在摄像头上,一端接在监视器视频输入口上,把监视器设置在AV模式,并接通摄像头和监视器的电源。

(4)先用7倍物镜观察到载波片图像,再把40倍物镜转到光路中。

(5)调节微调手轮到清晰地观察到运动的颗粒。注意:40倍物镜工作距离只有0.65 mm,微调时注意不要碰坏载波片。

(6)调整显微镜双目镜右侧的拉杆,使目镜观察方式切换到监视器观察方式上。

(7)调节显微光源和聚光镜及监视器的对比度和亮度,使效果最佳,从而可以清晰地在监视器上观察到藤黄颗粒在大量运动分子的碰击下做无规则的布朗运动,如图2-18-2所示。

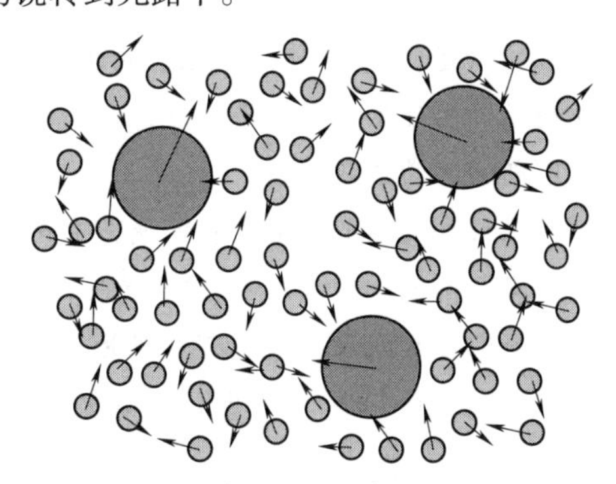

图2-18-2　布朗运动示意图

物理原理

布朗运动(Brownian movement)是指悬浮在液体或气体中的微粒所做的永不停息的无规则运动。做布朗运动的微粒的直径一般为$10^{-5}\sim10^{-3}$ cm,这些小的微粒处于液体或气体中时,由于液体分子的热运动,受到来自各个方向液体分子的碰撞而运动,由于这种不平衡的冲撞,微粒的运动不断地改变方向而使微粒出现不规则的运动。布朗运动的剧烈程度随着流体的温度升高而增加。布朗运动间接反映并证明了分子热运动。

布朗运动的特点:

(1)无规则。每个液体分子对小颗粒撞击时给颗粒一定的瞬时冲力,由于分子运动的无规则性,每一瞬间,每个分子撞击时对小颗粒的冲力大小、方向都不相同,合力大小、方向随时改变,因而布朗运动是无规则的。

(2)永不停歇。因为液体分子的运动是永不停息的,所以液体分子对固体微粒的撞击也是永不停息的。

(3)颗粒越小,布朗运动越明显。颗粒越小,颗粒的表面积越小,同一瞬间,撞击颗粒的液体分子数越少,据统计规律,少量分子同时作用于小颗粒时,它们的合力是不可能平衡的。而且,同一瞬间撞击的分子数越少,其合力越不平衡,又颗粒越小,其质量越小,因而颗粒的加速度越大,运动状态越容易改变,故颗粒越小,布朗运动越明显。

(4)温度越高,布朗运动越明显。温度越高,液体分子的运动越剧烈,分子撞击颗粒时对颗粒的撞击力越大,因而同一瞬间来自各个不同方向的液体分子对颗粒撞击力越大,小颗粒的运动状态改变越快,故温度越高,布朗运动越明显。

(5)肉眼看不见。做布朗运动的固体颗粒很小,肉眼是看不见的,必须在显微镜下才能看到。

知识延伸

布朗运动因由英国植物学家罗伯特·布朗(Robert Brown,1773—1858)所发现而得名。布朗运动是布朗在研究植物花粉时所发现的现象。

布朗运动提出后,很多科学家都对其进行过深入的展开。比较有代表性的有维纳(1826—1896)、埃克斯纳、卡蓬内尔、德尔索和梯瑞昂、耐格里、古伊等,他们均对布朗运动的根源进行过定性的研究,并基本建立了相应的物理模型。1905 年,爱因斯坦依据分子运动论的原理提出了布朗运动的理论。差不多同时,斯莫卢霍夫斯基也得出了同样的成果。他们的理论圆满地回答了布朗运动的本质问题。

贝兰和斯维德伯格的实验使布朗运动究竟是什么这一重大的科学问题得到圆满解决,并首次测定了阿伏伽德罗常数,这也为分子的真实存在提供了一个直观的、令人信服的证据。

布朗运动代表了一种随机涨落现象,它的理论在其他领域也有重要应用,如对测量仪器精度限度的研究、高倍放大电信电路中背景噪声的研究等。

思考与练习

1. 查阅资料了解布朗运动在数学领域的应用,如维纳过程以及金融数学领域的布朗运动等。

2. 布朗运动的研究具有深刻的历史意义，在气候系统研究中也有重要的现实应用。查阅资料深入了解布朗运动在复杂气候系统研究中的应用。

2.19　激光琴发声演示实验

实验仪器

激光琴结构如图 2-19-1 所示。其由底座、琴主体（包括激光发射器、光电传感器、音箱）组成。光电传感器为红外硅光电二极管，采用 AC 220 V 电源供电。

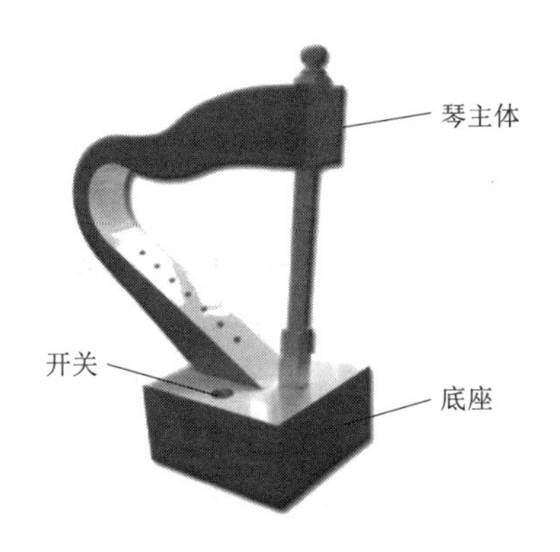

图 2-19-1　激光琴结构

实验过程及现象

轻轻用手遮住光束，琴内就会发出悦耳的声音。遮住不同的光束，琴内会有不同的音符发出，从而可以按照乐曲韵律弹奏出美妙的音乐。

注意：

（1）若出现激光管不亮或琴没有声音时，请将电源断掉，然后重新打开。

（2）仪器若超过 36 s 无触发信号则自动进入待机状态，此时将电源开关重新开启一次即可让仪器重新工作。

（3）若某个光路无声音发出，将对应的激光器上聚焦镜头微调，使之与下面光敏电阻对应即可。

物理原理

这里的“琴弦”是激光束，对应着光敏电阻。光敏电阻的工作原理是基于内光电效应，一般用于光的测量、光的控制和光电转换（将光的变化转换为电的变化）。常用硫化镉光敏电阻器，它是由半导体材料制成的。当它受到光的照射时，半导体片（光敏层）内光敏电阻就激发出电子—空穴对，参与导电，使电路中电流增强。光敏电阻器的阻值随入射光线（可见光）的强弱变化而变化，在黑暗条件下，它的阻值（暗阻）可达 1 ~ 10 MΩ，在强光条件（100 lx）下，它的阻值（亮阻）仅有几百至数千欧姆。光敏电阻器对光的敏感性（即光谱特性）与人眼对可见光 0.4 ~ 0.76 μm的响应很接近，只要人眼可感受的光，都会引起它的阻值变化。手指“轻弹”光束，遮断光路,改变了光敏电阻的电阻值,产生跳变的电压信号,这个电压信号就触发相应的电路开始工作,从而产生一个具有固定频率的电信号,电信号经电子合成器处理放大后,由扬声器发出声音。

知识延伸

激光琴实际是激光信号的一种传递。更重要的信号传递是激光通信,即利用激光传输信息的通信方式。

激光具有亮度高、方向性强、单色性好、相干性强等特征。激光通信的优点是:通信容量大、保密性强、结构轻便,设备经济;缺点是:大气衰减严重、瞄准困难。

激光通信的应用主要有以下几个方面:①地面间短距离通信;②短距离内传送传真和电视;③导弹靶场的数据传输和地面间的多路通信;④通过卫星全反射的全球通信和星际通信,以及水下潜艇间的通信。

激光通信按传输媒质的不同,可分为大气激光通信和光纤传输通信。光纤通信已经非常普及,大气激光通信目前尚在试验中。

根据多家媒体报道,2021 年 11 月,我国北斗导航卫星系统进行了一项新的实验——北斗卫星与地面之间使用激光信号进行了开创性的高速通信实验,实验结果显示利用激光可使得信号传输速率提升百万倍。试验中该设备多次完成了地面对中轨卫星和高轨卫星的高速联通,积累了丰富的天地激光通信经验,不仅为北斗卫星导航系统的激光通信技术开辟了道路,也为其他航天器实现天地激光通信的高速联通打下了技术基础。

思考与练习

1. 简单的激光通信是靠通断来完成的,如光电门的计数就是靠被计数物体遮挡发射器与接收器之间的通路而完成的,讨论光电门的实际应用场景。

2. 激光水下通信主要是指海洋中潜艇之间的通信,在水中使用激光,一般用蓝绿激光,因为这种颜色对水的穿透率最高。查询相关资料,了解激光水下通信的前沿进展。

2.20 激光演示实验

实验仪器

激光演示仪结构如图 2-20-1 所示。主要由底座、保护罩、激光管、激光电源等组成。仪器设有防触电保护器。激光管长为 500 mm,产生的激光波长为 632.8 nm,功率为 5 mW。

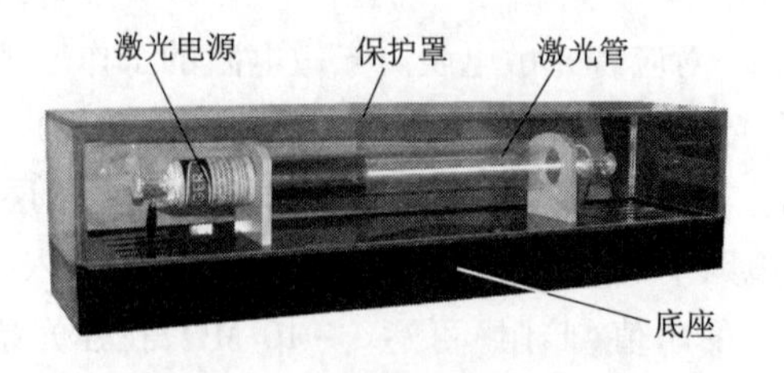

图 2-20-1 激光演示仪结构

实验过程及现象

激光器光斑均匀，光束直线射出，光束质量好。

物理原理

物质是由原子组成的。原子的中心是原子核，原子核由质子和中子构成。质子带有正电荷，中子则不带电。原子核的外围有带负电的电子绕核运动。根据量子力学可知，这些电子会处于一些固定的能级，不同能级上的电子具有不同的能量。可以把这些能级想象成一些绕着原子核的轨道，距离原子核越远的轨道能量越高。此外，不同轨道能容纳的电子数目不同。例如，最低的轨道最多可容纳2个电子，高一级的轨道可容纳8个电子，这是核外电子分布的极简化模型，有助于理解激光的基本原理。

He-Ne激光器是充有He、Ne混合气体的器件，其中Ne是工作物质，He为辅助气体。氦原子有两个亚稳态能级21S0、23S1，它们的寿命分别为5×10^{-6} s和10^{-4} s。在气体放电管中，在电场中加速获得一定动能的电子与氦原子碰撞，并将氦原子激发到21S0、23S1，此两能级寿命长容易积累粒子。因而，在放电管中这两个能级上的氦原子数比较多。这些氦原子的能量又分别与处于3S和2S态的氖原子的能量相近。处于21S0、23S1能级的氦原子与基态氖原子碰撞后，很容易将能量传递给氖原子，使它们从基态跃迁到3S和2S态，这一过程称为能量共振转移。由于氖原子的2P、3P态能级寿命较短，因此氖原子在能级3S-3P、3S-2P、2S-2P间形成粒子数反转分布，从而发射出3.39 μm、632.8 nm、1.5 μm三种波长的激光。从理论上讲，这三种波长的激光都有可能发射，但可以采取一些方法去抑制其中的两种，而使所需的一种波长的激光得到输出。632.8 nm(红光)因输出为可见波段的激光，实际应用较广泛。

知识延伸

激光目前有很多应用领域，涵盖工业、科技、军事、生活、医疗等各个方面。

工业领域的应用包括切割、焊接、表面处理、打孔、打标、划线、微调等各种加工工艺。

激光用于信息传输对增加信道容量起到了至关重要的作用。光纤通信就是激光通信的成熟运用。

军事上利用激光高能的特性，可以制成激光枪、激光炮等武器。

生活中激光笔、激光教鞭、水幕激光电影等也是激光常见的应用方向。

激光医学是一门新兴的边缘学科，其内容包括用激光技术研究、诊断、预防和治疗疾病。激光已应用于内、外、妇、儿、眼、耳鼻喉、口腔、皮肤、肿瘤、针灸、理疗等临床各科。它不仅为研究生命科学和研究疾病的发生发展开辟了新的研究途径，而且为临床诊治疾病提供了崭新的手段。

思考与练习

1. 利用激光教鞭探究激光传播的高度定向性。
2. 利用激光笔照射气球，体验激光能量的传递。

2.21 偏振光演示实验

实验仪器

偏振光实验仪结构如图 2-21-1 所示。光源:3 V,1 A;起偏器:$D=64$ mm(可 360°旋转);检偏器:$D=54$ mm(可 360°旋转);旋光效应管:$D=24$ mm;玻璃堆尺寸:90 mm×50 mm×16 mm(可 360°旋转);导轨长:500 mm。

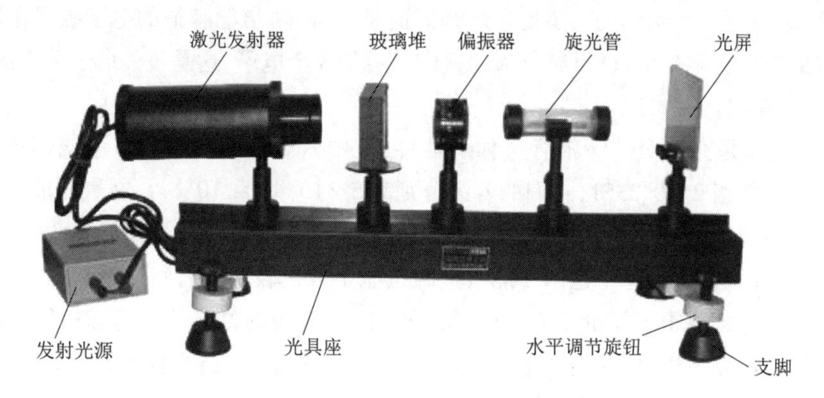

图 2-21-1 偏振光实验仪结构

实验过程及现象

(1)演示光的偏振,依次将光源、偏振器、光屏安装到导轨上,开启光源电源开关,转动偏振器,观察到光屏上光强无变化。在偏振器和光屏间安装另一偏振器,转到第二个偏振器,光屏上光强发生明显变化,两偏振器的偏振化方向平行时光最强,两者垂直时光最暗。

(2)演示折射光的偏振,依次将光源、玻璃堆、偏振器、光屏安装到导轨上,光源发出的光以 50°~60°入射到玻璃堆,转动偏振器,光屏上光强发生变化。

(3)演示旋光现象,使两偏振器偏振化方向正交,光屏上光强最暗,把盛有葡萄糖溶液的旋光管放置于两偏振器中,屏上亮度重现,将检偏器旋转一角度,屏上亮度消失。

物理原理

1. 偏振光是建立在波动光学领域之上的概念

(1)自然光和偏振光。振动方向对于传播方向的不对称性称为偏振,它是横波区别于其他纵波的一个最明显的标志,只有横波才有偏振现象。光波是电磁波,光波中的电场强度矢量 $\boldsymbol{E}$ 和磁场强度矢量 $\boldsymbol{H}$ 都与光波传播方向 $\boldsymbol{v}$ 垂直,因此光波是横波,光波中对人眼和感光仪器起作用的是光波中的电矢量 $\boldsymbol{E}$,所以把电矢量 $\boldsymbol{E}$ 称为光矢量。光矢量的振动方向和光波传播方向构成的平面称为振动面,光的振动面只限于某一固定方向的,称为平面偏振光或线偏振光。通常光源发出的光,振动面不只限于一个固定的方向,而是均匀分布在各个方向,这种光称为自然光。

(2)起偏器和检偏器。起偏器是指用于从自然光中获得偏振光的器件。检偏器用于检验一束光是否是偏振光,通常起偏器也是检偏器,把它们通称为偏振器,常用的偏振器有偏振片、尼科耳棱镜、玻璃堆等。偏振片只允许平行于偏振化方向的光振动通过,同时吸收垂直于该方向振动的光。

(3)玻璃堆。自然光以布儒斯特角入射到玻璃片上时,发射光为线偏振光,折射光为部分偏振光,用玻璃堆透射后,最后出射的光接近线偏振光,玻璃堆可为偏振器。

(4)旋光现象。偏振光通过某些晶体或物质的溶液时,其振动面以光的传播方向为轴线发生旋转的现象,称为旋光现象。具有旋光性的晶体或溶液称为旋光物质。

2. 实验现象解释

光源发出的自然光入射到偏振片上,因自然光中光振动分布于一切可能方向,转动偏振器,从偏振器出射光强都为入射自然光光强的一半,所以光屏上光强不变。在偏振器和光屏之间放入第二个偏振片,转动第二个偏振片,当两个偏振片偏振化方向平行时,从第一个偏振片出射的偏振光全部通过第二个偏振片,光屏上光强最大,转动第二个偏振片,光屏上光强逐渐减小,当二个偏振片的偏振化方向垂直时,光屏上光强最小,出现消光现象。消光时,起偏器和检偏器中间放入旋光物质,光屏上光强不再为零,偏振器再转过一定角度,光屏上光强才重新为零,这个角度为旋光物质的旋光角。

知识延伸

1808年,马吕斯在试验中发现了光的偏振现象。在进一步研究光的简单折射中的偏振时,他发现光在折射时是部分偏振的。因为惠更斯曾提出过光是一种纵波,而纵波不可能发生这样的偏振,因此这一发现成为反对波动说的有利证据。1811年,布吕斯特在研究光的偏振现象时发现了光的偏振现象的经验定律,为进一步研究偏振光起到了推动作用。

偏振光已经广泛应用于各行各业。

电子表的液晶显示用到了偏振光,用控制偏振光的办法显示数字。

在摄影镜头前加上偏振镜消除反光。在拍摄表面光滑的物体时,如玻璃器皿、水面、陈列橱柜、油漆表面、塑料表面等,常常会出现亮斑或反光,这是由于光线的偏振而引起的。在拍摄时加用偏振镜,并适当地旋转偏振镜面,能够阻挡这些偏振光,借以消除或减弱这些光滑物体表面的反光或亮斑。要通过取景器一边观察一边转动镜面,以便观察消除偏振光的效果。当观察到被摄物体的反光消失时,即可停止转动镜面。此外,还可以在摄影时控制天空亮度,使蓝天变暗。

使用偏振镜看立体电影。在观看立体电影时,观众要戴上一副特制的眼镜,这副眼镜就是一对透振方向互相垂直的偏振片。立体电影是用两个镜头如人眼那样从两个不同方向同时拍摄下景物的像,制成电影胶片。在放映时,通过两个放映机,把用两个摄影机拍下的两组胶片同步放映,使这略有差别的两幅图像重叠在银幕上。观众用偏振眼镜观看,每只眼睛只看到相应的偏振光图像,即左眼只能看到左机映出的画面,右眼只能看到右机映出的画面,这样就会像直接观看那样产生立体感觉。这就是立体电影的原理。

汽车使用偏振片防止夜晚对面车灯晃眼。可以将汽车灯罩设计成斜方向45°的偏振镜片,这样射出去的光都是有规律的斜向光。汽车驾驶员戴一副夜间眼镜,偏振方向与灯罩偏振方向相同。如此一来,驾驶员只能看到自己汽车射出去的光,而对面汽车射来光的振动方向正好是与本方向汽车成 90°,对面的车灯光线就不会再晃到驾驶员的眼睛。

思考与练习

1. 用两副偏光眼镜的镜片进行重叠,调整互成角度,观察两个偏振镜片叠放后通光能力的变化。

2. 人的眼睛不能分辨光的偏振状态,但某些昆虫的眼睛对偏振却很敏感。比如,蜜蜂有五只眼:三只单眼、两只复眼,每只复眼包含有 6 300 个小眼,这些小眼能根据太阳的偏光确定太阳的方位,然后以太阳为定向标来判断方向,所以蜜蜂可以准确无误地把它的同类引到它所找到的花丛。查阅资料了解某些特殊生物对偏振光的感知能力和偏振光对生物的作用。

2.22 窥视无穷演示实验

实验仪器

窥视无穷结构如图 2-22-1 所示。主要分成底座、支架、框体、反射镜等几部分。外形尺寸为 400 mm × 300 mm × 380 mm,LED 灯源为 12 V 输入。

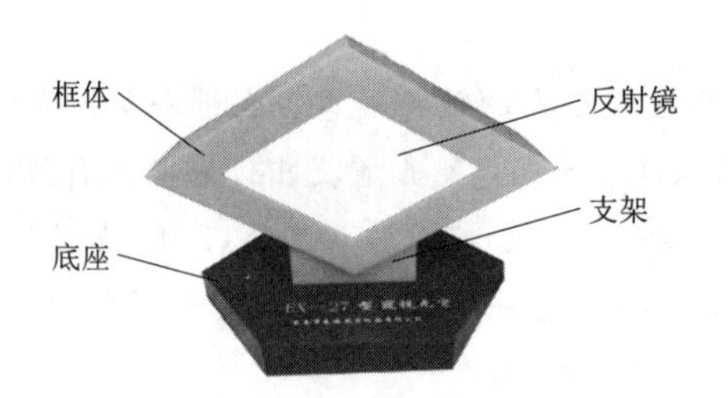

图 2-22-1 窥视无穷结构

实验过程及现象

窥视无穷镜由一面镀有高反射率膜的两片平板玻璃构成,高反射率膜面朝内安放,相互平行的两片平板玻璃中间放置物体(见图 2-22-2)。物体发出或反射的光经镀有高反射率膜层面来回反射,在窥视无穷镜的左右两边形成一系列虚像(A_1'、A_2'、A_3'、…… 是物的 A 的虚像,A_1、A_2、A_3、……也是物 A 的虚像。)

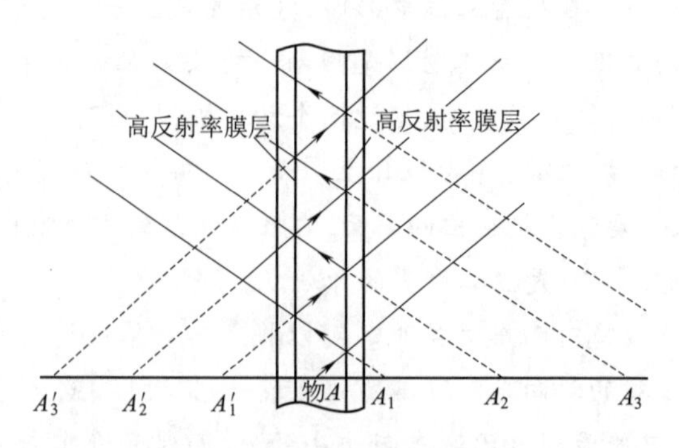

图 2-22-2 窥视无穷示意图

物理原理

该仪器利用两面相对的镜子,使光线在它们之间来回反射,让观看者看到一个无限重复的影像,展示了半透半反镜的几何光学特性(见图 2-22-3)。

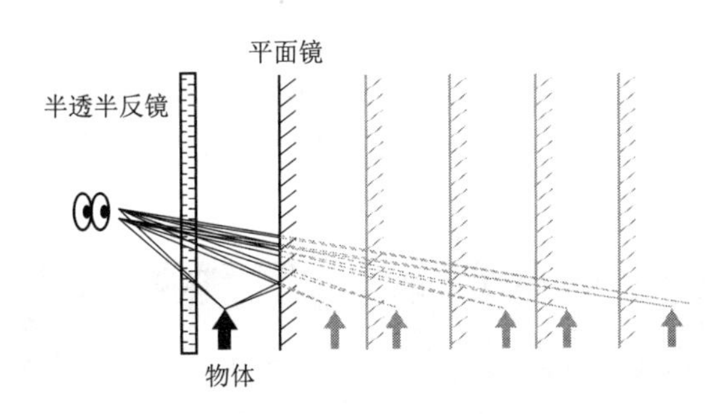

图 2-22-3　窥视无穷原理

从一个平面玻璃向里看,可以看到非常深远的、不断延伸的图像,图像的色彩可不断变化。该演示仪极具观赏性。

知识延伸

窥视无穷主要就是利用多次反射呈现出来的,实际中激光谐振腔就是利用多次反射实现的激光加强。

光学谐振腔是光波在其中来回反射从而提供光能反馈的空腔,是激光器的必要组成部分。通常由两块与工作介质轴线垂直的平面或凹球面反射镜构成。工作介质实现了粒子数反转后就能产生光放大。谐振腔的作用是选择频率一定、方向一致的光优先的放大,而把其他频率和方向的光加以抑制。凡不沿谐振腔轴线运动的光子均很快逸出腔外,与工作介质不再接触。沿轴线运动的光子将在腔内继续前进,并经两反射镜的反射不断往返运行产生振荡,运行时不断与受激粒子相遇而产生受激辐射,沿轴线运行的光子将不断增殖,在腔内形成传播方向一致、频率和相位相同的强光束,这就是激光。为把激光引出腔外,可把一面反射镜做成部分透射的,透射部分成为可利用的激光,反射部分留在腔内继续增殖光子。

谐振腔中包含了能实现粒子数反转的激光工作物质。它们受到激励后,许多原子将跃迁到激发态。但经过激发态寿命时间后又自发跃迁到低能态,放出光子。其中,偏离轴向的光子会很快逸出腔外。只有沿着轴向运动的光子会在谐振腔的两端反射镜之间来回运动而不逸出腔外。这些光子成为引起受激发射的外界光场,促使已实现粒子数反转的工作物质产生同样频率、同样方向、同样偏振状态和同样相位的受激辐射。这种过程在谐振腔轴线方向重复出现,从而使轴向行进的光子数不断增加,最后从部分反射镜中输出。所以,谐振腔是一种正反馈系统或谐振系统。

思考与练习

自己动手准备材料试制窥视无穷实验装置。

2.23　万丈深渊演示实验

实验仪器

万丈深渊效果如图2-23-1所示。主要包括展台、电源、反射镜、暗箱等，仪器尺寸为2 000 mm×1 000 mm×1 000 mm。反射镜为5 mm半反半透镜和全反镜。整机采用220 V交流供电，功率为200 W。

图2-23-1　万丈深渊效果

实验过程及现象

通过万丈深渊实验装置，站在地台表面，向下望去，就会看到半透半反镜多次反射岩石模型产生的“万丈深渊”场景，如图2-23-1所示。

物理原理

万丈深渊其实是利用了光的反射和折射原理。实验装置由半透半反透镜、反射镜、装置于它们中间的岩石模型及灯光装置和地台构成。镜面重复反射是一种常见的光学现象，其特点是成等大等距的虚像。通过两面平面镜重复循环的镜面反射，理论上可以产生无数越来越远的虚像。

知识延伸

万丈深渊实验与窥视无穷实验相同，也是利用多次反射呈现出来的，只是将水平窥视无穷旋转90°置于地板上，进而形成向地板无限延伸的效果。

光电倍增是多次反射增强的又一重要应用场景。光电倍增管是将微弱光信号转换成电信号的真空电子器件。光电倍增管用在光学测量仪器和光谱分析仪器中。它能在低能级光度学和光谱学方面测量波长200～1 200 nm的极微弱辐射功率。

光电倍增管是依据光电子发射、二次电子发射和电子光学的原理制成的，透明真空壳体内装有特殊电极的器件。光阴极在光子作用下发射电子，这些电子被外电场（或磁场）加速，聚焦于第一次极。这些冲击次极的电子能使次极释放更多的电子，它们再被聚焦在第二次极。一般经十次以上倍增，放大倍数可达到10^8～10^{10}。最后，在高电位的阳极收集到放大了的光电流。

输出电流和入射光子数成正比。整个过程时间极短,约为 10^{-8} s。

闪烁计数器的出现,扩大了光电倍增管的应用范围。激光检测仪器的发展与采用光电倍增管作为有效接收器密切相关。电视电影的发射和图像传送也离不开光电倍增管。光电倍增管广泛应用于冶金、电子、机械、化工、地质、医疗、核工业、天文和宇宙空间研究等领域。

思考与练习

观察万花筒的成像效果并分析其成像原理,感受无穷反射的魅力。

2.24　人造火焰演示实验

实验仪器

人造火焰演示仪如图 2-24-1 所示。其包含人造火焰主体和保护箱体。整机采用220 V 交流电源供电,整机功率为 1 500 W。

图 2-24-1　人造火焰演示仪

实验过程及现象

观赏火焰效果。打开电源,可看见跳动着一束束栩栩如生的火焰,演示光的反射、漫反射以及色散的应用。

物理原理

仪器下部是由半透明的材料制成的炭火造型,当一束平行的入射光线射到粗糙的表面时,表面会把光线向四面八方反射,所以入射光线虽然互相平行,由于各点的法线方向不一致,造成反射光线向不同的方向无规则地反射。由于不同厚度的炭火造型各位置透光不同,在其下部的灯光照明下,较薄的地方显得火红,较厚的地方显得暗淡。火苗的形成:为了使火苗从炭火堆中窜出,在炭火模型的后面放置一面反射镜,上面刻有火苗状的透光镜,炭火模型与其镜中的成像形成对称结构,中间形成一条透光缝,在缝的下部形成一根横轴,轴的四周镶满不同反射方向的小反光片,光源的光照射到反光片上,光源的光照到反光片上,随着轴的转动,光被随机反射出来,即可观察到火苗的存在。

知识延伸

《红楼梦》中云:"假作真时真亦假,无为有处有还无。"这是小说中艺术处理的说法,但是也能从另一个角度提醒大家有些东西可能并不像你所见到的一样。我们不仅要耳听、眼见,更要学会全面分析和思考,否则就可能以偏概全而判断失误。

但是,"以假充真"有的时候也有重要的应用价值。比如,海洋馆模拟海洋的环境养殖热带鱼、深海鱼,供游客欣赏;模拟找工作面试给人们提供了就业试错和改正的机会。物理学理论研究中将难以实现或者实现代价太大的情形用替代的方式进行模拟,如使用模拟法测量静电场,甚至伽利略理想斜面实验都是思维模拟的成果产物。航空航天领域航天员的训练使用水槽近似模拟太空行走。建筑领域的沙盘模型模拟建筑实物。使用计算机软件进行模拟仿真等。

思考与练习

1. 讨论人造火焰在模拟中应尽量满足的条件。
2. 除了本演示实验外,选择一种特殊物理现象或物理原理,讨论设计一种模拟仿真方法。

2.25 视错觉演示实验

实验仪器

错视觉演示仪结构如图2-25-1所示。主体包括底座、视觉板两部分。仪器尺寸为400 mm×200 mm×540 mm,采用220 V交流电源输入。

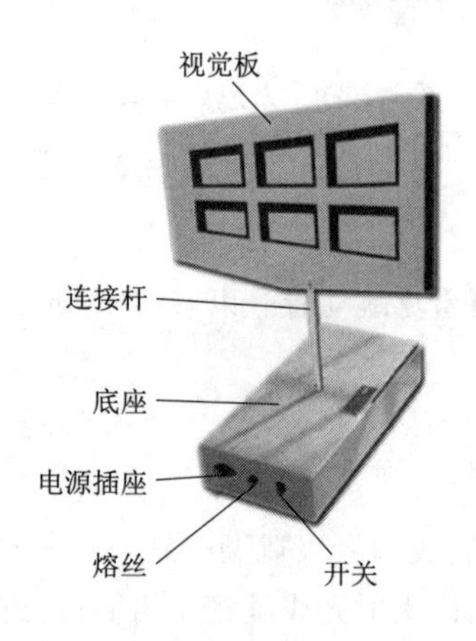

图2-25-1 错视觉演示仪结构

实验过程及现象

通过竖直轴带动视觉板沿一定方向转动,观察者在离视觉板3~5 m处,用手将一只眼睛遮住,用另一只眼睛注视视觉板,过一段时间会感觉到,视觉板不是朝一个方向转动,而是以你到竖直轴所构成的平面左右不停地摆动。

物理原理

视错觉就是当人或动物观察物体时,基于经验主义或不当的参照形成的错误的判断和感知。

以下是几种常见的典型视错觉:

(1)埃冰斯幻觉,图 2-25-2(a)所示。两个内部的圆大小完全一样,当圆被几个较大的圆包围时,它看起来要比那个被小圆点包围的圆小一些。

(2)托兰斯肯弯曲幻觉,图 2-25-2(b)所示。这三个圆弧看起来弯曲度差别很大,但实际它们弧度一样,只是下面两个比上面那个短一些。视觉神经末梢最开始只是按照短线段解释世界。当线段的相关位置在一个更大的空间范围延伸概括后,弯曲才被觉察到。所以如果给定的是曲线的一小部分,那么视觉系统往往不能察觉它是曲线。

(3)黑林错觉,如图 2-25-2(c)所示。在平行线中间相交的直线越密,两个平行线看起来会更弯。当双目失焦再去看这两条平行线,便又会觉得它们是直的。

(4)波根多夫错觉,如图 2-25-2(d)所示。如果一条直线以某个角度消失于实体表面后,随即又出现于该实体的另一侧,那么会看上去有些"错位"。视神经细胞在感受光线刺激的时候,也要受到旁边细胞的影响。

(5)松奈错觉,如图 2-25-2(e)所示。当数条平行线各自被不同方向斜线所截时,看起来即产生两种错觉:其一是平行线失去了原来的平行;其二是不同方向截线的灰度似不相同。

(6)编索错觉,如图 2-25-2(f)所示。此图像盘起来的编索,呈螺旋状,实则系由多个同心圆所组成。

(7)桑德错觉,如图 2-25-2(g)所示。你会发现左边较大平行四边形的对角线看起来明显比右边小平行四边形的对角线长,但实际上两者同样长。

(8)奥尔比逊错觉,图 2-25-2(h)所示。将正方形放在有多个同心圆的背景上,其对角线交叉点与圆心重合,看起来这个正方形的四条边向内弯曲。分别将不同的几何形状(如圆形、方形、三角形等)放在线条背景上,发现这些形状均会出现形状错觉。

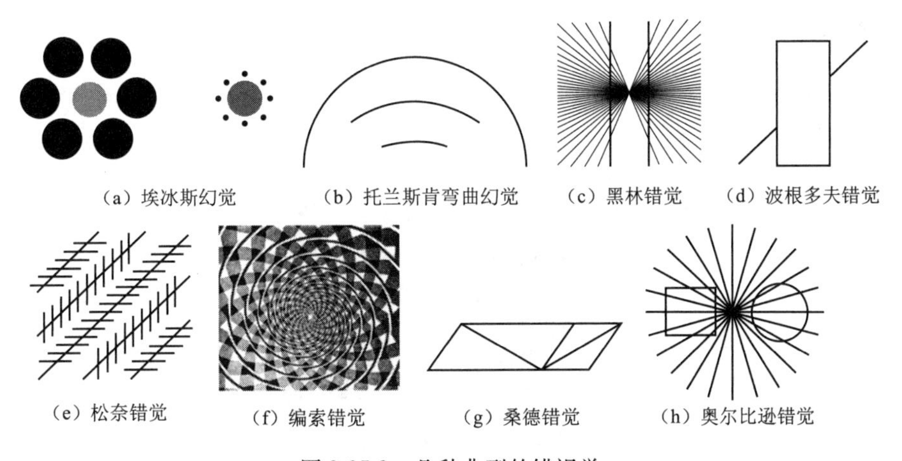

(a) 埃冰斯幻觉　(b) 托兰斯肯弯曲幻觉　(c) 黑林错觉　(d) 波根多夫错觉

(e) 松奈错觉　(f) 编索错觉　(g) 桑德错觉　(h) 奥尔比逊错觉

图 **2-25-2**　几种典型的错视觉

了解视错觉的原理首先必须了解视觉的形成,外界物体反射来的光线带着物体表面的信息经过角膜、房水,由瞳孔进入眼球内部,经聚焦在视网膜上形成物象。物象刺激视网膜上的感光细胞,这些感光细胞产生神经冲动,沿着视神经传入大脑皮层的视觉中枢,即大脑皮层的枕叶部位,在这里把神经冲动转换成大脑中认识的景象。这些景象的生成已经经过了加工,是“角度感”“形象感”“立体感”等协同工作,并把图像根据摄入的信息在大脑虚拟空间中还原,还原等于把图像往外又投了出去。虚拟位置能大致与原实物位置对准,这才是人们所见到的景物。其实,人们并不具备周围世界各种物体的直接知识。这只不过是高效率的视觉系统所产生的幻觉而已,因为正如本实验所看到的,我们的视觉偶尔也会出错。

知识延伸

俗话说:“眼见为实、耳听为虚。”事实上,眼睛由于受各种因素的干扰,见到的也可能为“虚”。视错觉的存在为科学研究、艺术设计和实际应用提供了巨量的素材。视错觉营造的“假作真时真亦假,无为有处有还无”的幻象,使人们感官和情感上获得不同的刺激,巧妙地用在生活中,特别彰显视错觉自身的意义。

图 2-25-3 展示的是莱依尔视错觉。三根线明明一样长,但在箭头的作用下,B 显得最短,C 显得最长。这就是 V 领衫的原理。只要掌握了这个原理,除了 V 领衫,你还可引申用很多种方法让脸看上去更小。

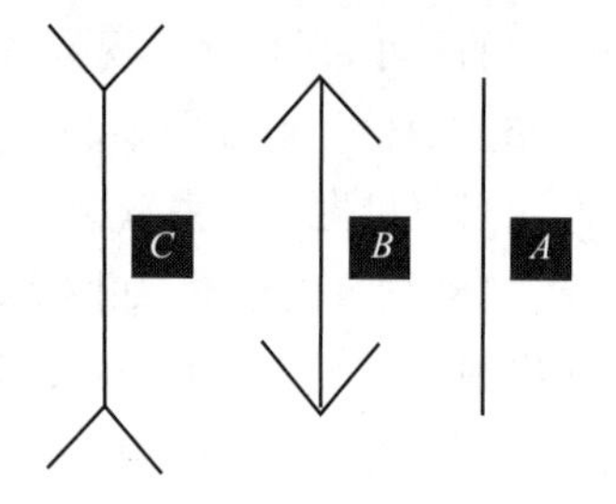

图 2-25-3 几种典型的错视觉

思考与练习

除了在穿衣打扮上,视错觉在产品包装、空间营造等方面也有很巧妙的应用范例,大家讨论具体视错觉应用的方案或案例。

2.26 海市蜃楼演示实验

实验仪器

海市蜃楼演示仪结构如图 2-26-1 所示。整机外形尺寸为 850 mm ×355 mm ×480 mm,主体包括箱体、液槽、光源以及景物等。

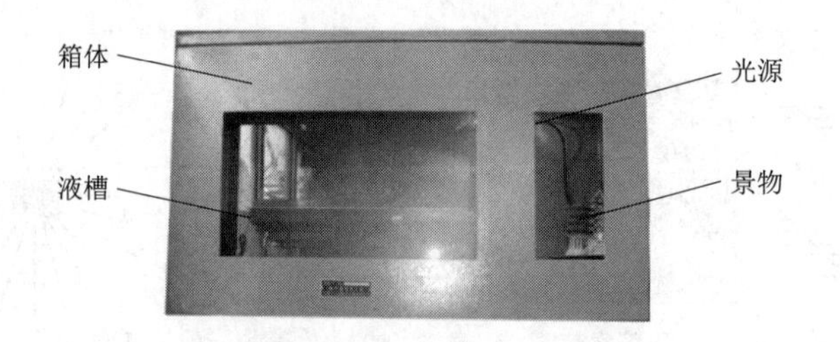

图 2-26-1 海市蜃楼演示仪结构

实验过程及现象

1. 液体的配制

向箱内水槽各注入满和一半的清水，再将约 3 kg 食盐放入一半清水中，用玻璃棒搅拌，使其溶解成近饱和状态，再在箱内水槽液面上放一薄塑料膜盖住下面的溶液，向膜上用移液管注入清水之膜上，直到容器 2/3 为止，稍后，将薄膜轻轻抽出，可见界面分明，约 6 小时后，由于扩散，在交界处形成一个扩散层，液体的折射率由下向上逐渐减少，产生一个密度梯度，此时液体配制完成（可用葡萄糖配制）。可用激光照射盐溶液，当出现光波导现象（弧状光线）时，可进行演示，并可根据弧度调整景物高低。

2. 现象演示

打开射灯 C，照亮实景物，在景物另一侧窗口处观察模拟的海市蜃楼景观（比较与清水之不同）。观察时可微振动液面，使得实景物出现缥缈灵动的景象，会更为有趣。

物理原理

海市蜃楼是一种因为光的折射和全反射而形成的自然现象，是地球上物体反射的光经大气折射而形成的虚像。它涉及的知识是光的反射和折射。

光的反射是指在传播到不同物质时，在分界面上改变传播方向又返回原来物质中的现象。光的折射是指从一种介质斜射入另一种介质时，传播方向发生改变，就是光线的方向变化。

海市蜃楼产生的条件是大气存在温度梯度，使得大气在垂直方向密度也出现梯度分布，光传播时会在不同介质分界面处产生折射现象，若介质密度连续变化，则由物体反射的光线将不断折射，最后折射线近似一条曲线。人们的大脑认为光线总是沿直线传播，但是当光线通过下方温度低、密度大的大气时，就会向下折射，所以大脑中显现的远处物体就会比实际高，反之，蜃景会比实际低，如图 2-26-2 所示。海市蜃楼常在海上、沙漠中产生。

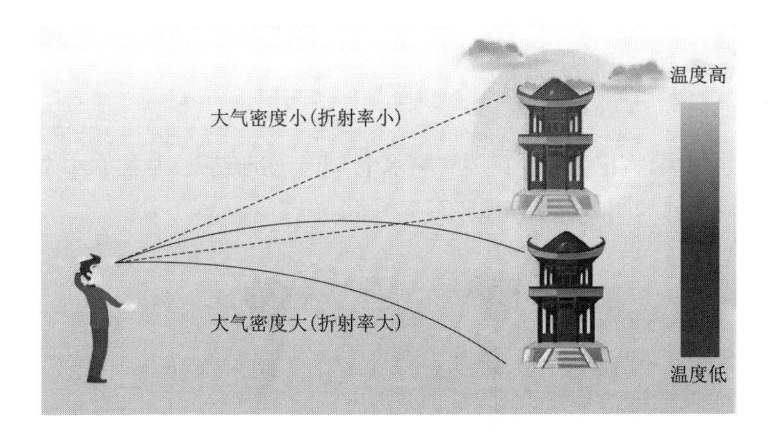

图 2-26-2　海市蜃楼原理图

知识延伸

生活中很多现象都与折射有关。由于光的折射，水中鱼的位置看起来比实际的高一些；池水看起来比实际的浅一些;透过厚玻璃看钢笔,笔杆好像错位了;从水下看岸上的物体,好像变高了。人们利用光的折射制成了三棱镜、还制成各种透镜来成像。例如,照相机的镜头是凸透镜,物体到透镜的距离(物距)大于2倍焦距,成的是倒立、缩小的实像。

同样利用光线反射的应用更是比比皆是。

(1)眼睛看到物体。之所以能看到物体,是因为这些物体能反射光(非光源物体)。

(2)天眼FAST。利用巨大的弧形反射面反射探测信号到中央接收器。

(3)利用电离层对电磁波的反射来传播信号。

思考与练习

1. 分析近视眼的光线传播问题以及加戴近视镜后校正的物理原理。

2. 你还能想出其他关于光线反射、折射的奇妙应用实例吗?

2.27 记忆合金演示实验

实验仪器

记忆合金花演示仪结构如图2-27-1所示。主体包括底座、合金花与加热装置等。

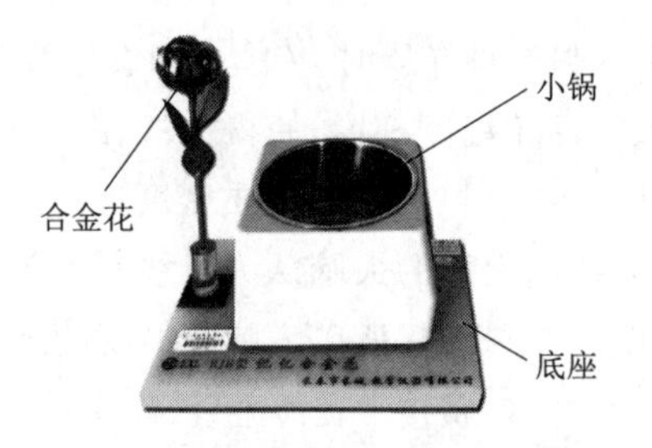

图2-27-1 记忆合金花演示仪结构

实验过程及现象

将小锅中的水加热,将记忆合金花放到热水中,花会逐渐绽放,从热水中拿出后,花会逐渐闭合。记忆合金花绽放和闭合效果如图2-27-2所示。

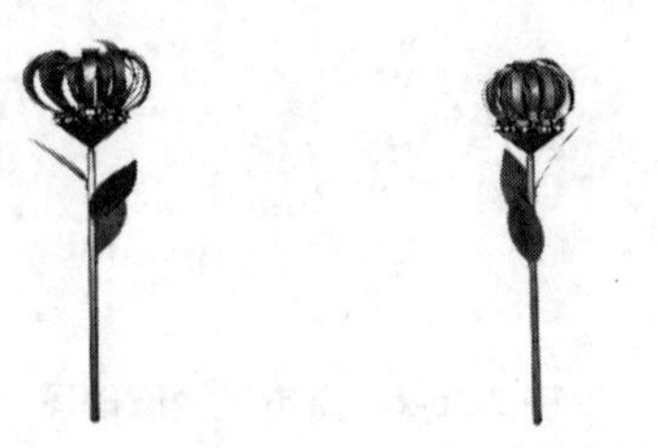

(a)合金花绽放状态　(b)合金花闭合状态

图2-27-2 记忆合金花绽放和闭合效果

物理原理

一般金属材料受到外力作用后，首先发生弹性变形，达到屈服点，就产生塑性变形，压力消除后依然会留下永久变形。但有些材料，在发生塑性变形后，经过合适的热过程，能够回复到变形前的形状，这种现象称为形状记忆效应（SME）。具有形状记忆效应的金属通常是由两种以上金属元素组成的合金，称为形状记忆合金（SMA），简称记忆合金。记忆合金通常由两种及以上的金属按照不同比例合制而成，其特点是可以记住自己在某一温度下的形状。这种合金在外力作用下会产生变形，当把外力去掉，在一定的温度条件下，能恢复原来的形状（见图 2-27-3）。由于它具有百万次以上的恢复功能，因此称为"记忆合金"。

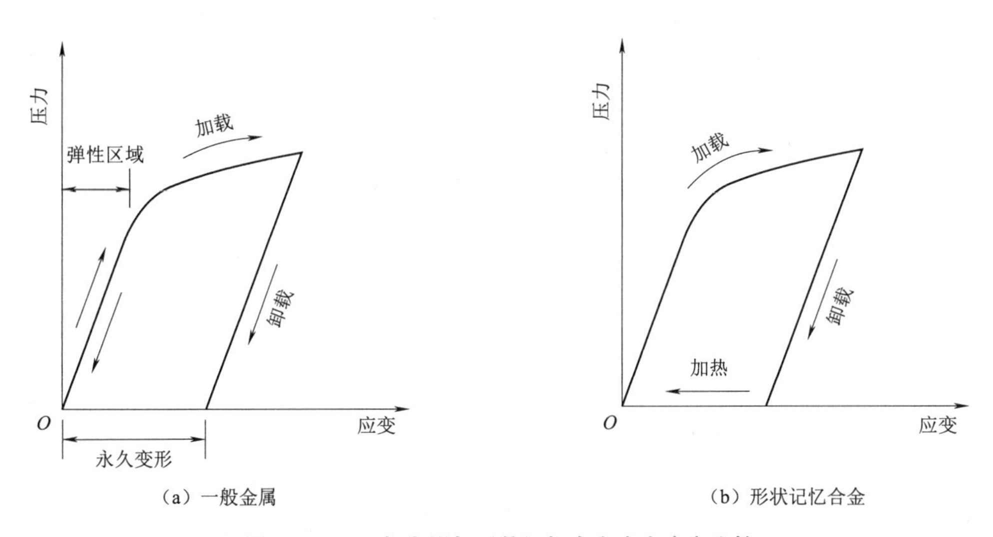

（a）一般金属　　（b）形状记忆合金

图 2-27-3　一般金属与形状记忆合金应力应变比较

形状记忆合金的独特性质源于其内部发生的一种独特的固态相变——热弹性马氏体相变。当合金在低于相变态温度下，受到一有限度的塑性变形后，可由加热的方式使其恢复到变形前的原始形状，这种特殊的现象称为形状记忆效应（shape memory effect，SME）。而当合金在高于相变态温度下，施以一应力使其受到有限度的塑性变形（非线性弹性变形）后，可利用直接释放应力的方式使其恢复到变形前的原始形状，此种特殊的现象称为拟弹性（pseudo elasticity，PE）或超弹性（super elasticity）。形状记忆合金所拥有的这两种性质是在普通金属或合金材料上无法发现的。

形状记忆的本质主要来自热弹性马氏体相变的可逆性。

形状记忆效应有三大类：

（1）单程记忆效应。形状记忆合金在较低的温度下变形，加热后可恢复变形前的形状，这种只在加热过程中存在的形状记忆现象称为单程记忆效应。

（2）双程记忆效应。某些合金加热时恢复高温相形状，冷却时又能恢复低温相形状，称为双程记忆效应。

（3）全程记忆效应。加热时恢复高温相形状，冷却时变为形状相同而取向相反的低温相形状，称为全程记忆效应。

知识延伸

形状记忆合金除形状记忆效应外，另一个独特性质是在高温（奥氏体状态）下发生的“伪弹性”，又称“超弹性”行为，表现为这种合金能承载比一般金属大几倍甚至几十倍的可恢复应变。

形状记忆材料由于具有独特的形状记忆效应和超弹性，以及耐磨性、耐腐蚀性、高阻尼性、高功重比、生物相容性等优越性能，被广泛应用于航空航天、汽车工业、机械电子、建筑工程、生物医疗等领域。其中，镍钛基形状记忆合金具有抗疲劳性、低应力水平下的循环稳定性、出色的生物相容性等优异性能而成为重要的形状记忆合金，因此其应用广泛，可用作医用传感器、阻尼器、夹具与植入设备、执行器等。铜基形状记忆合金价格仅为镍钛基形状记忆合金的1/10，但其记忆效应、力学性能、耐腐蚀性能较差，发展与应用受到一定的限制，需要在合金中添加一些微量元素来改善其性能。铁基形状记忆合金的特点是马氏体起始相变温度接近室温、形状记忆效应相对较好，且由于使用元素价格低，拥有极大的成本优势。但这一类合金相对较低的起始相变温度以及明显的滞后现象限制了其应用范围。

在航空航天领域，形状记忆合金可减小航空器空间机构的铰接和液压管路的连接中产品的体积和质量，提高连接效能和稳定性，达到便于运输的目的。其主要应用包括飞机液压管接头、星用解锁机构和锁紧系统、易断缺口螺栓释放机构、空间桁架组装结构、固定翼飞行器机翼优化、飞行器推进系统混流装置、可展开天线、空间铰链单元、卫星基板等。

形状记忆合金具备优异的力学性能，将其作为缓冲吸能材料应用于汽车安全领域，可有效提高汽车碰撞吸能保护效果；同时，随着无人驾驶技术的出现，对汽车传感器和执行器的要求更加苛刻，形状记忆合金执行器可取代电磁执行器。其主要应用包括风扇离合器、风扇叶片控制器、自动变速箱控制用调整阀、恒温控制阀、执行器、车身抑振结构、吸能盒、超弹性轮胎、变速器补偿垫圈、减震器阀垫圈、燃油喷射器、高压回路密封器等。

形状记忆合金优越的反复使用稳定性、耐腐蚀性、生物相容性、超弹性、低杨氏模量等特性，为许多医学难题提供了新的解决方案。目前形状记忆合金在医学领域的应用相对成熟，主要应用有：内支架，包括食管、肠道、气管、胆道、尿道等非血管支架，镍钛合金裸支架、放射性支架、包被支架、人造血管覆盖支架等血管支架；心脏封堵器；微创医疗器械，包括圈套器、网篮、抓钳等异物取出器械，针状器械，剥离钩、牵引器、夹钳、柔性内窥镜、柔性抓钳、疝气修补夹、胃肠吻合夹、痔切除夹、溃疡堵闭球等介入内镜检查学器械，滤器、封闭器、导丝、导管、远端保护装置、缝合封闭器械等介入放射学器械，静脉瓣膜支持器、血管结扎夹、动脉血管吻合器、血管膨胀器等微创外科手术器，妇产科器械；矫形外科和脑外科材料，包括加压骑缝钉、加压修补针、聚髌器、加压接骨器、环抱内固定器、螺钉、框架式内固定器、髓内针、栅栏状接骨套、肩部定位锚、脊柱矫形棒等；口腔医学材料，包括牙齿矫形丝、矫形弹簧、根管预备器械、扩弓矫治器、颌骨固定针、种植体等。

形状记忆合金凭借其超弹性、高阻尼性以及弹性模量随温度同步变化的特征，在建筑桥梁减震降噪、耗能阻尼方面有着突出表现。在追求建筑材料结构轻量化、先进智能化、功能多样化的趋势下，形状记忆合金及其复合材料将在建筑领域发挥更大的作用。

思考与练习

1. 查找形状记忆合金在航空航天领域的成功应用案例。
2. 讨论形状记忆合金在医学领域的应用前景。

第3章

普通物理实验

普通物理实验是许多大学开设的第一门基础实验课程，在提高学生的观察能力、分析能力、实验操作能力和提高学生的全面素质等方面提供了一个有效的实践平台。

普通物理实验突出的是实践性、独立性、合作性、创造性。通过该课程的学习，学生将会掌握实验的思想，实验数据的处理方法，一般仪器的原理和使用方法，加深对物理理论的认识，物理规律的探索，体会一些物理原理在生产、生活中的应用。对知识—能力的转化，知识—生产力的转化有一定的启发性、引导性，使学生的理论基础和实践能力得到有机结合。

普通物理实验是几乎所有理工类专业均开设的传统的基础实验，贴近基础物理知识，以辅助学习物理知识为主要目的，加之锻炼基础的操作技能和基本的实验技能。

3.1 长度、质量和密度的测量实验

长度、质量和密度是物质的基本特性对于三者的测量往往是各种实验的基础。

随着科学技术的发展，对长度的测量和传递的精度要求越来越高。国际上对米的定义已有了三次大的改变。第一次是在1889年，国际计量大会一致通过将经过巴黎的子午线由北极到赤道距离的一千万分之一作为长度的单位——国际标准米，并将这个标准具体化，制作了标准米原器。第二次是在1960年，第十一次国际计量大会决定以氪-86橘红色光波，即氪-86的核外电子从$2p_{10}$能级跃迁到$5d_5$能级所对应辐射的波长的1 650 763.73倍作为一个标准米。第三次是在1983年，第十七次国际计量大会定义1米为光在真空中经过1/299 792 458秒时间间隔所经过的长度。在实际生产和生活中，人们常根据不同的测量要求选择不同精度的长度测量工具。例如，用皮卷尺丈量房间长或用木折尺量木料时，最小刻度是厘米就可以了；锯削钢铁坯件时，要用最小刻度为毫米的钢直尺或钢卷尺；在机床上加工零件时，要使用最小读数为0.05 mm或0.02 mm的游标卡尺，或者最小读数为0.01 mm的外径千分尺；测量物体的微小形变或位移时，要用到光学测量仪器；测量远处的长度时，要用光学测距仪或更精密的激光测距仪。

质量和密度往往与物质的纯度有关，不同物质具有不同的密度。工业上通过对密度的测定，可以对原料进行成分分析和纯度鉴定等。

在本实验中，学习游标卡尺、螺旋测微器、显微测量和电子天平的原理，学会它们的正确使用方法，根据误差要求合理地选择测量仪器；对多次等精度测量结果的误差进行估算。

实验目的

1. 理解游标卡尺和螺旋测微器的测量原理。
2. 使用测量显微镜观察手机屏幕发光点的样貌及尺寸。
3. 使用电子天平称量钢筒钢球质量。

实验仪器

一、仪器名称

游标卡尺、螺旋测微器(千分尺)、DMSZ8 测量显微镜、电子天平、待测件。

二、主要实验仪器介绍

1. DMSZ8 测量显微镜

DMSZ8 测量显微镜由主体和显示屏组成(见图 3-1-1),可以外接鼠标、键盘等。

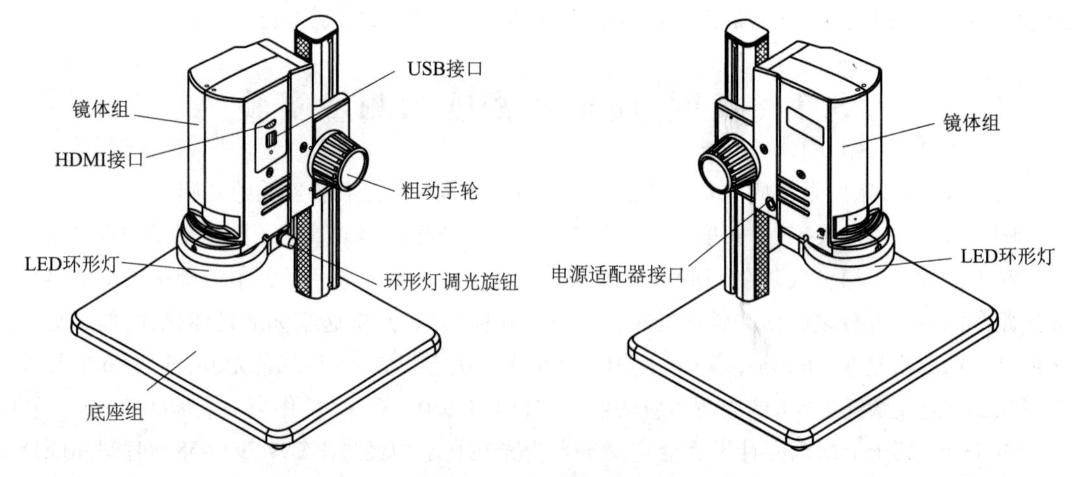

图 3-1-1 DMSZ8 测量显微镜主体结构图

使用时主要有以下几部分内容:

(1)关于调焦机构松紧度调节。

①握紧左手轮,旋转右手轮①来调节调焦机构的松紧度。顺时针方向旋紧,逆时针方向松开(见图 3-1-2)。

②将调焦机构的松紧度调整合适,可防止显微镜镜体在观察过程中随托架自行下滑,也可使调焦时更舒适。

(2)关于 LED 环形灯照明调节。

①将电源线两端插头分别按图 3-1-3 将显微镜镜体③和环形灯②连接,并打开电源①。

②旋转调光手轮④调节照明亮度,顺时针方向旋转,照明亮度增强,反之减弱(见图 3-1-4)。

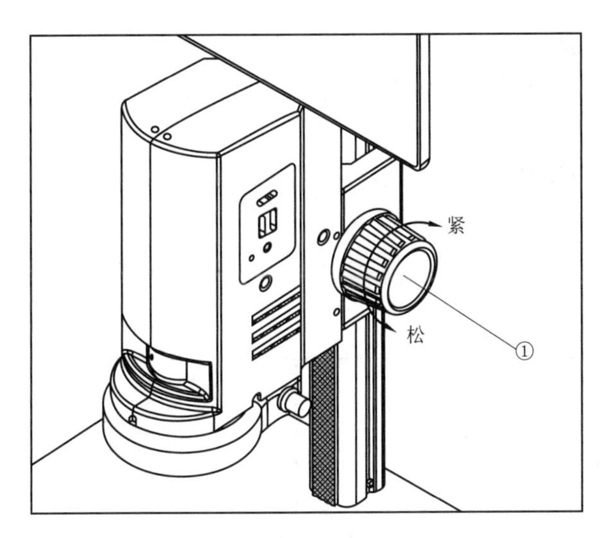

图 3-1-2　调焦机构松紧度调节示意图

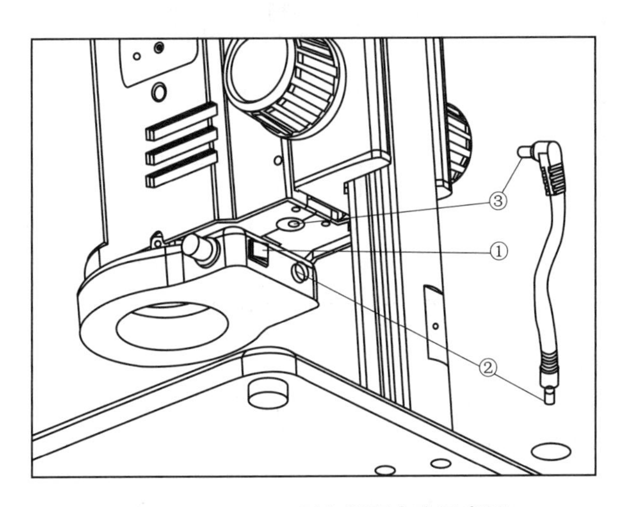

图 3-1-3　LED 环形灯照明点亮示意图

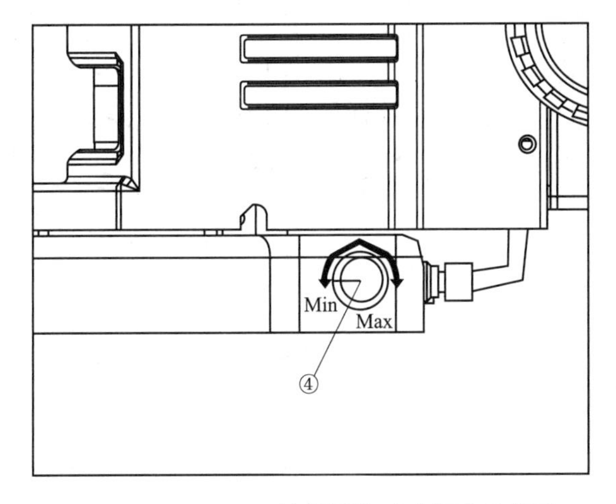

图 3-1-4　LED 环形灯照明灯亮度调节示意图

(3)关于待测物的放置。

被测物体放置在底座上,且保证被观察点置于显微镜体的正下方。

(4)关于调焦。

①旋转变倍调节环①到最大倍率,观察输出图像,若像不清晰,旋转调焦手轮②使图像清晰(见图3-1-5)。

②旋转变倍调节环①到最小倍率,观察输出图像,若像不清晰,旋转调焦手轮②使图像清晰(见图3-1-5)。

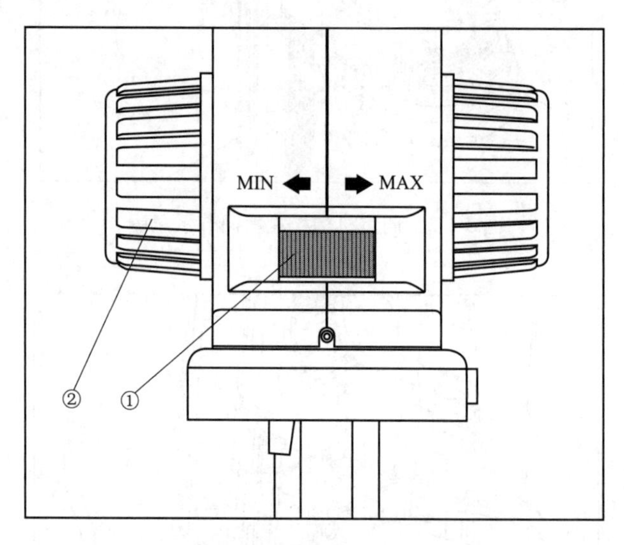

图3-1-5 焦距调节示意图

(5)关于倍率固定的问题。

当长期使用某一固定放大倍数,或需在有震动情况下使用时,用对边为3的内六角扳手将倍率固定螺钉①拧紧(见图3-1-6)。

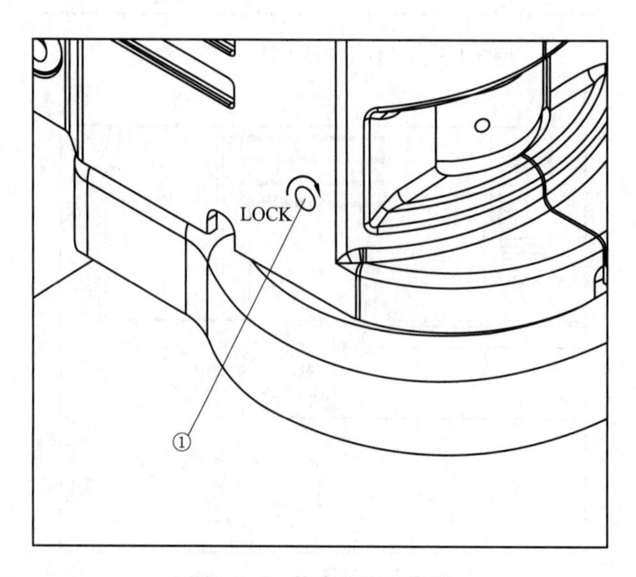

图3-1-6 倍率固定示意图

(6)按钮与接口的使用。

指示灯为绿色表示相机工作(见图 3-1-7)。

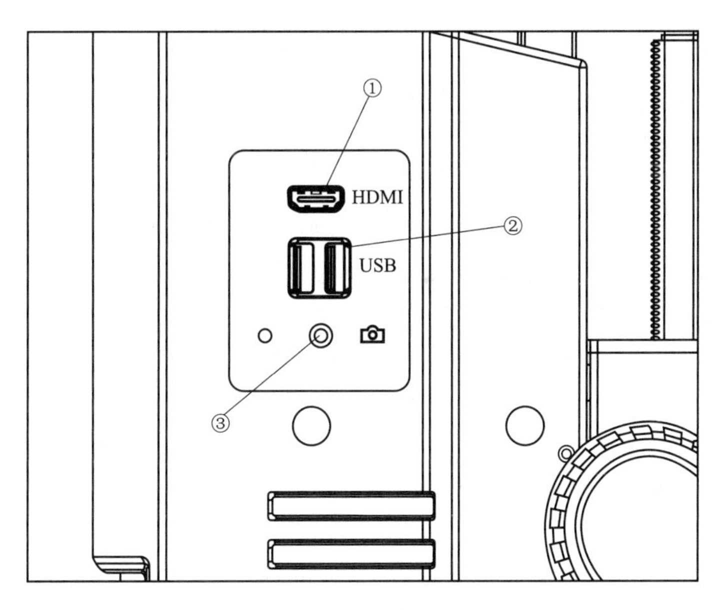

图 3-1-7　接口和按钮示意图

①HDMI 高清接口①:连接 HDMI 线,用来输出高清图像信号。

②USB 接口②:用于连接鼠标、U 盘等设备。

③拍照按钮③:相机工作时,可用于拍照。

2. 电子天平

电子天平包括底座、托盘、显示屏、调平螺钉、防风罩等(见图 3-1-8)。实验中提供的可供使用的天平型号为 FA1004B,其技术指标见表 3-1-1。

图 3-1-8　电子天平

表 3-1-1 电子天平技术指标

型号	称量范围/g	可读性/mg	秤盘尺寸/mm	空间高度/mm	质量/kg	电源
FA1004B	0~100	0.1	80	240	7.5	220 V/50 Hz

电子天平是利用电磁力来称量的。处于磁场中的通电导体(导线或线圈)将产生一种电磁力(安培力),如果通过导体的电流大小和方向以及磁场的方向已知,则有电磁力的关系式

$$F = BLI\sin\theta$$

式中,F 为电磁力;B 为磁感应强度;L 为受力导线长度;I 为电流强度;$\sin\theta$ 为通电导体与磁场夹角的正弦。不难看出,电磁力 F 的大小与磁感应强度 B 成正比,与导线长度 L 和电流强度 I 也成正比,还和通电导体与磁场的夹角正弦值成正比。在电子天平中,通常选择通电导体与磁场的夹角为 90°,即 $\sin 90° = 1$;这时通电导体所受的磁场力最大,所以上式可改写成 $F = BLI$。

由于 B、L 在电子天平中均是一定的,也可视为常数,因此电磁力的大小就取决于电流强度的大小。亦即电流增大,电磁力也增大;电流减少,电磁力也减小。电流的大小是由天平秤盘上所加载荷的大小,也就是被秤物体的质量大小决定的。当大小相等方向相反的电磁力与重力达到平衡时,则有 $F = mg = BLI$。

上式即为电子天平的电磁平衡原理式。通俗地讲,就是当秤盘上加上载荷时,使其秤盘的位置发生了相应变化,这时位置检测器将此变化量通过 PID 调节器和放大器转换成线圈中的电流信号,在采样电阻上转换成与载荷相对应的电压信号,再经过低通滤波器和模数(A/D)转换器,变换成数字信号给计算机进行数据处理,并将此数值显示在显示屏幕上,这就是电子天平的基本原理。

电子天平的使用分为以下几步:

(1)调水平:天平开机前,应观察天平后部水平仪内的水泡是否位于圆环中央,否则调节天平的地脚螺栓直至气泡居中。

(2)预热:天平在初次接通电源或长时间断电后开机时,至少需要 30 min 的预热时间。因此,实验室电子天平在通常情况下,不要经常切断电源。

(3)称量:按下 ON/OFF 键,接通显示器;等待仪器自检。当显示器显示零时,自检过程结束,天平可进行称量;放置称量纸,按显示屏两侧的 Tare 键去皮,待显示器显示零时,在称量纸上加放所要称量的物体。称量完毕,按 ON/OFF 键,关闭电源。

实验原理

游标卡尺和螺旋测微器是最常用的测长度的仪器,表征这些仪器主要规格的有量程和分度值。量程是测量范围;分度值是仪器所标示的最小量度单位,分度值的大小反映仪器的精密程度。

1. 游标卡尺测量原理

米尺是测量长度最简单的仪器,为了提高其精度,常在它上面附加一段能够滑动的副尺,便构成了游标卡尺,如图 3-1-9(a)所示。滑动的副尺称为游标,它常被装配在各种测量仪器上,有测量长度的长度游标,也有测量角度的角度游标。

游标卡尺的基本原理是:游标上 N 个分度格的总长度与主尺上 $N-1$ 个分度格的总长度相同,如图 3-1-9(b)所示。若主尺上最小分度值为 a,游标上最小分度值为 b,则

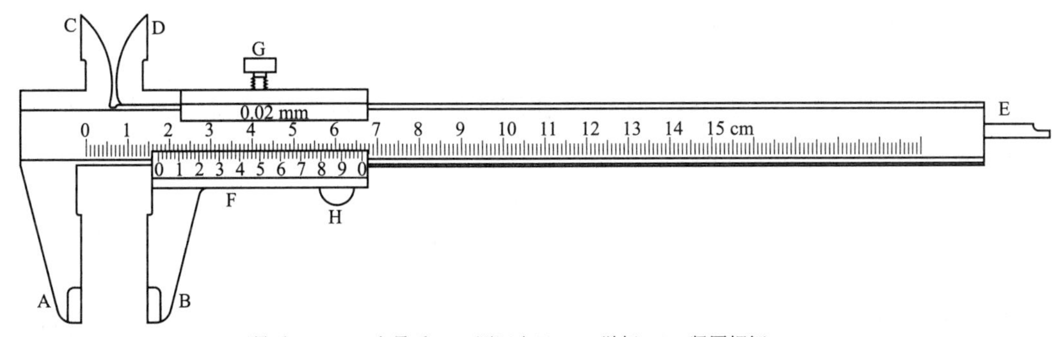

A、B—下量爪；C、D—上量爪；E—测深直尺；F—游标；G—紧固螺钉

（a）游标卡尺装置图

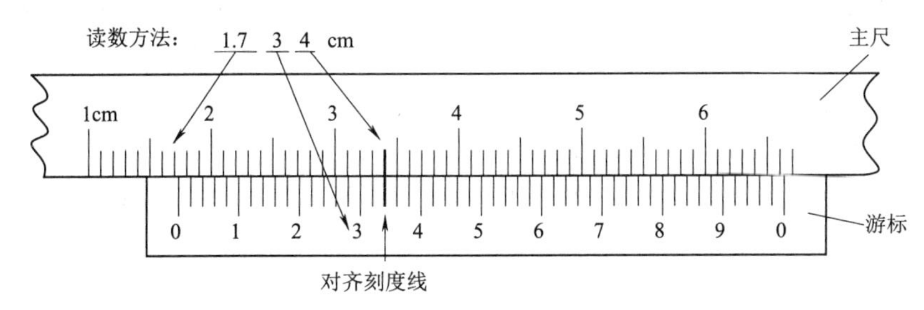

（b）游标卡尺读数原理图

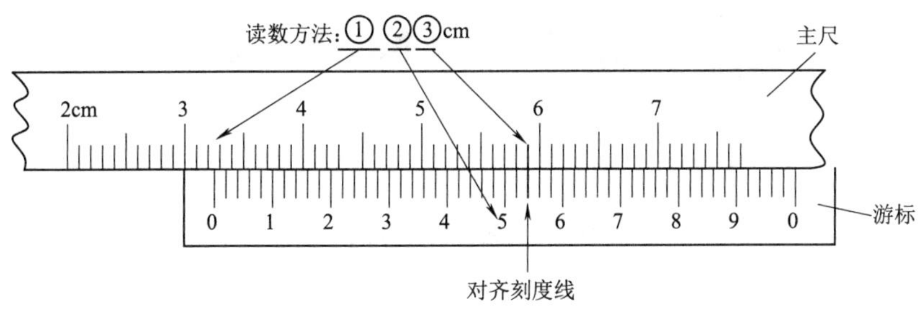

（c）游标卡尺读数过程图

图 3-1-9　游标卡尺

$$(N-1)a = Nb$$

主尺上每一格与游标上一格之差为游标的精度值或游标的最小分度值，即

$$a-b = a-\frac{N-1}{N}\cdot a=\frac{a}{N} \tag{3-1-1}$$

若游标卡尺为 $N=50$，$a=1$ mm，则其精确度为 1/50 = 0.02 mm。

游标尺的读数基本思想是将两部分代表的数值分别读出，再将结果进行综合。两部分分别包括：

部分一：主尺上与游标 0 刻度对应的整数刻度 I(mm)值，此部分数值从主尺去读。

部分二：主尺上 I mm 以后不足 1 mm 的 ΔI 部分，此部分要从游标上读出。具体是，若游标上第 k 条线与主尺上某一刻度线对齐，N 为游标的格数，则 ΔI 部分的读数为

$$\Delta I = k(a-b) = k\cdot\frac{a}{N}$$

最后结果为

$$L = I+\Delta I = I + k\cdot\frac{a}{N} \tag{3-1-2}$$

可以得到图 3-1-9(b)所示读数为

$$17+17\times 1/50=17.34(\text{mm})$$

但游标卡尺作为常用长度测量工具,真正使用时需要快速读出数值。所以,明白读数原理后,要掌握读数技巧,学会直接读出结果。

具体过程或方法如图 3-1-9(c)所示。可以分成三步实现。

第一步:读出游标的零点刻度线所对的主尺左边的毫米整数,为一级读数。如图 3-1-9(c)①所示,读数为 3.2 cm。

第二步:先找到游标上与主尺对的最齐的刻度线,将游标上此对齐刻度线左侧最邻近的数值读出,为二级读数。如图 3-1-9(c)②所指位置,游标数值即为 5。

第三步:从游标上继续读第三级读数。从游标上刚刚读完数值的刻度作为 0 开始数起,每条刻度依次数 2、4、6、8,向右直至数到最对齐的刻度为止,此刻所数到的数值即为三级读数,如图 3-1-9(c)③所指数值实际为 4。

综合上述三步,直接得到读数为 3.254 cm。

随着科技的进步,人们按此原理设计出来了能够直接显示结果的数显游标卡尺(见图 3-1-10),在使用的时候,要深入思考游标卡尺的读数原理。

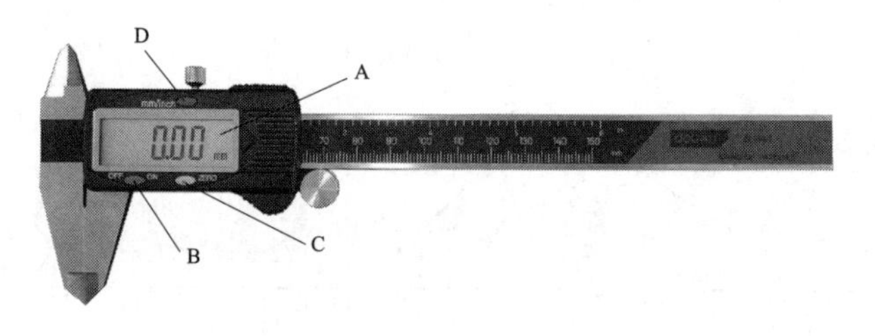

图 3-1-10 数显游标卡尺

A—显示屏幕;B—开关按键;C—清零旋钮;D—单位转换旋钮

游标卡尺非常巧妙地将两条特殊刻度的直尺叠放在仪器,并没有将刻度线密度增加多少,就将直尺本身的精度大大提高。当然,游标卡尺也存在着很大的制约因素,当游标的精度值为 1/50 mm 时,游标上要刻 50 条刻线。如果精度为 1/100 mm,游标就要刻 100 条刻线,而且它的总长度至少为 $N-1=100-1=99(\text{mm})$,这在使用时是很不方便的。比游标卡尺更精密的测量长度的常用量具是螺旋测微器。

2. 螺旋测微原理

螺旋测微器又称千分尺、螺旋测微仪、分厘卡,测长度可以准确到 0.01 mm,测量范围为几个厘米。螺旋测微器主要由以下几部分组成:弓架、测量砧座、测量螺杆、螺母套筒、微分套筒、棘轮、锁紧手柄(见图 3-1-11)。螺旋测微器测量的是固定的测量砧座和移动的测量螺杆之间的距离。

螺母套筒和微分套筒(套管)上面都刻有刻度。螺母套筒是固定于弓架上不动的,其上面的刻度线最小间距是 0.5 mm,测量螺杆通过精密螺纹和螺母套筒相结合,而微分套筒固定于螺杆上,与螺母套筒之间能够进行相对转动,从而实现测量螺杆前进或后退。转动利用的精密螺纹的螺距为 0.5 mm,微分套筒用刻度线将其一周等分成 50 个分度(格)。微分套筒每旋转一周,螺杆前进(或后退)一个螺距。为了控制测量砧座的接触力度,螺旋测微器特别设计了棘轮用以控制合适的松紧程度，以达到精密测量，并能够保护螺纹的精度。

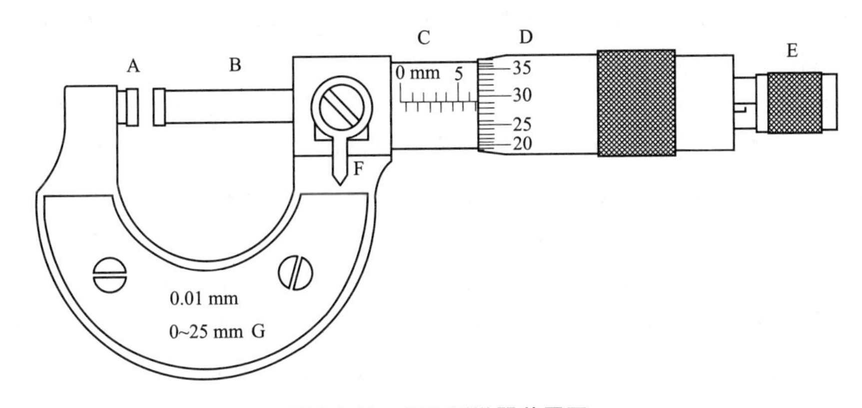

图 3-1-11　螺旋测微器装置图

A—测量砧座；B—测量螺杆；C—螺母套筒；D—微分套筒；E—棘轮；F—锁紧手柄；G—弓架

螺旋测微器的测量结果同样来源于两部分：螺母套筒示数和微分套筒示数。螺母套筒是指测量时由于微分套筒被转动而露出来的刻度值，0.5 mm 以上的部分都能够读出。微分套筒示数是由螺母套筒上沿轴向刻画的刻度线所对应的微分套筒刻度线所表示的。可见，微分套筒圆周上如果刻有 N 个分度，螺距为 a，则每转动一个分度，螺杆移动的距离为 a/N。在图 3-1-11 中，螺距为 $a=0.5$ mm，微分套筒圆周上分度数 $N=50$，每转动一个分度，螺杆移动距离为 $0.5/50=0.01$(mm)。当然，读数时每个分度(0.01 mm)之下还要估计一位。

真正测量时，被测物的长度是由放上被测物后的读数值与零点读数值比较而得来的，具体读数过程可以分成三步(详见图 3-1-12 中①②③)。图中所示小球最终的直径应该为 9.970 mm。

螺旋测微器使用时要特别注意操作规程，避免损坏：

(1)测量前将测量杆和砧座擦干净。

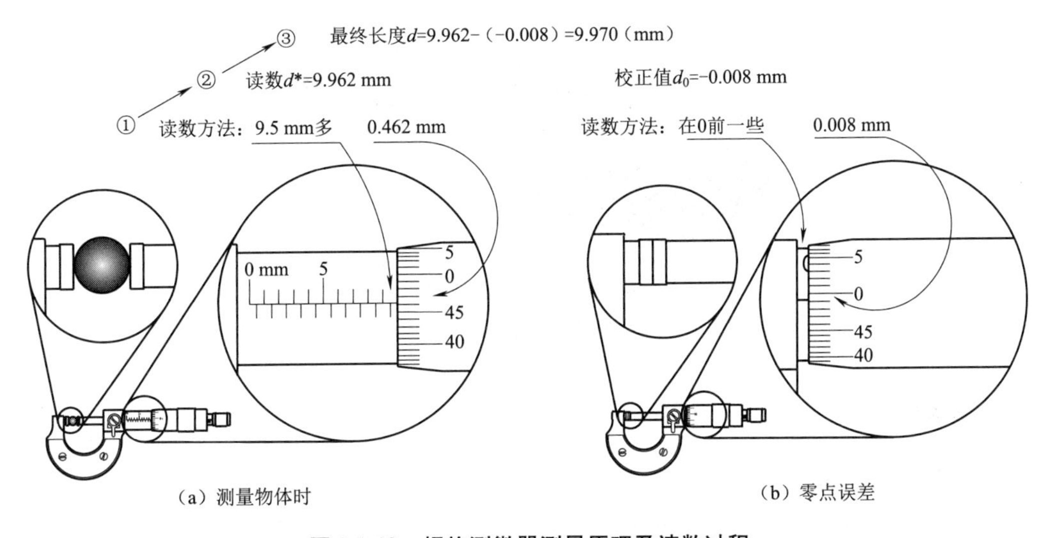

图 3-1-12　螺旋测微器测量原理及读数过程

(2)检查零位线是否准确，读出零点读数，也称“校正值”，如图 3-1-13(b)所示。

(3)测量时需把工件被测量面擦拭干净。

(4)拧紧活动套筒时需用棘轮装置,转动棘轮不可太快,否则由于惯性会使接触压力过大使被测物变形,造成测量误差,更不可直接转动微分套筒去使测量螺杆夹住被测物,这样往往压力过大使测微螺杆上的精密螺纹变形。

(5)在螺旋测微器读数过程中特别需要注意螺母套筒刻度线是否“露出”的问题。在读数时,螺母套筒上的示数是“露出来”的刻度线所代表的数字。通常情况下,刻度的露出是很好判断的,如图 3-1-13(a)所示,很容易顺利得出 5.733 mm 的读数结果。但由于转动套筒时一周的行程仅仅是0.5 mm,非常细小,如果转动的范围不大时,行程就更加微小。而固定不转的螺母套筒上的刻度线实际上是有一定宽度的,有的时候刻度线刚好卡在微分套筒的边缘,一半露在外面,另一半却盖在里面,此时判断刻度线是否露出就需要去结合微分套筒的示数位置去综合判别,图 3-1-13(b)所示的螺母套筒的0 刻度线是露在外面的,表示在0 之上,读数应为0.012 mm,而图 3-1-13(c)所示的0 刻线就是压在里面的,表示差一点点才到0 位,所以示数应该是 -0.004 mm。

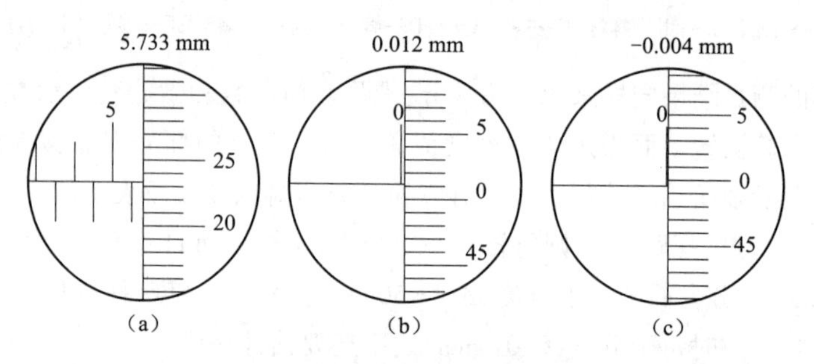

图 3-1-13 螺旋测微器读数示例

与数显游标卡尺一样,人们同样按照螺旋测微原理设计出了数显千分尺(见图 3-1-14)。可以利用数显千分尺直接读出长度结果,包括零点误差。但作为重要的微小量测量手段,还是要准确掌握千分尺的测量原理和思想。这对于锻炼基本测量能力及思考能力极为重要。

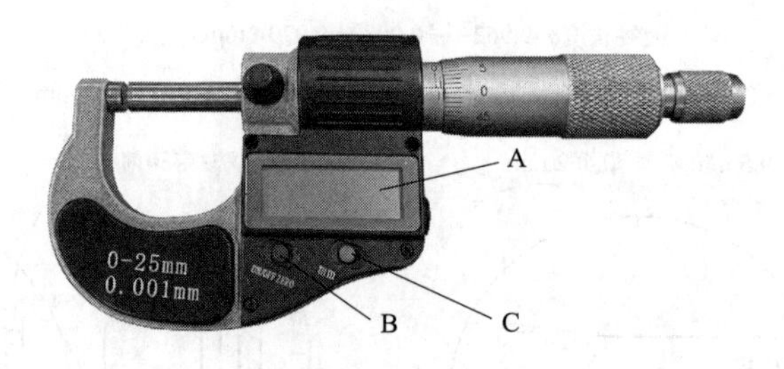

图 3-1-14 数显千分尺

A—显示屏;B—清零按钮;C—单位转换按钮

实验操作

1. 钢筒尺寸测量

(1)用游标卡尺测量圆筒的内径、外径、高度,练习各个卡爪的使用。

(2)利用体式显微镜测量圆筒的厚度,在不同位置分别测 5 次,求出平均值,填入表 3-1-2。

2. 钢球直径测量

(1)用千分尺测钢球的直径,测 5 次求平均值,填入表 3-1-3。

(2)计算其体积及绝对误差。

3. 质量测量,密度计算

(1)调整好电子天平,分别称出圆筒及小球的质量各一次。

(2)利用结果计算其密度值。

(3)根据误差理论计算钢球密度的误差。

4. 显微镜使用

(1)使用电子显微镜观察电路板、手机显示屏显示单元。

(2)注意这些产品的细节。

注意事项

(1)实验过程中,注意保护螺旋测微器,在测量砧接近或夹紧物体的过程中,拧动的一定是棘轮,避免测量不准或损坏仪器。

(2)使用电子天平的过程中,注意防止污染托盘;及时将滑动玻璃门复位,以保护天平清洁并防止玻璃划伤同学。

数据处理与要求

表 3-1-2　尺寸数据记录表

测量项目	测量次数					
	1	2	3	4	5	平均值
钢筒外直径 D/cm (游标卡尺测量)						
钢筒内直径 $d_{筒}$/cm (游标卡尺测量)						
钢筒高度 H/cm (游标卡尺测量)						
钢筒壁厚 δ/μm (体式显微镜测量)						
钢球直径 d/mm (千分尺测量)						

注:为了区分钢球直径 d,$d_{筒}$代表钢筒,下文同。

表 3-1-3　质量数据记录表

项目	质量 $\overline{M}$/g	绝对误差 $\Delta\overline{M}$/g	结果表示 $\overline{M}\pm\Delta\overline{M}$/g
钢筒			
钢球			

注:表中的 $\Delta\overline{M}$ 指的是天平单次称量的误差。

1. 参考下面公式计算钢筒的体积及密度(不计算钢筒相关的误差)

计算钢筒体积$\overline{V_{筒}} = \pi/4(\overline{D}^2 - \overline{d_{筒}^2}) \times \overline{H}$

计算钢筒密度$\overline{\rho_{筒}} = \dfrac{M_{筒}}{\overline{V_{筒}}}$

2. 按下面公式提示计算钢球的体积及误差

计算钢球体积 $\overline{V} = \dfrac{1}{6}\pi\,\overline{d}_3$

计算钢球密度 $\overline{\rho} = \dfrac{M}{\overline{V}}$

计算直接测量量钢球直径的绝对误差 $\Delta\overline{d}$

计算钢球体积的相对误差 $E_{\overline{V}} = 3\,\dfrac{\Delta\overline{d}}{\overline{d}}$

计算钢球体积的绝对误差 $\Delta\overline{V} = \overline{V} \times E_{\overline{V}}$

写出钢球体积的一般表示形式 $V = \overline{V} \pm \Delta\overline{V}$

计算钢球密度的相对误差 $E_{\overline{\rho}} = \dfrac{\Delta\,\overline{V}}{\overline{V}} + \dfrac{\Delta\,\overline{M}}{M}$

计算出钢球密度的绝对误差 $\Delta\,\overline{\rho} = \overline{\rho} \times E_{\overline{\rho}}$

写出钢球密度的一般表达式$\rho = \overline{\rho} \pm \Delta\,\overline{\rho}$

注意:每个公式要有代入数据的过程。

思考与练习

1. 在使用游标卡尺时,怎样了解它的精度?

2. 一个游标万能角度尺,尺身上每分格为 0.5°,即 30′,而尺身上 29 分格对应于游标上 30 分格,问它的精度是多少?数值应读到哪一位?

3. 外径千分尺上的棘轮有什么用处?测量时不用它是否可以?为什么?

3.2 简谐振动的研究实验

振动是一种重要而又普遍的运动形式,在日常生活以及物理学、无线电学、医学和各种工程技术领域中广泛存在。简谐振动是最基本、最简单的振动,一切复杂的振动都可以看作多种简谐振动的合成。因此,熟悉简谐振动的规律及其特征,对于理解复杂振动的规律是非常重要的。振动和波动的理论是声学、地震学、光学、无线电技术等科学的基础。本实验在气垫导轨上观察简谐振动现象,测定简谐振动的周期并求出弹簧的刚度系数和等效质量。

实验目的

1. 了解简谐振动的规律和特征,测出弹簧振子的振动周期。
2. 测量弹簧的刚度系数和等效质量。
3. 熟练掌握实验数据处理的方法——逐差法和作图法。

一、实验仪器

气垫导轨、气源、MUJ-5B 计时计数测速仪、滑块、弹簧、砝码等。

二、主要实验仪器介绍

MUJ-5B 计时、计数、测速仪以单片机为核心,具有计时 1、计时 2、加速度、碰撞、重力加速度、周期、计数、信号源功能。它能与气垫导轨、自由落体仪等多种仪器配合使用。

1. MUJ-5B 计时计数测速仪前面板

MUJ-5B 计时计数测速仪前面板如图 3-2-1 所示,下面按键号顺序叙述面板结构。

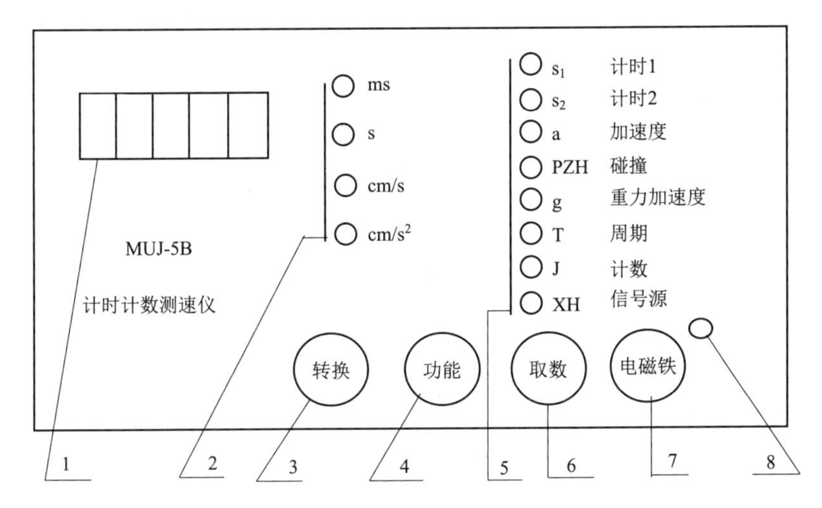

图 3-2-1　MUJ-5B 计时计数测速仪前面板图

(1)LED 显示屏。

(2)测量单位指示灯:根据测量量不同,自动显示,哪个灯亮,右侧所示即为显示屏上所显示数值的单位。

(3)转换键:用于测量单位的转换,当光片宽度的设定及简谐运动周期值的设定。在计时、加速度、碰撞功能时,按转换键小于 1 s,测量值在时间或速度之间转换。按转换键大于 1 s,可重新选择所用的挡光片宽度 1.0 cm、3.0 cm、5.0 cm、10.0 cm。

(4)功能键:用于八种功能的选择或清除显示数据。按住功能键不放,可进行循环选择。

功能键也是复位键。光电门遮光,显示屏显示测量数据后,按功能键,可清 0 复位。

(5)功能转换指示灯:哪个指示灯亮,右侧所示即为所测量。

①计时 1:测量对任一光电门的挡光时间(不适合气垫导轨实验)。

②计时 2:测量 P1 输入接口两光电门两次挡光或 P2 输入接口两光电门两次挡光的间隔时间,而不是 P1、P2 输入接口各挡光一次。(适合气垫导轨实验,测量时间应使用凹形当光片)

③加速度:测量凹形当光片通过两只光电门的速度及通过两光电门之间距离的时间,可接 2 ~ 4 个光电门。如接入 2 个光电门,则做完实验,循环显示下列数据:

1	第一个光电门
×××××	第一个光电门测量值
2	第二个光电门
×××××	第二个光电门测量值
1-2	第一至第二光电门
×××××	第一至第二光电门测量值

如接入4个光电门,则将继续显示第3个、第4个光电门及2-3、3-4段的测量值。

④碰撞:进行等质量,不等质量碰撞实验。在P1、P2输入接口各接入一只光电门,两只滑行器上安装相同宽度的凹形,当光片及碰撞弹簧,滑行器从气轨两端向中间运动,各自通过一只光电门后碰撞。做完实验,会循环显示下列数据:

P1.1	P1接口光电门第一次通过
×××××	P1接口光电门第一次测量值
P1.2	P1接口光电门第二次通过
×××××	P1接口光电门第二次测量值
P2.1	P2接口光电门第一次通过
×××××	P2接口光电门第一次测量值
P2.2	P2接口光电门第二次通过
×××××	P2接口光电门第二次测量值

如滑块三次通过P1口光电门,一次通过P2口光电门,则不显示P2.2,而显示P1.3,表示P1口光电门进行了三次测量。

如滑块三次通过P2口光电门,一次通过P1口光电门,则不显示P1.2,而显示P2.3,表示P2口光电门进行了三次测量。

⑤重力加速度:将电磁铁插头接入电磁插口,两个光电门接入P2光电门插口,按动电磁铁键,电磁指示灯亮,吸上钢球;再按动电磁铁键,电磁指示灯灭,钢球下落计时开始,钢球下部遮住光电门,计时器显示结果:

1	第一个光电门
×××××	t1值
2	第二个光电门
×××××	t2值

若第三个光电门插在P1光电门内侧插口,还可测到第3个数值。

将两光电门之间距离设定大些,可减少测量误差。

⑥周期:接入一个光电门,测量简谐运动1~10 000周期的时间,可选用以下两种方法。

不设定周期数:开机仪器会自动设定周期数为0,完成一个周期,显示周期数加1,按转换键即停止测量。显示最后一个周期数约1 s后,显示累计时间值。按取数键,可提取每个周期的时间值。

设定周期数,按住转换键,确认所设定的周期数时放开此键。只能设定100以内的周期数,每完成一个周期,显示周期数会自动减1,当完成最后一次周期测量,会显示累计时间值。按取数键可显示本次实验每个周期的测量值。

待运动平稳后,按功能键,开始测量。

⑦计数

测量光电门的遮光次数。

⑧信号源：将信号源输出插头，插入信号源输出插口，可在插头上测量本机输出时间间隔为0.1 ms、1 ms、10 ms、1 000 ms 的电信号，按转换键可改变电信号的频率。

(6)取数键：在使用计时1、计时2、周期功能时，仪器可自动存储前20个测量值。取出存储数据，按取数键，可依次显示数据存储顺序及相应值。清除存储数据，在显示存储值过程中，按功能键。

(7)电磁铁键：按此键可控制电磁铁的通、断。

2. MUJ-5B 计时计数测速仪后面板

MUJ-5B 计时计数测速仪后面板如图3-2-2所示，下面按键号顺序叙述面板结构：

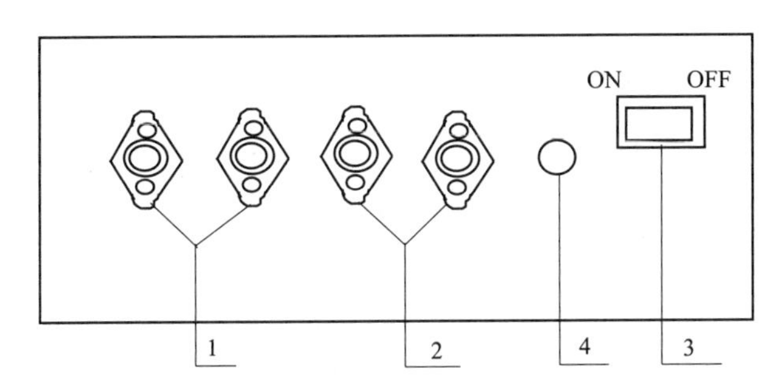

图3-2-2　MUJ-5B 计时计数测速仪后面板图

(1)P1 光电门插口(外口兼电磁铁插口)。

(2)P2 光电门插口。

(3)信号源输出插口。

(4)电源开关。

MUJ-5B 计时计数测速仪具有自检功能。按住取数键，开启电源开关，数码管显示"2 2 2 2 2""5.5.5.5.5."，发光二极管全亮，显示250.47 ms，说明仪器正常。

实验原理

在水平的气垫导轨上放置一滑块，用两个弹簧分别将滑块和气垫导轨两端连接起来，如图3-2-3(a)所示。当弹簧处于原长时，选滑块的平衡位置为坐标原点 O，沿水平方将向右建立x轴。将滑块从平衡位置移到某点 A，其位移为 x，此时，左边的弹簧被拉长，右边的弹簧被压缩如图3-2-3(b)所示，若两个弹簧的刚度系数分别为 k_1、k_2，则滑块受到一个向左的弹性力

$$F = -(k_1 + k_2)x \tag{3-2-1}$$

式中，负号表示力和位移的方向相反。在竖直方向上滑块所受的重力和支持力平衡，忽略滑块和气轨间的摩擦，则滑块仅受在 x 轴方向的弹性力 F 的作用，将

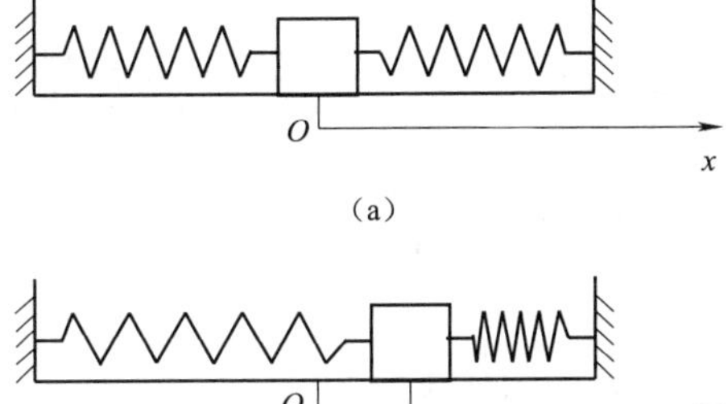

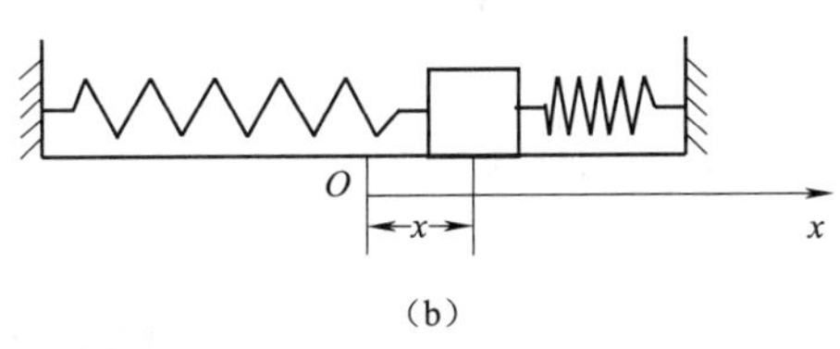

图3-2-3　简谐振动示意图

滑块放开后系统将做简谐振动。其运动的动力学方程为

$$-(k_1+k_2)x=m\frac{d^2x}{dt^2} \tag{3-2-2}$$

令 $\omega^2=(k_1+k_2)/m$,则方程变为

$$\frac{d^2x}{dt^2}+\omega^2x=0 \tag{3-2-3}$$

这个常系数二阶微分方程的解为

$$x=A\cos(\omega t+\varphi)$$

式中,ω 为角频率,$\omega=\sqrt{\frac{k_1+k_2}{m}}$;$A$ 为振幅;φ 为初相。

简谐振动的周期为

$$T=\frac{2\pi}{\omega}2\pi\sqrt{\frac{m}{k_1+k_2}}=2\pi\sqrt{\frac{m_1+m_0}{k_1+k_2}} \tag{3-2-4}$$

式中,$m=m_1+m_0$ 是弹簧振子的有效质量;m_1 为滑块的质量;m_0 为弹簧的等效质量。严格地说,谐振动周期与振幅无关,与振子的质量和弹簧的刚度系数有关。当两弹簧刚度系数相同,即$k_1=k_2=k/2$ 时,简谐振动的周期为

$$T=2\pi\sqrt{\frac{m_1+m_2}{k}} \tag{3-2-5}$$

若在滑块上放质量为 m_i 的砝码,则弹簧振子的有效质量变为 $m=m_1+m_0+m_i$,简谐振动的周期变为 $T=2\pi\sqrt{\frac{m_1+m_0+m_i}{k}}$

$$T^2==\frac{4\pi^2}{k}(m_1+m_0+m_i) \tag{3-2-6}$$

实验操作

1. 观察简谐振动周期与振幅的关系并测定周期

(1)接通气源和 MUJ-5B 计时计数测速仪电源,熟悉 MUJ – 5B 计时计数测速仪面板上各键的功能及使用方法。气垫导轨、气源、计时计数测速仪连接如图 3-2-4 所示。

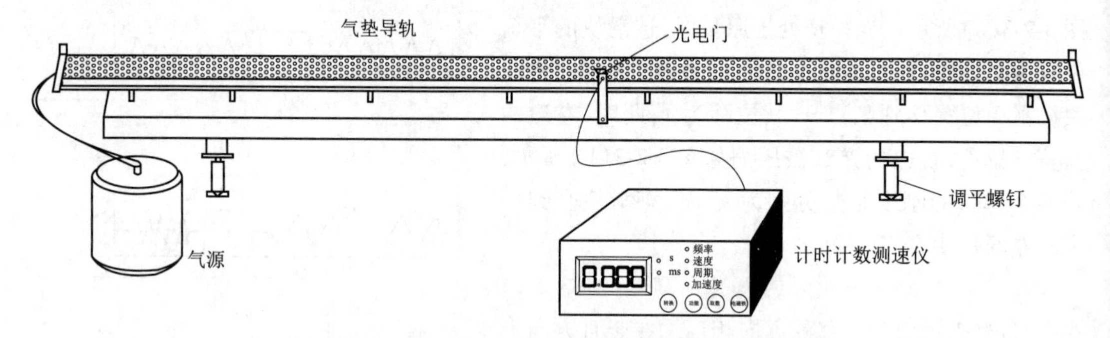

图 3-2-4　气垫导轨、气源、计时计数测速仪连接示意图

(2)打开气源电源开关,把滑块置于气轨上并将气垫导轨调水平。

(3)将弹簧连于滑块和气轨之间。使滑块离开平衡位置后,观察其振动情况。

(4)打开 MUJ-5B 计时计数测速仪电源开关,按功能键选择测周期功能,按功能键即可开始测量,当显示屏上显示值为 5 时按转换键停止测量,1 s 后显示屏上显示数值即为 5 个周期值。

(5)将滑块的振幅依次取 5 cm、10 cm、15 cm、20 cm、25 cm,分别测其振动 5 个周期的时间。每个振幅测三次,填入表 3-2-1。

2. 观察简谐振动周期 T 与 m 的关系并测定弹簧的刚度系数和弹簧的等效质量

(1)设定测量 10 个周期。打开 MUJ-5B 计时计数测速仪电源开关,按功能键选择测周期功能。之后一直按下转换键,直到显示屏上数字从 1 增加到 10。

(2)测振动 10 个周期。当滑块在导轨上振动后,按功能键即可开始测量,每过一个周期,显示屏上显示数字减少 1,10 个周期之后显示屏上显示出 10 周期公用的时间值。按取数键可依次显示每一个周期所用时间值。

(3)在滑块上依次加 50 g、100 g、150 g、200 g、250 g 的条形砝码,测出不同质量下振动 10 个周期时间,每个质量测三次,填入表 3-2-2。求出一个振动周期的平均值值。其周期的平方可表示为

$$T^2 =_i = \frac{4\pi^2}{k}(m_1 + m_0 + m_i) \quad (i=0,1,2,3,4,5) \tag{3-2-7}$$

式中,m_1 为滑块质量;m_0 为弹簧等效质量;m_i 为所加砝码质量。

(4)用天平称出滑块的质量(或给出 m_1)。

注意事项

(1)实验过程中,振幅不要太大,以免损坏振动系统。

(2)小心使用滑块,避免掉到地面上损坏滑块。

(3)不要把两个弹簧拉长后和在一起,以避免损坏弹簧。

数据处理与要求

表 3-2-1　测简谐振动周期数据表

振幅/cm	$5T$/s			平均值 $\overline{T}$/ s
	1	2	3	
$A_1=5.00$				
$A_2=10.00$				
$A_3=15.00$				
$A_4=20.00$				

表 3-2-2　测弹簧刚度系数和等效质量数据表

砝码质量 m_i/g	$10\ T$/s			$\overline{T}$/s
	1	2	3	
0				
50				

续上表

砝码质量 m_i/g	10 T/s			$\overline{T}$/s
	1	2	3	
100				
150				
200				
250				

1. 测定周期,求出振动系统的周期平均值,并分析振动的情况。

2. 用逐差法进行数据处理,测定弹簧的刚度系数和等效质量 m_0。

3. 用作图法进行数据处理,在直角坐标纸上以 m_i 为横坐标,以 T^2 为纵坐标作图,根据拟合直线的斜率和截距求出 k 和 m_0 的值。

*4. 用 Origin 数据处理软件对所测数据进行处理,确定该直线方程,利用直线斜率和截距计算出弹簧的刚度系数和等效质量,并描绘出 T^2-m_i 直线。

思考与练习

1. 仔细观察滑块的振幅有无衰减,分析其原因。

2. 弹簧振动时的等效质量并不等于弹簧的全部质量,为什么?

3.3 用模拟法测量静电场实验

用一般仪表直接测量带电体在空间形成的静电场是非常困难的。因为仪器的探针一旦引入静电场,将在探针上产生感应电荷,这些电荷又产生电场,使原静电场改变,这种现象也称静电场的畸变。为了解决这个问题,可以采用静电仪表进行测量。人们通常也采用电流场模拟静电场的方法进行测量。因为电流场很容易测量。用电流场模拟静电场是研究静电电场最简单的方法之一。

之所以能够使用静电场模拟稳恒电流场,是因为两者之间在一定条件下具有相似的空间分布,也就是说静电场的电力线和等势线与稳恒电流场的电流密度矢量和等位线具有相似的分布,所以测定出稳恒电流场的电位分布也就求得了静电场的电场分布。

实验目的

1. 学习用模拟法测量电场分布的原理和方法,了解模拟的概念和使用模拟法的条件。

2. 测定给定电极间的电场分布。

3. 加深对电场强度和电位概念的理解。

实验仪器

GVZ-3 型导电微晶静电场描绘仪、导线、探针等。

实验原理

一、用电流场模拟静电场

电流场和静电场是两种性质完全不同的场,为什么可以用前者来模拟后者呢?我们首先要明确模拟法的基本思想。

仿造另一个场(称模拟场),使它与原来的静电场完全一样,当探针伸入模拟场进行测量时,原来的场不受干扰,而电流场恰好满足这个基本思想。

(1)静电场和电流场规律在形式上的相似性。静电场的基本规律有高斯定律、拉普拉斯方程等,对稳恒电流场也适用,所以两种情况下的电场分布是等同的,知道了其中一个场的电场分布情况就可以代替另一个电场。因此,对容易测量的电流场进行研究,来代替不易测量的静电场进行研究。

(2)电位的相似性。虽说两种场不同,但对两个场都引入了电位的概念。如果某一静电场是由几个带电体组所产生的,每个带电体的位置形状以及电位 $V_1,V_2,\cdots$均已知。,如图 3-3-1 所示。那么可以把同样形状的良导体,按同样的位置放在电介质中,使它们的电位也为 $V_1,V_2,\cdots$,如图 3-3-2 所示。这样得到电流场内任意一点 P'的直流电位 V',跟静电场中对应点 P 的静电电位 V 完全一样,而直流电位很容易用伏特计测出,对应的静电场电位也就确定了。

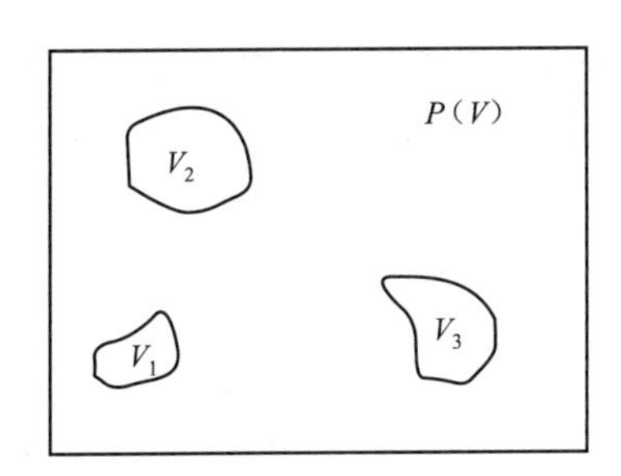

图 3-3-1　静电场示意图

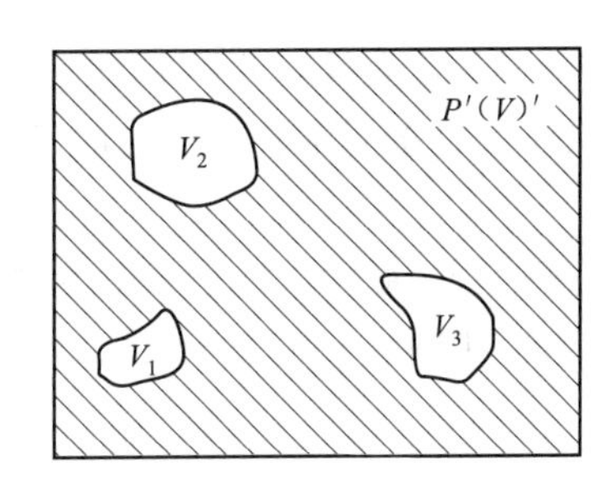

图 3-3-2　电流场示意图

(3)电流线与电力线的相似性。当把同样电极放在导电介质上的同样位置上,加上相应的电压时,则导电介质中各点有相应的电流流过,每一点的电流密度 j 与该点的电场强度成正比,且方向相同,即遵守欧姆定律的微分形式

$$j=\sigma E$$

式中,E 是电介质内的电场强度;σ 是电介质的电导率,其倒数 ρ 称为电阻率。

于是,在此电介质中,由于电荷运动所形成的稳恒电流线与上述电场中的电力线就有相似的形状。因此,可由电流线的分布来模拟电力线。采用稳恒电流场模拟静电场是需要一定条件的,即:

(1)电流场中导电介质分布,必须与静电场介质分布相对应。若模拟真空场,则模拟场的电介质必须均匀。

(2)要模拟的静电场中的导体如果表面是等位面,则电流中的导体也应是等位面,这就要求采用良导体制作电极,而且导电介质的电导率不宜太大。若太大就会造成在良导体的电极上有分压,而良导体表面不再是等位面。

(3)测量导电介质中的电位时,必须保证探针支路中无电流流过,以保证电流场不发生畸变。

2. 同轴电缆中的电场分布

如图3-3-3(a)所示,在真空中有一个半径为 $r_1=a$ 的长圆柱体 A(A 是导体)和一个半径为 $r_2=b$ 的长圆筒导体 B(同轴电缆),它们中心轴重合,设电极上电位分别为 $U_A=U_0$(接地),带等量异号电荷,则在两个电场间产生静电场。

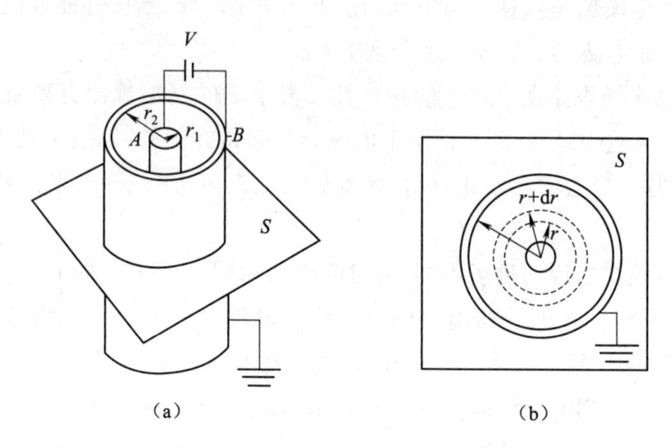

图3-3-3 同轴电缆中电场分布图

由于电力线与等位面具有对称性,在垂直于轴线的任一截面 S 内有均匀分布的辐射状电力线,电场的等位面是许多同轴管状面构成,等位面与电力线正交,共同组成一幅形象的电场分布图。

取同轴电缆的任一截面进行分析,由对称性可找到整个电场的分布情况。如图3-3-3(b)所示,根据高斯定理,距轴线 r 点处的场强为

$$E=\frac{k}{r}\quad(a<r<b) \tag{3-3-1}$$

式中,$k=\dfrac{\lambda}{2\pi\varepsilon_0}$,$k$ 与圆柱体线电荷密度 λ 有关。

根据电场中某两点之间的电位差公式 $U_{AB}=V_A-V_B=\int_{r_A}^{r_B}\boldsymbol{E}\cdot d\boldsymbol{r}$,得

$$U_{r=a}-U_{r=b}=\frac{\lambda}{2\pi\varepsilon_0}\int_a^b\frac{1}{r}\mathrm{d}\boldsymbol{r}=\frac{\lambda}{2\pi\varepsilon_0}\ln\frac{b}{a}$$

把边界条件 $U_{r=a}=U_0$,$U_{r=b}=0$ 带入上式

$$U_0=\frac{\lambda}{2\pi\varepsilon_0}\ln\frac{b}{a} \tag{3-3-2}$$

同理,对于电场中任意点的电位 U,应有

$$U_r=\frac{\lambda}{2\pi\varepsilon_0}\ln\frac{b}{r} \tag{3-3-3}$$

上面两式相比得

$$U_r=U_0\frac{\ln\dfrac{b}{r}}{\ln\dfrac{b}{a}} \tag{3-3-4}$$

实验操作

1. 连接并调好仪器

(1)按图 3-3-4 及图 3-3-5 所示接好电路。

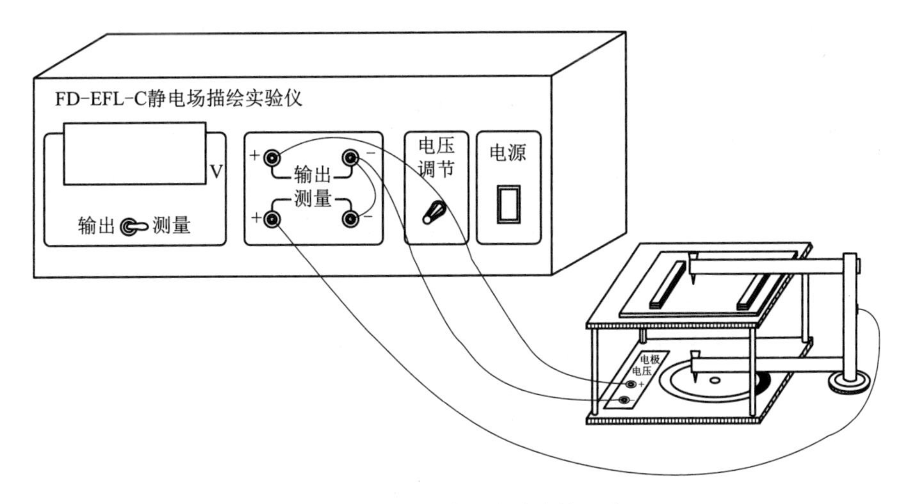

图 3-3-4　静电场描绘线路连接示意图

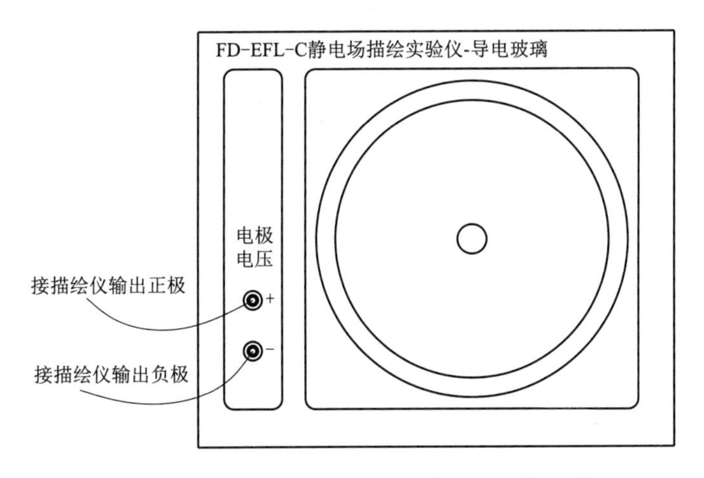

图 3-3-5　静电场描绘仪导电玻璃板线路连接示意图

(2)将电源电压调为 U_0 =10 V,从电压 U=1 V 开始打点,点间隔约 0.5 cm,点打得密一些,以方便描线。然后分别打出 U=2 V、4 V 的一系列点。

2. 画等位线与电力线

(1)用圆滑曲线连接相同电位点,描绘出等位线。

(2)根据正交原理画出电力线。

(3)分别对 U=1 V,2 V,4 V 等位线所构成的圆的直径进行测量。为了尽量多地体现形成圆形各点的作用效果,测量时,需要在整个圆周有代表性的多个不同位置进行测量,测五次直径并求出半径,将数值填入表 3-3-1 中,并计算平均值。

注意事项

1. 移动探针时，不要把导电涂层划坏。
2. 打点完毕，让老师检查无误后再卸下描点纸。

数据处理与要求

表 3-3-1　同轴电缆间电位分布数据表

$U_{实}$/V	r/cm					
	r_1	r_2	r_3	r_4	r_5	$\bar{r}$
1.00						
2.00						
4.00						

利用同轴电缆电位公式 $U_r = U_0 \dfrac{\ln \dfrac{b}{\bar{r}}}{\ln \dfrac{b}{a}}$ 计算出各个等位线的电位值，将得到的值与实验值进行比较，计算它们的相对误差。要有详细计算过程。公式中 $a = 0.50$ cm，$b = 7.50$ cm，$U_0 = 10$ V。

思考与练习

1. 电力线与等位面（线）之间具有什么关系？等位面（线）密处场强如何？等位面（线）疏处场强又如何？
2. 电流场模拟静电场需要满足的条件是什么？
3. 对聚焦电场描绘出的电力线、电位线进行分析，为何在这种电极情况下对电荷有聚焦作用？

3.4　牛顿环实验

光是一种电磁波，不但具有波动性，还具有粒子性，称为光的波粒二相性。在与物质相互作用时，粒子性明显，光电效应就揭示了光的微粒本性；而在传播过程中光的波动性明显，干涉、衍射和偏振都是光的波动性的主要特征。本实验中将重点学习光的干涉。

光的干涉在科学研究和工程技术上有着广泛的应用，如测量光的波长、微小长度及微小长度变化，检验工件表面的光洁度等，以及根据不同要求，设计出不同式样的干涉器具，牛顿环就是其中之一，它就是利用光的干涉现象测量平凸透镜的曲率半径。

实验目的

1. 观察等厚干涉现象，加深对光的波动性认识。
2. 掌握利用牛顿环测平凸透镜曲率半径的方法。
3. 利用干涉图样判断平凸玻璃的平面与凸面。

实验仪器

读数显微镜、牛顿环、钠光灯源、平凸玻璃等。

实验原理

由光波的叠加原理可知，当两列振动方向相同、频率相同而相位差保持恒定的单色光叠加后，光的强度在叠加区的分布是不均匀的，而是在有些地方呈现极大，另一些地方呈现极小，这种在叠加区出现的稳定强度分布现象称为光的干涉。要产生光的干涉现象，应满足上述三个条件，满足这三个条件的光波称为相干光。获得相干光的办法往往是把由同一光源发出的光分成两束。一般有两种方法：一种是分波振面法；一种是分振幅法。分波振面法是将同一波振面上的光波分离出两部分，同一波振面的各个部分有相同的相位，这些被分离出的部分波振面可作为初相相位相同的光源，这些光源的相位差是恒定的，因此在两束光叠加区可以产生干涉。双缝干涉、双棱镜干涉等属于此类。分振幅法是利用透明薄膜的两个表面对入射光的依次反射，将入射光分割为两部分，这两束光叠加而产生干涉。劈尖、牛顿环的干涉等属于此类。下面介绍牛顿环的干涉原理。

如图 3-4-1 所示，将一块曲率较大的平凸透镜的凸面放在一平面玻璃上，组成一个牛顿环装置，在透镜的凸面与平面玻璃片上表面间，构成了一个空气薄层，在以接触点 O 为中心的任一圆周上的各点，薄空气层厚度都相等。因而，当波长为 λ 的单色光垂直入射时，经空气薄层上、下表面反射的两束相干光干涉所形成的干涉图像应是中心为暗斑的、非等间距的、明暗相间的同心圆环，此圆环被称为牛顿环。

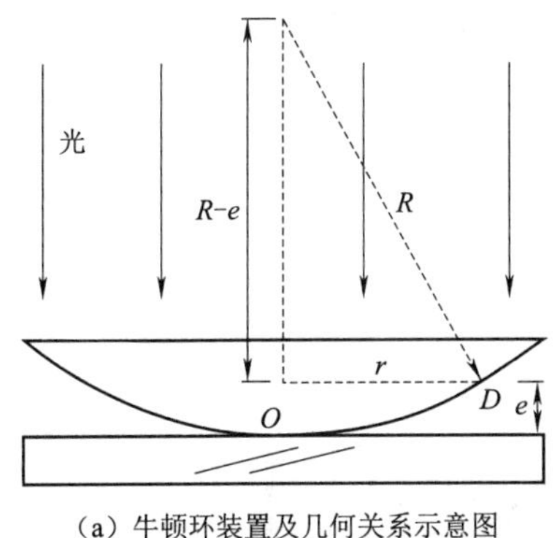

（a）牛顿环装置及几何关系示意图

（b）牛顿环干涉图样

图 3-4-1　牛顿环

设平凸透镜的曲率半径为 R，距接触点 O 半径为 r 的圆周上一点 D 处的空气层厚度为 e，对应于 D 点产生干涉形成暗纹的条件为

$$2e + \frac{\lambda}{2} = (2k+1)\frac{\lambda}{2} \quad (k = 0,1,2,\cdots) \tag{3-4-1}$$

由图 3-4-1(a) 所示的几何关系可看出

$$R^2 = r^2 + (R-e)^2 = r^2 + R^2 - 2Re + e^2 \tag{3-4-2}$$

因 $R \gg e$，式(3-4-2)中的 e^2 项可略去，所以

$$e = \frac{r^2}{2R} \tag{3-4-3}$$

将 e 值代入式(3-4-3)化简得

$$r^2 = k\lambda R \tag{3-4-4}$$

由式(3-4-4)可知,如果已知单色光的波长 λ ,又能测出各暗环的半径 r_k ,就可以算出曲率半径 R 。反之,如果已知 R ,测出 r_k 后,原则上就可以算出单色光的波长 λ 。

由于牛顿环的级数 k 和环的中心不易确定,因而不利用式(3-4-4)来测定 R 。在实际测量中,常常将式(3-4-4)变成如下的形式

$$R = \frac{D_m^2 - D_n^2}{4(m-n)\lambda} \tag{3-4-5}$$

式中, D_m 和 D_n 分别为第 m 级和第 n 级暗环的直径(见图 3-4-2)。从式(3-4-5)可知,只要数出所测各环的环数差 $m - n$,而无须确定各环的级数。而且可以证明,直径的平方差等于弦的平方差,因此就可以不必确定圆环的中心,从而避免了在实验过程中所遇到的圆心不易确定的困难。

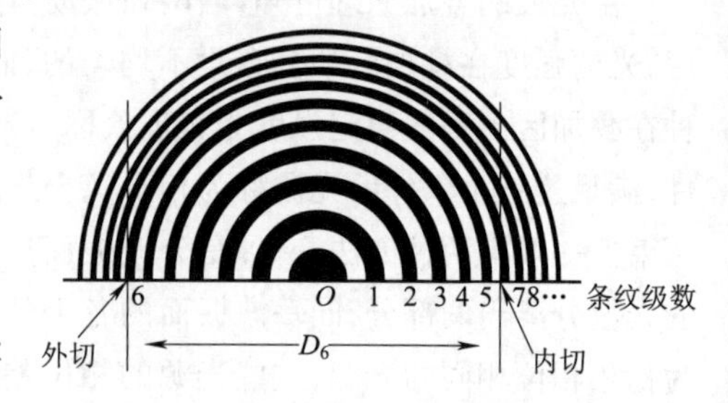

图 3-4-2 暗环环数及直径测量示意图

实验操作

1. 调节并观察牛顿环

(1)观察牛顿环的干涉条纹,调节牛顿环的三个螺钉,使干涉条纹处于牛顿环仪的中央位置。

(2)按图 3-4-3 放好实验仪器,将读数显微镜对准牛顿环仪的中央,使钠光灯(图 3-4-3 中元件 11)发出的单色光经 45°玻璃片(图 3-4-3 中元件 9)反射后,垂直入射到牛顿环(图 3-4-3 中元件 10)上。

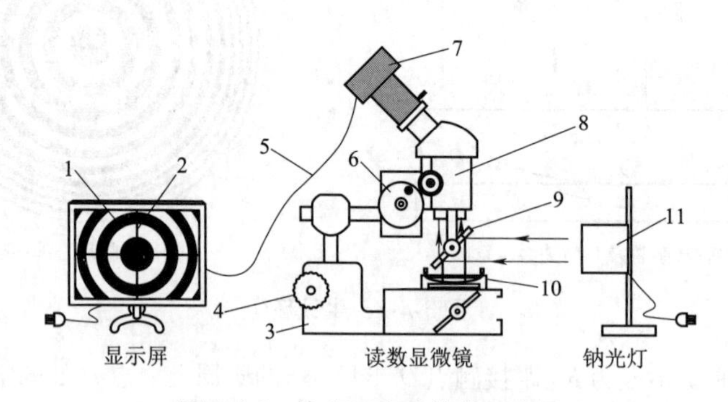

图 3-4-3 牛顿环实验仪器示意图

1—显示屏;2—十字叉丝;3—显微镜镜座;4—镜体高低调节旋钮;5—传输线;6—旋转鼓轮;7—电子目镜;8—镜筒;9—玻璃片;10—牛顿环仪;11—钠光灯

(3)调节读数显微镜目镜(见图 3-4-4)及物镜高度,直到显示屏上能看清干涉条纹和十字叉丝为止。

(4)观察牛顿环暗环环数及直径(见图 3-4-2)。

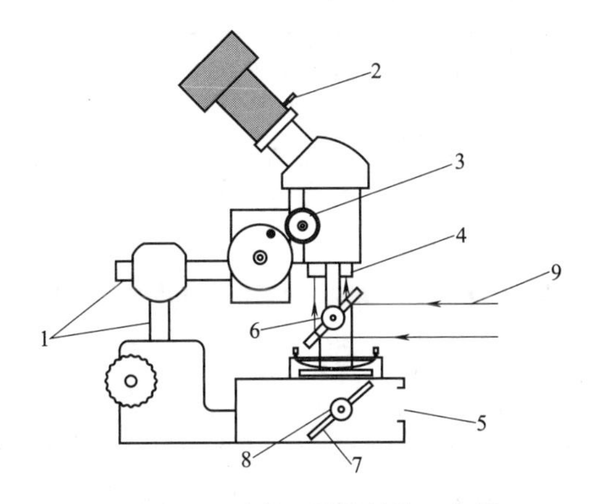

图 3-4-4 读数显微镜结构示意图

1—镜体高低前后调节杆;2—电子目镜调节螺钉;3—物镜高低调节旋钮;4—目镜;
5—通光孔;6—玻璃片角度调节钮;7—反光镜片;8—反光镜片角度调节钮;9—光线

2. 测牛顿环直径

(1)使读数显微镜十字叉丝交点与牛顿环中心大致重合,并使十字叉丝中的一条与标尺平行(见图 3-4-5)。

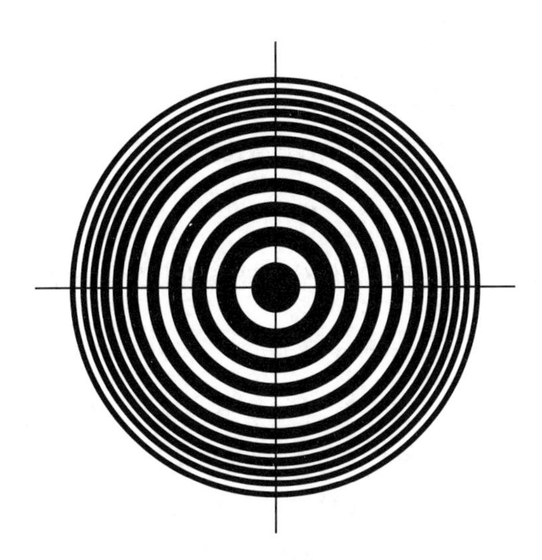

图 3-4-5 牛顿环测量调节结果示意图

(2)转动测微鼓轮,先使镜筒向左移动,顺序数到超过所要记录的最大环数 20 环,再反向倒转到 $m = 20$ 环,使叉丝与环的外侧相切,如图 3-4-6 所示,记录读数。然后继续转动鼓轮,使十字叉丝依次与 19、18、17、16 环和 10、9、8、7、6 环外侧相切,顺次记下读数。再继续转动测微鼓轮,使十字叉丝依次与圆心右方的 6、7、8、9、10 环和 16、17、18、19、20 环的内侧相切,顺次记录下各环的读数。注意在测量时,测微鼓轮应沿一个方向旋转,中途不得反转,以免旋转空程引起错误。

读数显微镜的标尺原理即螺旋测微器的原理,分成水平标尺和鼓轮两个部分。鼓轮转动一圈(100 个格),水平标尺变化一个刻度(即 1 mm),所以鼓轮上一个格子代表的长度为 0.01 mm,鼓轮上不足一个格子的部分仍可以估读出一位,即最后读出的数值以 mm 为单位,应该落在小数点后三位。图 3-4-7 中示意的读数为 26.764 mm。

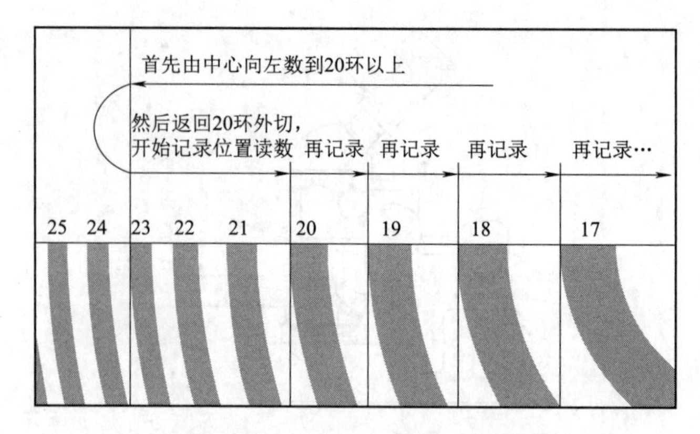

图 3-4-6　牛顿环读数过程示意图

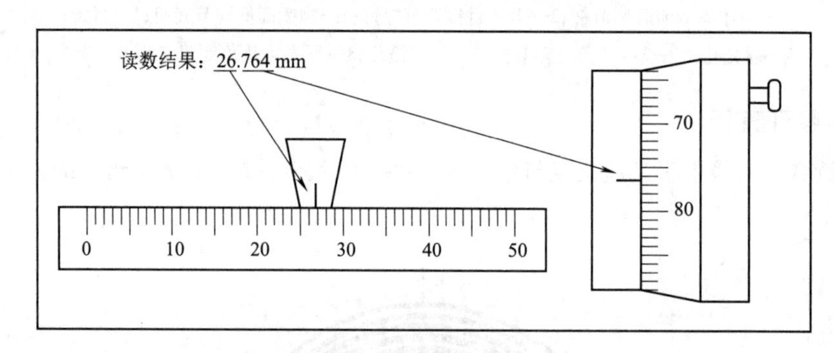

图 3-4-7　读数显微镜读数示意图

3. 观察干涉条纹

观察平凸玻璃的干涉条纹。并根据条纹分辨玻璃的平面与凸面。

注意事项

1. 在自然光下，调节牛顿环的三颗螺钉，把暗点调到牛顿环的中央。
2. 牛顿环的三颗螺钉不要过度拧紧，避免把玻璃压碎，损坏牛顿环。
3. 注意把读数显微镜目镜中的十字叉丝调到水平、铅直状态。
4. 在读数过程中，注意读数显微镜的旋转鼓轮不要倒转。
5. 注意读数的正确性。

数据处理与要求

将实验所测数据填入表 3-4-1 中，$\lambda = 5.893 \times 10^{-4}$ mm，$m - n = 10$。

表 3-4-1　测平凸透镜曲率半径数据表

环数	读数/mm		直径/mm	环数	读数/mm		直径/mm	$(D_m^2 - D_n^2)$/
m	左方	右方	D_m（左方 - 右方）	n	左方	右方	D_n（左方 - 右方）	mm^2
20				10				
19				9				

续上表

环数	读数/mm		直径/mm	环数	读数/mm		直径/mm	$(D_m^2-D_n^2)/$
m	左方	右方	D_m(左方－右方)	n	左方	右方	D_n(左方－右方)	mm^2
18				8				
17				7				
16				6				

计算 $\overline{R}$　　$\overline{R}=\dfrac{\overline{D_m^2-D_n^2}}{4(m-n)\lambda}$　　相对误差　　$E_R=\dfrac{\Delta\overline{R}}{\overline{R}}=\dfrac{\Delta\,\overline{(D_m^2-D_n^2)}}{\overline{D_m^2-D_n^2}}$

绝对误差　　$\Delta\overline{R}=E_R\cdot\overline{R}$　　结果表达式　　$\overline{R}\pm\Delta\overline{R}=$________

思考与练习

1. 光产生干涉现象的条件是什么？
2. 牛顿环是由什么干涉产生的条纹？
3. 如图3-4-8所示，取两块光学平面玻璃板A和B，使其一端相接触，另一端插入一薄片C(头发丝或纸条)。这样在两块玻璃板之间形成了一个空气劈尖。

当用平行单色光垂直照射时，由空气劈尖上表面反射的光束1和下表面反射光束2，在劈尖的上表面T处相遇发生干涉，呈现出一组与两块玻璃板的交线相平行、且等间隔，明暗相间的干涉条纹，这是一种等厚干涉条纹，如何利用干涉条纹来测量细丝的直径？(可查阅有关资料)

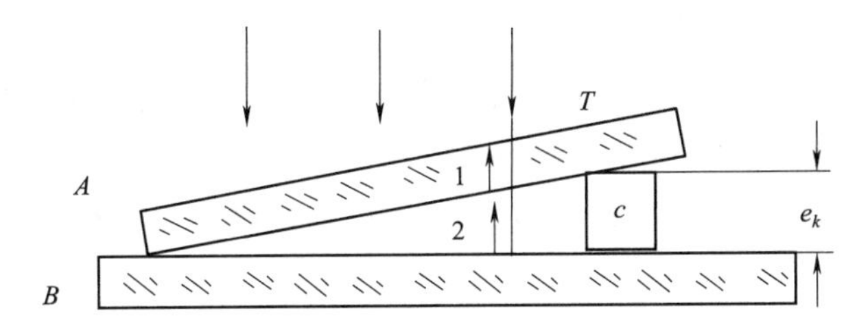

图3-4-8　劈尖干涉装置

3.5　测量钢丝的杨氏模量实验

在材料力学实验中，需要进行各种材料的力学性质的实验。拉伸实验是一个简单但又很典型的实验。得出的拉伸曲线可以说明材料的应力和应变之间的关系。材料受外力作用时要发生形变，弹性模量(又称杨氏模量)是衡量材料受力后变形能力大小的参数之一，或者说是描述材料抵抗弹性形变能力的一个重要的物理量。它是生产、科研中选择合适材料的重要依据，也是工程技术设计中常用的参数。

本实验采用静态拉伸法测定钢丝的杨氏模量。由于钢丝的改变量很小，测量中采用了光杠杆，它是一种应用光学转换放大原理测量微小长度变化的装置，它的特点是直观、简便、精度高，工程测量中常被采用。实验中还涉及不同度量的测量，并使用了不同的测量工具，该实验是力学测量中最基本的实验之一。

虽然利用静态法测量杨氏模量直观、简便、精度高,但是由于测量过程是由人工加载力,因此加载速度慢,存在弛豫过程,不能真正反映材料内部结构的变化。这种方法也不适合于测量脆性材料,更不能测量不同温度下的杨氏模量。为了解决这一问题,可以采用动态法(或称共振法)测量杨氏模量。

杨氏模量 E 是描述弹性体材料受力后形变大小的参数,E 越大,使材料发生一定的弹性形变所需的应力越大,或在一定的应力作用下所产生的弹性形变越小。杨氏模量 E 与外力 F、物体的长度 L 和横截面积 S 的大小无关,而只取决于材料本身,它的大小反映了材料抵抗弹性形变能力的大小。此实验的关键是物体的伸长(或缩短)量 ΔL 的测量。

实验目的

1. 学会用光杠杆法测量微小长度变化的原理和调节方法。
2. 学会用拉伸法测量金属丝的杨氏模量。
3. 练习用逐差法以及作图法(选做)处理数据。

实验仪器

杨氏模量测定仪(包括测量架、砝码、光杠杆及望远镜尺组)、螺旋测微计、钢卷尺、待测金属丝。

实验原理

固体材料在外力作用下都要发生形变,最简单的形变是棒状物体受外力后的伸长或缩短。设有一物体长为 L,横截面积为 S,沿长度方向受到力 ΔF 后,物体的伸长(或缩短)量为 ΔL。根据胡克定律,在弹性形变的限度内,物体的拉伸应力(胁强)F/S 与拉伸应变(胁变)$\Delta L/L$ 成正比,即有

$$\frac{\Delta F}{S}=E\frac{\Delta L}{L}$$

式中,E 为该材料的杨氏弹性模量。实验证明,杨氏弹性模量 E 与外力 ΔF、物体的长度 L 和横截面积 S 的大小无关,而只决定于物体的性质。在国际单位制 SI 中 E 的单位为 $\mathrm{N\cdot m^{-2}}$。对直径为 d 的金属丝,其横截面积为 $s=\frac{1}{4}\pi d^2$,代入上式可得

$$E=\frac{4\Delta F\cdot L}{\pi\cdot d^2\cdot\Delta L} \tag{3-5-1}$$

式中,F、d、L 都较易测量,而 ΔL 是一个微小的长度变化量,无法用普通量具直接测量,本实验采用光学放大法,即用光杠杆原理间接进行测量。

杨氏模量测量装置如图 3-5-1 所示,是由支架、光杠杆、望远镜 T 和读数标尺 W 所组成。光杠杆的平面反射镜 M 到标尺 W 的水平距离为 D,光杠杆后足到两前足中心的距离为 l。被测金属丝上端固定在支架顶部的夹头上,下端连接砝码托,中间固定在一小圆柱形夹头上,此圆柱形夹头放在支架工作平台的圆孔中,并可在圆孔中上下自由滑动。一个直立的平面放射镜 M 装在

三角形支架上成为光杠杆,光杠杆的三个足尖成等腰三角形。使用时两前足尖放在支架中间平台的凹槽内,后足尖放在夹金属丝的圆柱形夹头上。在反射镜前1.5～2 m处放有另一支架,其上安有望远镜和竖直标尺,从望远镜中同时能看到望远镜的基准叉丝线和标尺的清晰像,从而可读出叉丝线在标尺像上的位置。

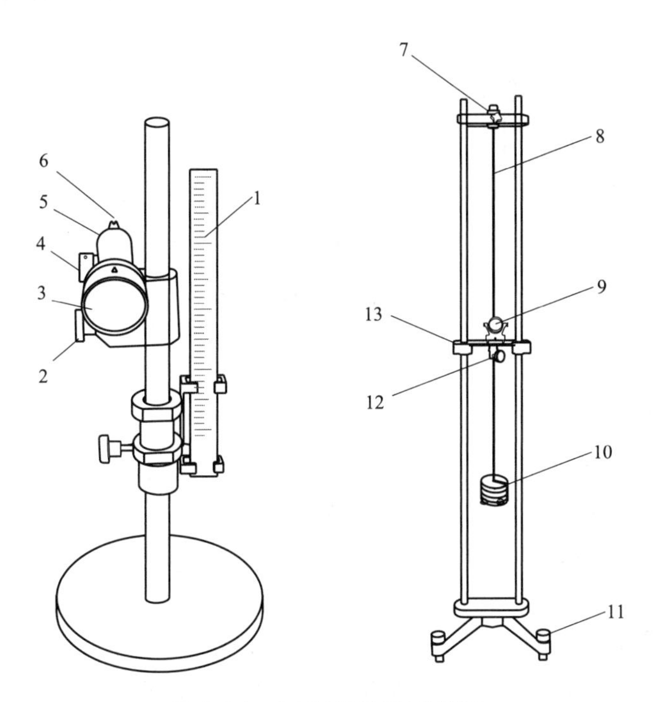

图3-5-1　杨氏模量测量装置图

1—标尺;2—锁紧手轮;3—内调焦望远镜;4—调焦手轮;5—目镜;6—准星;
7—钢丝上夹头;8—钢丝;9—光杠杆;10—砝码;11—支架调平螺钉;
12—钢丝下夹头;13—工作平台

当钢丝下端砝码重量改变前,光杠杆和标尺平行,望远镜叉丝对准标尺经平面镜M反射回的刻度值为P;当钢丝下端增加拉力ΔF后,使钢丝伸长ΔL,夹紧钢丝的圆柱形夹头下降,光杠杆的后足随之下降,平面反射镜M以光杠杆两前足为轴转过一微小角度θ,根据光的反射定律,反射线将旋转2θ,这时望远镜叉丝对准标尺的刻度值为Q,标尺上刻度值改变量$\Delta x = PQ$。由于ΔL很小,因此反射镜M偏转角也极微小。

如图3-5-2所示,$\tan\theta = \dfrac{\Delta L}{I} \approx \theta$,$\tan 2\theta = \dfrac{\Delta x}{D} \approx 2\theta$,则

$$\frac{\Delta L}{I} = \frac{\Delta x}{2D}$$

$$\Delta L = \frac{I}{2D}\Delta x \tag{3-5-2}$$

将式(3-5-2)代入式(3-5-1)得

$$E = \frac{8DL}{\pi d^2 I} \cdot \frac{\Delta F}{\Delta x} \tag{3-5-3}$$

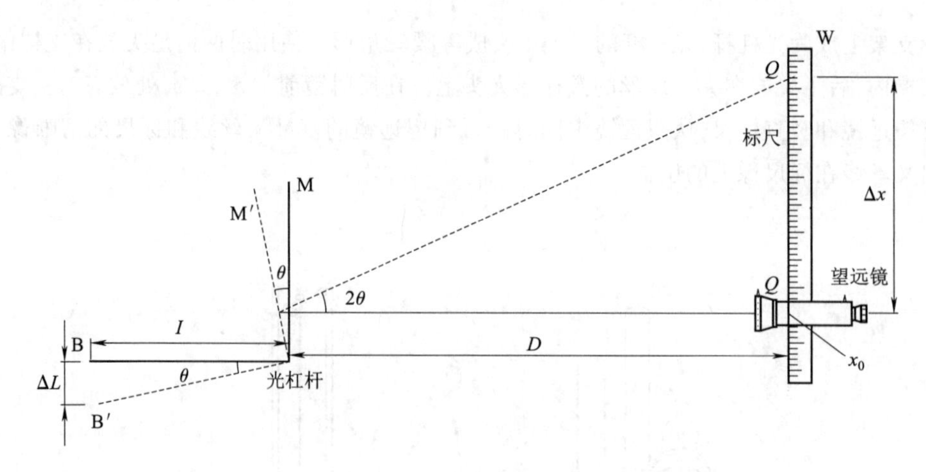

图 3-5-2 光杠杆原理图

实验操作

1. 调节仪器到位

(1)调支架铅直。在砝码托上加一至两个砝码(此砝码不计入作用力 ΔF 内),使钢丝拉直。

(2)将光杠杆两前足放在支架中间工作平台的凹槽内,后足放在夹紧钢丝的圆柱形夹头上。反射镜镜面竖直。

(3)将望远镜置于光杠杆前 1.5 ~2 m 处,微调反射镜镜面,使之与尺平行,将眼睛位于望远镜上方,顺着镜筒方向,通过准星调整望远镜的高度,或左右移动望远镜底座,使望远镜镜筒上方的准星、缺口与反射镜中标尺的像在一条直线上。

(4)调节目镜焦距使十字叉丝清晰。然后调节物镜焦距在目镜中调出反射镜的像,稍动望远镜底座和微调俯仰螺钉,使反射镜的像在目镜视野中央。进一步调节物镜焦距使目镜视野中出现标尺清晰的像,此时十字叉丝水平线对准的标尺刻度值为 x_0。稍调反射镜的倾角或标尺的高度或微调俯仰螺丝,使 x_0 为尺上黑色刻度而且是稍大于零的值。

2. 测量数据

(1)先记下十字叉丝长横线对应的标尺读数初始值 x_0,依次在砝码托上增加 1 kg 的砝码共增加 5 个砝码,砝码缺口要错落放置,从望远镜中观察标尺读数,逐次记下相应的读数 x_1, x_2, x_3, x_4, x_5。然后依次取下 1 kg 砝码,记下相应的读数 x_4, x_3, x_2, x_1, x_0。求出同样砝码对应的平均读数$\overline{x}_i$($i=0,1,2,3,4,5$),填入表 3-5-1。

(2)用卷尺量出反射镜面(反射镜两个前脚所在的槽)到标尺的距离 D,用钢板尺量出紧固钢丝的两个螺丝的中心间的距离 L。在纸上印出平面反射镜三个足尖痕迹,测出后足尖到两个前足尖连线的垂直距离 I。用千分尺在钢丝上不同位置测直径 d 共 5 次,求出平均值,填入表 3-5-2。

注意事项

1. 实验过程中,加减砝码时,一定要轻拿轻放,避免振动对测量造成大的影响。

2. 注意光杠杆支架的保护,避免掉落地上损坏平面镜。

数据处理与要求

表 3-5-1　测钢丝伸长量数据表

增加拉力 ΔF/N	加砝码时 x_i/cm	减砝码时 x_i/cm	平均值$\overline{x_i}$/cm
0			
1×9.8			
2×9.8			
3×9.8			
4×9.8			
5×9.8			

表 3-5-2　钢丝直径及长度等测量数据表

不同位置测钢丝直径 d/mm						D/cm	l/cm	L/cm
1	2	3	4	5	$\overline{d}$			

1. 用逐差法处理数据(见表 3-5-1),求出钢丝的杨氏模量 E_1,式(3-5-3)中 Δx 值代$\overline{x_i}$,ΔF 取 9.8×3 N。

2. 以拉力改变量 ΔF 为纵坐标,以标尺读数改变量 Δx($\Delta x = x_i - x_0$)为横坐标作图,求出斜率代入式(3-5-3),求出 E_2。

3. 以普通钢丝杨氏模量 $E_0 = 2.00 \times 10^{11}$ N/m^2 为公认值,分别计算 E_1、E_2 的相对误差 E_{E1}、E_{E2}。

4. 练习用 Origin 或 Excel 数据处理软件对所测数据进行直线拟合,确定该直线方程,利用直线斜率计算出钢丝的杨氏模量 E_3,并画出以 Δx 为横坐标、ΔF 为纵坐标的相应图形(表示可选作内容)。

思考与练习

1. 若标尺不垂直于望远镜镜筒轴,或镜筒轴不垂直于光杠杆镜面,这时实验结果有何不同?
2. 材料相同,但粗细、长度不同的两根钢丝,它们的杨氏模量是否相同?
3. 实验中的几个长度测量采用不同的仪器,为什么这样安排?实验中哪个量的测量误差对结果影响较大?如何进一步改进?
4. 光杠杆有何优点?怎样提高光杠杆测量微小长度变化的灵敏度?
5. 为什么用逐差法处理本实验数据能减小测量的相对误差?

3.6　用电位差计测量电动势实验

直流电位差计是用补偿法和比较法进行测量的一种仪器。它不但能用来精确测量电动势、电压、电流和电阻等,还可用来校准精密电表,在非电量的测量仪器及自动测量和控制系统中应用也很广泛。

本实验用补偿法测量电源的电动势,该方法的特点是测量时测量装置与被测电动势之间不发生能量交换,不破坏被测电动势的原始工作状态,是一种高精度的测量技术,常和比较法、平衡法一起使用。实验中的补偿电路是由稳压电源(3 V)、电阻箱(20 Ω)、电阻丝(11 线电位差计)构成,电阻丝上某两点间的电压用来补偿待测电动势或标准电动势。

实验目的

1. 熟悉电位差计的基本原理,掌握使用电位差计的基本方法。
2. 学会用 11 线电位差计测量电池的电动势。

实验仪器

一、仪器名称

11 线电位差计、标准电池、电阻箱、检流计、待测电池、稳压电源等。

二、主要实验仪器介绍

标准电池是用来当作电动势标准的一种原电池,实验室常用的饱和式标准电池亦称“国际标准电池”,它具有如下特点:

(1)电动势恒定,实验中随时间变化很小。

(2)电动势因温度的改变而产生的变化可用下面的经验公式进行计算:

$$E_t \approx E_{20} - 0.000\,04(t-20) + 0.000\,001(t-20)^2$$

式中,E_t 表示室温 t ℃时标准电池的电动势值;E_{20} 表示室温 20 ℃时标准电池的电动势值,E_{20} = 1.018 6 V。

(3)标准电池的内阻随时间保持相当大的稳定性。

使用标准电池要特别注意下列事项:

(1)从标准电池取用的电流不得超过 1 μA。因此,不许用一般的伏特计(如万用表)测量标准电池电压。使用标准电池的时间要尽可能短。

(2)防止标准电池两极短路或极性接反等错误动作。

(3)决不能将标准电池当一般电源使用。

实验原理

测量电池的电动势时,将电压表并联到电池两端,此时有电流通过电池内部,由于电池内部有电阻 r,在电池内部不可避免地存在电位降落 Ir,因而电压表指示值只是电池的端电压 U,而电源的电动势为

$$E_x = Ir + U \tag{3-6-1}$$

显然,只有当 $I=0$ 时,电池两端的电压 U 才等于电动势 E_x。利用电位差计可使被测电动势与一已知电压相互补偿,从而能准确测出未知电动势的数值。

图 3-6-1 为电位差计原理图,AB 为粗细均匀的线状电阻,E 为稳压电源,E 和电阻 AB 串联,电路 $EABR_nE$ 称作辅助回路。AB 两端有恒定的电压 U_{AB},回路中有恒定的电流 I_0。若将待测电池 E_x 和检流计 G 串联,接至 C、D 两点,回路 CE_xGDC 就称为补偿回路。当 $U_{AB} > E_x$ 时,调节 C、D 的位置会出现下列三种情形:

(1)$E_x > U_{CD}$,补偿回路中电流顺时针方向流动(指针偏向一侧);

(2)$E_x < U_{CD}$,补偿回路中电流逆时针方向流动(指针偏向另一侧);

(3)$E_x = U_{CD}$,补偿回路中无电流(指针无偏转)。

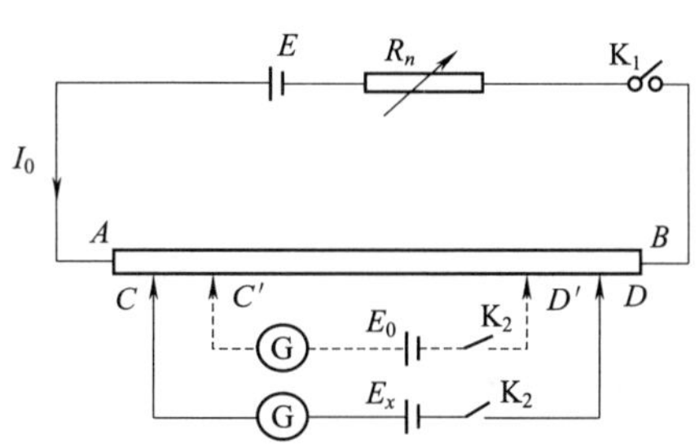

图 3-6-1　补偿法测量原理图

第三种情形称为电位差计平衡或电位差计处于补偿状态。因 AB 是粗细均匀的线状电阻,若其每单位长度上的电阻为 r_0,C、D 间线状电阻长度为 L_x,则待测电动势为

$$E_x = U_{CD} = I_0 r_0 L_x \tag{3-6-2}$$

由于 r_0 是温度的函数,在温度不同的情况下,r_0 值也不同。在同样环境下将限流电阻 R_n 固定不变,也就是保持工作电流 I_0 不变。在同样的条件下,用一个电动势很稳定且准确已知的标准电池 E_0 替换 E_n,适当调节 C、D 位置至 C'、D',同样可使检流计 G 的指针不偏转,达到补偿状态,设此时 C'、D'间线状电阻长度的测量值为 L_0,则

$$E_0 = U_{C'D'} = I_0 r_0 L_0 \tag{3-6-3}$$

将上两式比较后得到

$$E_x = \frac{L_x}{L_0} E_0 \tag{3-6-4}$$

式(3-6-4)表明,待测电池的电动势 E_x 可用标准电池的电动势 E_0 及电位差计处于补偿状态下测得的 L_x 和 L_0 值来确定。

实验操作

1. 把稳压电源 E 输出调到 3 V,电阻箱 R_n 的阻值调到 20 Ω。

2. 按图 3-6-2 所示接好电路,注意 E、E_x、E_0 的极性切勿接错,否则无法补偿。接通检流计电源,打开检流计电源开关,调节零位调节旋钮,使检流计指针指零。然后按下“电计”按钮并旋转一个角度,使检流计常接。

3. 为了延长标准电池的使用寿命,首先测量 L_x,按图示接入 E_x。把滑动开关滑到米尺最右方,按下弹簧片。拿与检流计相连的导线从上到下逐个在接线柱上碰试,找到一米电阻丝,使导线接在这一米两端的接线柱时,检流计指针向两个方向偏转,然后把导线接到较长的一端,这就是 C 点位置。然后把滑动开关逐渐左移,随时按下弹簧片,仔细调节,使检流计指针为零。这时弹簧片与电阻丝接触的位置即是 D 点,

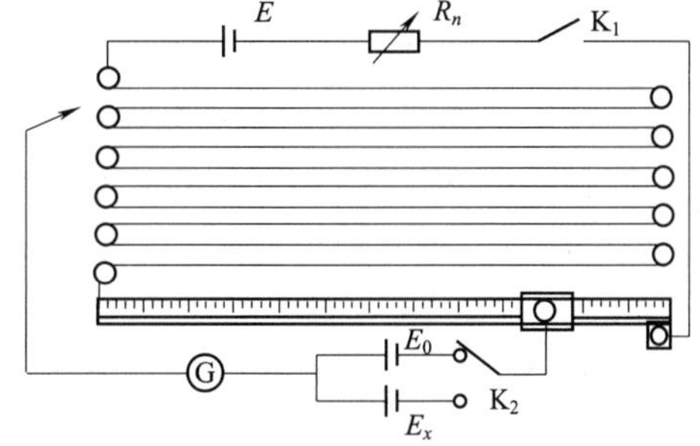

图 3-6-2　11 线电位差计接线图

记下 C、D 两点间的长度 L_x。把滑动开关移开，再回来找到检流计指零的位置，又记录一个 L_x 值，反复测量 5 次填入数据表格。

4. 保持 $R_n=20\ \Omega$ 不变，把 E_0 接入电路，替换下 E_x。先近似估算 L_0 的值（因为待测电池 E_x 在 1.5 V 左右，E_0 在 1.0 V 左右，所以 L_0 大致为 L_x 的 2/3）。此时稳压电源必须开启后，才能把标准电池接入。按调节滑动端 C、D 位置至 C'、D'，使检流计指针为零，记下 C'、D' 两点间的长度 L_0。也反复测量 5 次记录下来，填入表 3-6-1 中。

5. 测量完毕后，把检流计“电计”旋钮旋出，稳压电源输出调为零，关闭它们的电源开关。把所连接的导线拆除，仪器整理整齐。

注意事项

1. 标准电池注意轻拿轻放，避免倾斜或倒置导致其损坏。
2. 实验线路链接时注意正负。

数据处理与要求

$R_n=$ <u>20</u> Ω　　电源电压 = 3 V　　标准电池 $E_0=1.018\ 6$ V

表 3-6-1　电位差计测量电池的电动势实验数据表

次数	L_x/m	L_0/m	E_x/V
1			
2			
3			
4			
5			
平均			

计算 $\Delta\overline{L}_x$ 及 $\Delta\overline{L_0}$　　计算相对误差 $E_{E_x}=\dfrac{\Delta\overline{L}_x}{\overline{L}_x}+\dfrac{\Delta\overline{L}_0}{\overline{L}_0}$

绝对误差 $\Delta\overline{E}_x=\overline{E}_x\cdot E_{E_x}$　　结果表示为 $E_x=\overline{E}_x\pm\Delta\overline{E}_x$

思考与练习

1. 电位差计的定标。把调整工作电流 I 使单位长度电阻丝上电位差为 U_0 的过程称为电位差计定标。为了能相当精确地测量出未知的电动势或电压，一般采用标准电池定标法。实验室常用的标准电动势 $E_0=1.018\ 6$ V，若选定每单位长度(m)电阻丝上的电位差 $U_0=0.200\ 00$ V，把 E_0 和检流计串联后并联到电阻丝某两点间，使两点间的电阻丝的长度为

$$L_0=\frac{E_0}{U_0}=\frac{1.018\ 6}{0.200\ 00}=5.093\ 0(\text{m})$$

然后调整工作电流 I，使电阻丝上两点间的电位差和 E_0 补偿。经这样调节后，每单位长度电阻丝上的电位差就确定为 0.200 00 V，至此定标工作完成。定标后的电位差计可用来测量不超过定标值 U_0 乘以电阻丝长度的电动势(或电压)。

电位差计的定标要注意什么？

2. 要求先测量出 L_x 值，而后测 L_0，目的是什么？

3. 为什么用补偿法测电动势比电压表测得精确？

4. 实验中，E 与 E_x 的大小及极性需满足什么关系？

5. 实验中，标准电池的使用应注意什么？

3.7　用电桥测电阻实验

电桥是一种利用补偿法和比较法进行测量的电学测量仪器。其中心思想是将待测量与标准量进行比较以确定其数值，具有测试灵敏度高和使用方便等优点。电桥不仅可以测量电阻、电容、电感、频率、温度、压力等物理量，而且可以测量生物学中的一些非电量。电桥有交流和直流电桥之分，种类很多。

实验目的

1. 掌握用单臂电桥测电阻的方法及原理。

2. 学会用交换抵消法消除部分仪器误差的原理和方法。

3. 了解双臂电桥测低值电阻的原理和方法（选做）。

实验仪器

滑线式电桥、检流计、电阻箱、稳压电源、待测中值电阻、双臂电桥、待测低值电阻。

实验原理

电阻按阻值的大小来分，大致分为三类：在 10 Ω 以下的为低电阻，在 10 Ω ~ 100 kΩ 之间的为中值电阻，在 100 kΩ 以上的为高值电阻。不同阻值的电阻测量方法也不同。本实验主要介绍用单臂电桥测量中值电阻和用双臂电桥测量低值电阻。

1. 用单臂电桥测量“中值”电阻

单臂电桥线路如图 3-7-1 所示，R_1R_1、R_2、R_3、R_4（或 R_x）为四个电阻，连成四边形，每一边称为电桥的一个臂。对角 A、C 与直流电源相连，对角 B、D 联检流计 G。BD 对角线称为“桥”，它的作用是将 B、D 两点电势进行比较，当 B、D 两点电势相等时，检流计中无电流通过，称电桥平衡，这时 A、B 间电势差等于 A、D 间电势差，即

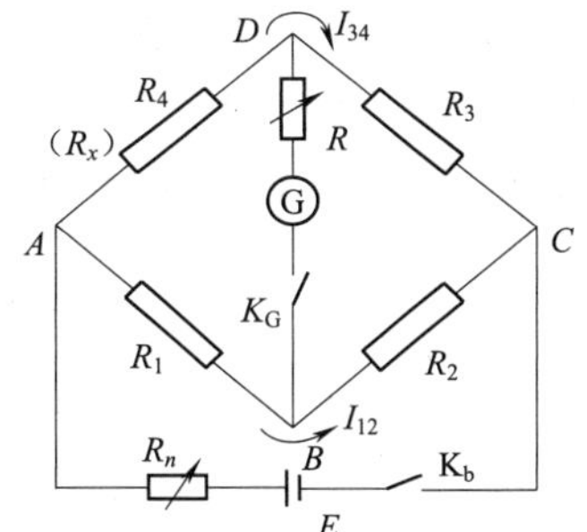

图 3-7-1　单臂电桥原理图

$$I_{12}R_1 = I_{34}R_x$$

同理

$$I_{12}R_2 = I_{34}R_3$$

于是可得

$$\frac{R_1}{R_2} = \frac{R_x}{R_3}$$

$$R_x = \frac{R_1}{R_2} R_3 \tag{3-7-1}$$

这就是电桥的平衡方程。通常称 R_1/R_2 为倍率。当电桥平衡时，只需测得 R_1/R_2 和 R_3 的值，就可算出 R_x 值。

2. 滑线电桥及交换抵消法

滑线电桥线路如图 3-7-2 所示，它也是一种单臂电桥，长度为 L 的均匀电阻丝被触点开关 D 分为两段，长度分别为 L_1 和 L_2，对应阻值为 R_1 和 R_2。R_1 和 R_2 与电阻箱 R_0 及待测电阻 R_x 组成电桥的四个臂。设电阻丝的电阻率为 ρ，则

$$R_1 = \rho \frac{L_1}{S}$$

$$R_2 = \rho \frac{L_2}{S}$$

式中，S 为电阻丝截面积，$L_1 + L_2 = L$（L 通常为 1 m 或 0.5 m，由仪器上读出），当电桥平衡时可得

$$R_x = \frac{R_1}{R_2} \cdot R_0 = \frac{L_1}{L_2} \cdot R_0 = \frac{L_1}{L - L_1} \cdot R_0 \tag{3-7-2}$$

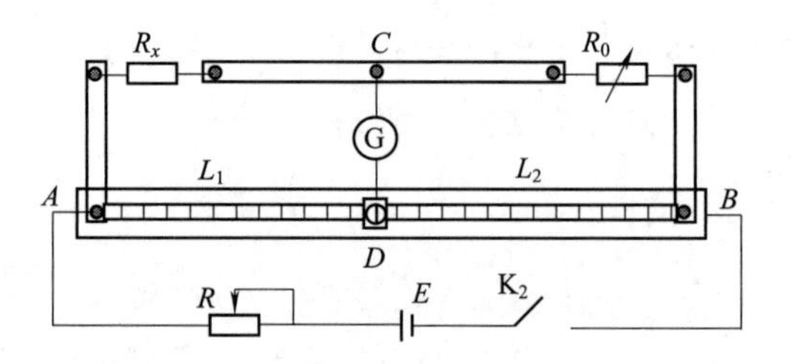

图 3-7-2　单臂电桥接线图

已知 L、R_0，只要测出 L_1 即可求出 R_x。R 为限流电阻，在电桥未平衡前应把它调到最大值。随着平衡的调整，逐渐把 R 减小到零。

设所测电阻 $R_x = R_0$，则 $L_1 = L_2$。若刻度尺不均匀，零点与电阻丝起点未对正，或 R_1、R_2 的电阻丝粗细不均匀时，相当于所测长度 L_1 和 L_2 存在一个固定不变的误差 ΔL，且 ΔL 对 L_1 为正时，对 L_2 为负。因此，所测电阻 R_x 的值变为

$$R_x = \frac{L_1 + \Delta L}{L_2 - \Delta L} \cdot R_0$$

在保证 L_1、L_2 长度不变的同时，若交换 R_0 和 R_x 的位置再测一次，可得

$$R_x = \frac{L_2 - \Delta L}{L_1 + \Delta L} \cdot R_0$$

将 R'_x 和 R''_x 的几何平均值作为测量结果如下：

$$R_x = \sqrt{\frac{L_1 + \Delta L}{L_2 - \Delta L} \cdot R_0 \cdot \frac{L_2 - \Delta L}{L_1 + \Delta L} \cdot R_0} = \sqrt{R_0 R_0} \tag{3-7-3}$$

这样，结果与不存在 ΔL 时相同。可以证明，若取 $R_x = \dfrac{R'_1 + R''_0}{2}$ 做结果，亦能基本消除上述误差。

交换抵消法在许多实验中被广泛采用，它可以有效地消除某些定值误差。

*3. 用双臂电桥测低值电阻(选做)

用单臂电桥测 10 Ω 以下的低电阻误差较大,这是因为待测电阻很小时,电桥线路的引线电阻和接触电阻不能忽略不计(大小在 $10^{-2}\,\Omega$ 的数量级),它们的存在引进了很大误差。待测阻值越低,接触电阻引起的相对误差就越大,甚至测得完全错误的结果。

为了消除上述误差的影响,可采用图 3-7-3 电路,图中 R_x 是待测低值电阻,它与一般电桥电路的差别在于:①检流计 G 的下端增添了附加电路 P_2FH;②C_1、C_2 之间的待测电阻,连接时用了四个接头,C_1、C_2 称为电流接头,P_1、P_2 称为电压接头,被测电阻是 P_1、C_2 两点间的电阻。由于 R_1、R_2、R_3、R_4 并列,故称双臂电桥。附加电路中的 R_3 和 R_4 远比 R_x 和 R 为大,R_1 和 R_2 也远比 R_x 和 R 为大。

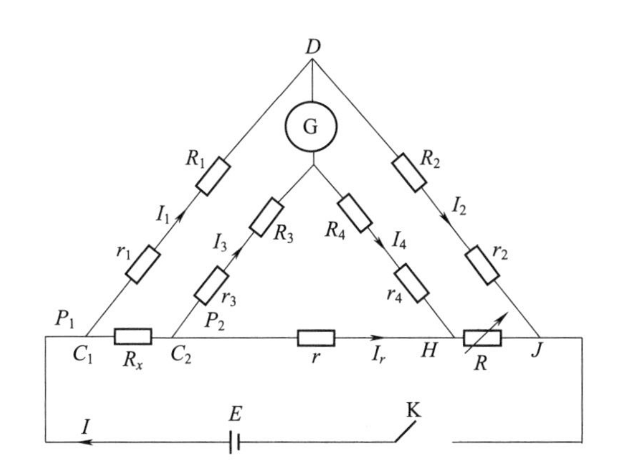

图 3-7-3　双臂电桥原理图

这种线路的特点是电流 I 从电源到 P_1 处,分为 I_1 和 I_x 两部分,电流 I_x 在 P_1 处没有遇到接触电阻,因为它连续通过同一导体;电流 I_1 则要通过接触点,故在 P_1 点产生接触电阻 r,使这个桥臂电阻增大为 R_1+r_1,但 r_1 与 R_1 相比,只有 R_1 的万分之几,流过该桥臂的电流又远较流过 R 与 R_x 中的电流小得多,因此,桥路连接线上的电压降和接触电阻上的电压降远比 R_1、R_2、R_3 和 R_4 上的电压降小,也远比 R 和 R_x 上的电压降小,所引起的误差可忽略不计。对于其余各臂上的接触电阻,同理也可以忽略不计,至于 C_1、C_2 两点间的接触电阻,它们在待测电阻 P_1、P_2 两点范围之外,与电桥平衡无关,不会影响测量结果。因此,在双臂电桥中,接触电阻对于测量结果的影响便被消除了。

当 D、F 间的电流 I_g 为零时,电桥达到平衡,此时

$$U_{P_1P_2F}=U_{P_1D}$$

$$I_xR_x+I_3(r_3+R_3)=I_1(r_1+R_1)$$

$$U_{FHJ}=U_{DJ}$$

$$I_RR+I_4(r_4+R_4)=I_2(r_2+R_2)$$

$$I_3(r_3+R_3)+I_4(r_4+R_4)=I_rr$$

由于 $r_1\ll R_1$,$r_2\ll R_2$,$r_3\ll R_3$,$r_4\ll R_4$,且 $I_g=0$,则 $I_1=I_2$,$I_3=I_4$,$I_x=I_R$ 以及 $I_r=I_x-I_3$,近似可得

$$\begin{cases}I_xR_x+I_3R_3=I_1R_1\\ I_xR+I_3R_4=I_1R_2\\ I_3(R_3+R_4)=(I_x-I_3)r\end{cases}$$

解以上联立方程可得

$$R_x = \frac{R_1}{R_2} \cdot R + \frac{R_4 r}{R_3 + R_4 + r} \cdot \left(\frac{R_1}{R_2} - \frac{R_3}{R_4} \right)$$

$$R_x = \frac{R_1}{R_2} \cdot R + \frac{R_4 r}{R_3 + R_4 + r} \cdot \left(\frac{R_1}{R_2} - \frac{R_3}{R_4} \right) \tag{3-7-4}$$

式(3-7-4)中第一项 R_1R/R_2 与单臂电桥计算公式相同。第二项为修正项,为了测量方便,可以使修正项等于零,即设计一个双轴同步电位器,使在任何位置都满足

$$\frac{R_1}{R_2} = \frac{R_3}{R_4}$$

因此,式(3-7-4)可简化为式

$$R_x = \frac{R_1}{R_2} \cdot R \tag{3-7-5}$$

从式(3-7-5)可以看出,当电桥平衡时,计算公式与中值电阻的计算公式(3-7-1)是完全相同的。因此双臂电桥的测量方法基本与单臂电桥相同。

实验操作

1. 用滑线式单臂电桥测中值电阻

(1)将稳压电源电压调节为 4 V。

(2)按图 3-7-2 接线,接通检流计的电源,打开开关。调节零点调节旋钮,把指针调零。把电计按钮按下并旋转为常接状态。用滑线电桥测出给定的两个电阻 R_{x1} 和 R_{x2} 的阻值。

(3)为减小误差,取 $R_0 \approx R_x$,接通电路,观察检流计偏转情况,调节滑点 D 在电阻丝上的位置,使间检流计 $I_g = 0$,此时 D 点在 A、B 中央附近。

(4)将电阻 R_x、R_0 交换位置后再进行测量,并将两次测量的平均值作为测量结果,填入表 3-7-1。实验完毕,把电计按钮旋出,关掉检流计的电源。

*2. 双臂电桥测低值电阻

(1)将稳压电源电压调节为 4 V。

(2)按图 3-7-4 把被测电阻接好。

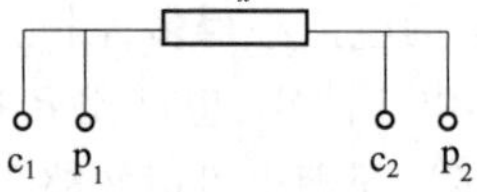

图 3-7-4 被测电阻接线示意图

(3)接通电源,把电源选择开关拨向“外”(双臂电桥内装电池时拨向“内”)。

(4)按下 B_1,检流计调零,估计被测电阻的阻值,确定倍率旋钮位置。按下 B、G 按钮,转动读数盘使检流计重新回零,记录读数盘示值。由于电流大小不好确定,可把 B、G 按钮中一个按下,另一个间断使用。读数盘示值乘以倍率即为测量结果,填入表 3-7-2。

(5)实验完毕,旋出 B、G 按钮,倍率旋钮指向 ×1 档,把 B_1 开关抬起即断开。

注意事项

1. 按相应的电路图接好电路,注意正负极性。
2. 注意保护电阻 R 的正确使用方法。
3. 不要让检流计的指针长时间偏向一侧。

数据处理与要求

表 3-7-1　滑线式单臂电桥数据

待测电阻	电阻箱阻值 R_0/Ω	R_x 在左边			R_x 在右边			$R_x=\frac{R'_x+R''_x}{2}/\Omega$
		L_1/cm	L_2/cm	R'_x/Ω	L_1/cm	L_2/cm	R''_x/Ω	
R_{x1}								
R_{x2}								

相对误差　$E_{Rx}=\frac{\Delta L_1}{L_1}+\frac{\Delta L_2}{L_2}$

绝对误差　$\Delta R_x=\overline{R}_x\cdot E_{Rx}$

结果表示　$R_x=\overline{R}_x\pm\Delta R_x$

表 3-7-2　双臂电桥数据

待测电阻	倍率臂值	读数盘示值	待测电阻值/Ω
定值电阻			
导线电阻			

思考与练习

1. 单臂电桥实验中，为何 D 点在电阻丝中点附近得到的电阻值测量误差小？
2. 双臂电桥与单臂电桥有哪些异同？
3. 电桥中怎样消除导线本身电阻和接触电阻的影响？试简要说明。

3.8　用旋光仪测量蔗糖溶液浓度实验

线偏振光通过某些物质时，其振动面将旋转一定的角度，这种现象称为旋光现象，能产生旋光现象的物质称为旋光物质。旋光仪是测定旋光物质旋光度的仪器，通过对旋光度的测定可确定物质的浓度、纯度、比重、含量等，可供一般的成分分析之用，广泛应用于石油、化工、制药、香料、制糖、食品、酿造等工业。

实验目的

1. 了解旋光仪的原理、构造及使用。
2. 观察旋光物质的旋光现象。
3. 学会用旋光仪测糖溶液的旋光率和浓度。

一、仪器名称

旋光仪、试管、糖溶液。

二、主要实验仪器介绍

1. 旋光仪的结构

旋光仪的结构如图 3-8-1 所示。钠光灯发出的光经起偏片后成为平面偏振光，在半波片（劳伦特石英片）处产生三分视场。检偏片与刻度盘连在一起，转动度盘调节手轮即转动检偏片，可以看到三分视场各部分的亮度变化情况，如图 3-8-2 所示。其中图 3-8-2（a）、图 3-8-2（c）为大于或小于零度视场，图 3-8-2（b）为零度视场，图 3-8-2（d）为全亮视场。找到零度视场，从度盘游标处装有放大镜的视窗读数。

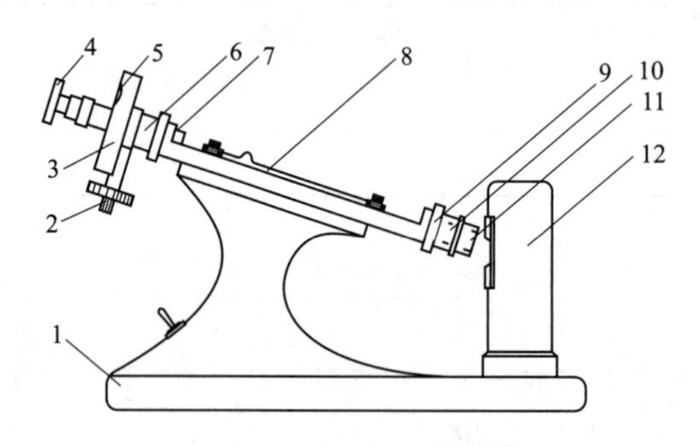

图 3-8-1　旋光仪构造示意图

1—底座；2—度盘调节手轮；3—刻度盘；4—目镜；5—度盘游标；6—物镜；
7—检偏片；8—测试管；9—石英片；10—起偏片；11—会聚透镜；12—钠光灯光源

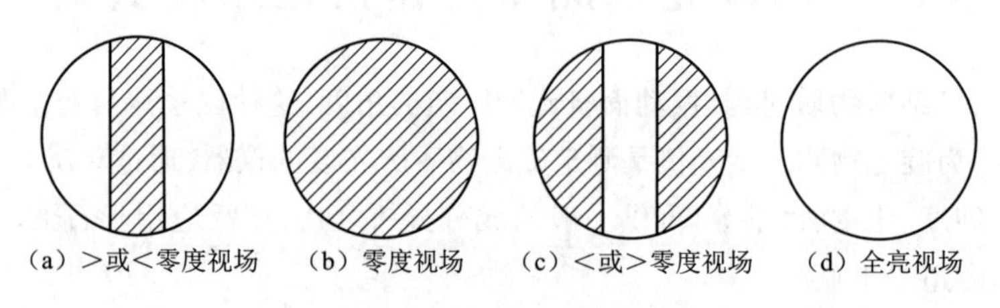

图 3-8-2　零度视场的分辨

将装有一定浓度的某种溶液的试管放入旋光仪后，由于溶液具有旋光性，使平面偏振光旋转了一个角度，零度视场便发生了变化，转动度盘调节手轮，使再次出现亮度一致的零度视场，这时检偏片转过的角度就是溶液的旋光度，从视窗中的读数改变可求出其数值。

2. 旋光仪的读数

读数装置由刻度盘和游标盘组成，其中刻度盘与检偏镜连为一体，并在度盘调节手轮的驱动下可转动。刻度盘分为 360 个小格，每小格为 1°，游标盘是一个沿着刻度盘并与它同轴转动的小弧尺，游标上有 20 个格，其总弧长与刻度盘上 19 个刻度的弧长相等，因此这种角游标的精度(最小读数值)为 0.05°。读数方法与直游标相同。为了避免刻度盘的偏心差,在游标盘上相隔 180°对称地装有两个游标,测量时两个游标都读数,取其平均值。具体读数方法如图 3-8-3 所示,左面读数为 1.30°,右面读数为 1.25°,该角度应取二者平均值,即平均值 = (1.30 + 1.25)/2 = 1.28°。该旋光仪测量范围为 ±180°,所用钠光灯波长 $\lambda = 5.893 \times 10^{-7}$ m,试管长度为 0.1 m、0.2 m和 0.22 m 三种。

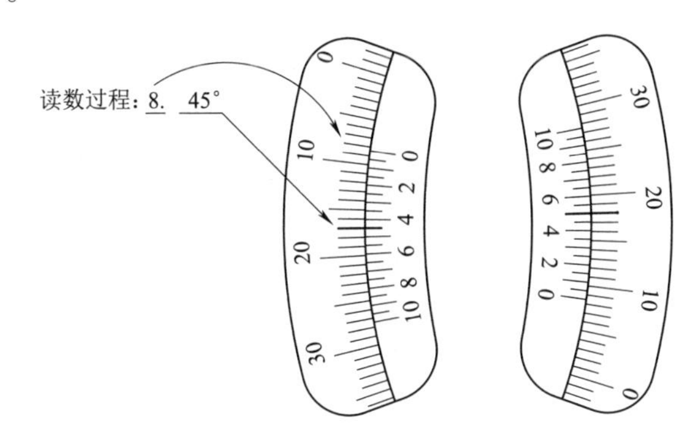

图 3-8-3　旋光仪读数原理图

实验原理

1. 光的偏振

光是电磁波,其电矢量 ***E*** 和磁矢量 ***H*** 相互垂直,且垂直于光的传播方向。光波中对人眼或感光仪器起作用的是电矢量 ***E***,电矢量 ***E*** 就是光波的振动矢量。它在与光传播方向垂直的平面内可任意取向,相对于光传播方向是不对称的,这种偏于某些方向的现象称为偏振。光矢量 ***E*** 振动方向和传播方向所组成的平面称为振动面或偏振面。光源发出的光是由大量原子或分子跃迁辐射构成的。单个原子或分子跃迁辐射的光,其振动面是确定的。不同原子或分子跃迁辐射的光的振动面分布在一切可能的方位。

按照光矢量在空间的取向,通常把光波分成五种形式。如果在垂直光波前进方向的平面内,光振动限于某一固定方向,则这种光称为线偏振光或平面偏振光;通常光源直接发出光的光矢量在各个方向有相同的概率,各方向振幅相等,这种光称为自然光;自然光与偏振光混合时,有的方向光矢量振动振幅最大,而与其正交方向光最弱,但不为零,这就是部分偏振光;如果光矢量的大小和方向随时间做有规律的变化,且光矢量的末端在垂直于光传播方向的平面内的投影是圆,则称为圆偏振光,如是椭圆,则称为椭圆偏振光。

将自然光中的各个方向上的光振动分解为相互垂直的两个分振动后叠加,就可以将自然光表示成两个互相垂直的、振幅相等的独立的(即物固定相位关系)分振动。自然光、线偏振光、部分偏振光可用图 3-8-4 表示。

图 3-8-4　偏振光与自然光图示

2. 起偏与检偏

将自然光变成偏振光称为起偏,所用的装置称为起偏器。检验一束光是不是偏振光的装置称为检偏器。起偏器可用于检偏,反之亦然。

按照马吕斯定律,如果线偏振光的振动面与检偏器的透光方向夹角为 θ 时,则强度为 I_0 线偏振光,通过检偏器后的光强为

$$I = I_0 \cos^2\theta \tag{3-8-1}$$

当 $\theta = 0°$ 时,透射光强度最大;当 $\theta = 90°$ 时,透射光强度极小(称消光);当 $0° < \theta < 90°$ 时,透射光强度介于最大值和最小值之间。因此,可以根据透射光的强度变化来区别线偏振光、部分偏振光、自然光。

3. 物质的旋光性

线偏振光射入某些物质后,其光矢量的振动面发生旋转的现象称为旋光现象,能使线偏振光光矢量的振动面发生旋转的物质称为旋光性物质。石英晶体、朱砂、糖溶液、松节油、酒石酸溶液等都具有旋光性。旋光性物质有左旋和右旋之分。当面对光线射来的方向观察,如果振动面按反时针方向旋转,则为左旋物质,反之为右旋物质。

波长为 λ 的偏振光通过液态旋光性物质时,光矢量振动面的旋转角度 $\Delta\Phi$ 为

$$\Delta\Phi = \alpha CL \tag{3-8-2}$$

式中,$\Delta\Phi$ 为偏振光振动面旋转的角度,称为旋光度,单位为度(°);α 为旋光率,数值上等于偏振光通过浓度为 1 kg/m^3、厚度为 1 m 的溶液后振动面旋转的角度。α 与旋光物质的性质有关,与入射光波长大小有关,与旋光溶液的温度也有关。并且当溶剂改变时,它也随之发生很复杂的变化。工业上给出的 α 单位为 $°cm^3/g \cdot dm$。C 为旋光性溶液的浓度,单位为 kg/m^3。L 为偏振光在旋光性溶液中经过的距离,单位为 m。通常给出的某物质的 α 值,是钠光($\lambda = 5.893 \times 10^{-7}$ m)在 20 ℃时得出的。

实验操作

1. 找三分视场

(1)接通电源,开启开关,预热 5 min,待钠光灯发光正常可开始工作。

(2)转动手轮,在中间明或暗的三分视场时,调节目镜使中间明纹或暗纹边缘清晰。再转动手轮,观察视场亮度变化情况,从中辨别明暗一致的零度视场位置。

2. 测量

(1)仪器中不放试管或放入空试管后,调节手轮找到零度视场,从左右两读数视窗分别读数,求二者平均值为一个测量值。转动手轮离开零度视场后再转回零度视场读数,共测两次取平均值。则仪器的真正零点在其平均值 $\overline{\Phi}_0$ 处。

(2)将装有已知浓度糖溶液的试管放入旋光仪,试管的凸起部分在上,注意让气泡留在试管中间的凸起部分。转动手轮找到零度视场位置,记下左右视窗中的读数 $\Phi_{左}$ 和 $\Phi_{右}$。各测两次求其平均值 $\overline{\Phi}$。则糖溶液的偏光旋转角度为 $\Delta\overline{\Phi} = \overline{\Phi} - \overline{\Phi}_0$,填入表 3-8-1。

(3)将装有未知浓度的糖溶液的试管放入旋光仪,重复步骤 4,测出其偏光旋转角度。

3. 结束实验

测试完毕，关闭开关，切断电源。

注意事项

1. 注意装有蔗糖溶液的试管的保护，用后随时放于托盘中，防止滚落地面损坏。
2. 测量时，溶液中的气泡要置于试管的凸起部分，避免处于光路中影响测量。
3. 注意区分零度视场与常亮视场的不同，前者是短暂出现的，避免混淆。

数据处理与要求

表 3-8-1　测量糖溶液旋光度数据表

浓度/(kg·m^{-3})		旋光仪读数 Φ/(°)						$\overline{\Phi}$/(°)	管长/m	$\Delta\Phi$/(°)
		左	右	左	右	左	右			
空管									/	/
C_1										
C_2										
C_3										
$C_未$										

1. 对三种以上已知浓度的糖溶液进行测量，求出糖溶液的旋光率。

2. 测出未知浓度糖溶液的偏光旋转角度，用上面求出的糖溶液的旋光率代入公式求其浓度。

*3. $\Delta\Phi/L$ 为纵坐标，C 为横坐标作图，求糖溶液的旋光率和未知溶液的浓度。

思考与练习

1. 使用旋光仪时，问什么选择零度视场作为测量基准，而不选择全亮视场作为基准？
2. 对比旋光仪度盘读数原理和游标卡尺的相同与不同之处。

第 4 章 工业物理实验

工业物理实验是在演示实验、普通物理实验学习的基础之上创新性开设的非传统物理实验。以实际工业生产中正在使用的生产仪器为依托,靠近工业现场,贴近一线生产。将生产一线的先进设备、工艺,分解、细化为若干物理知识要点,与物理理论进行紧密结合。在学习基本物理知识的基础之上,明确物理知识的实际应用场景。

根据工业生产仪器及工艺的复杂性,工业物理实验有针对性地将特定生产流程拆解为若干独立的环节,进而将工业物理实验项目划分形成若干任务,将最终的普通物理实验报告升级成生产中真实的“化验结果报告、检测报告”等。在学生学习知识的同时,真实近距离接触工业生产知识、工业生产要求、工业生产纪律、工业生产注意事项等。

工业物理实验对解决学习与工作脱节,教学环境与工作环境迥异的问题有重要的现实意义,对改革传统物理实验教学模式,培养具有快速适应企业工作能力的学生具有重要意义。

4.1 飞灰中重金属元素含量的 ICP-MS 检测实验

实验背景

垃圾发电过程中,在收集各种垃圾后,会进行分类处理。一是对燃烧值较高的进行高温焚烧(也彻底消灭了病源性生物和腐蚀性有机物),在高温焚烧(产生的烟雾经过处理)中产生的热能转化为高温蒸气,推动涡轮机转动,使发电机产生电能。二是对不能燃烧的有机物进行发酵、厌氧处理,最后干燥脱硫,产生甲烷,也称沼气,再经燃烧,把热能转化为蒸气。推动涡轮机转动,带动发电机产生电能。

随着世界城市化进程越来越快,城市垃圾泛滥已成为城市的一大灾难。世界各国已不仅限于掩埋和销毁垃圾这种被动“防守”战术,而是积极采取有力措施,科学合理地综合处理利用垃圾。我国有丰富的垃圾资源,存在极大的潜在效益。全国城市每年因垃圾造成的损失约 300 亿元(运输费、处理费等),而将其综合利用却能创造 2 500 亿元的效益。

从 20 世纪 70 年代起,一些发达国家便着手运用焚烧垃圾产生的热量进行发电。据有关统计资料,我国当今城市垃圾清运量每年已超过 1 万亿吨,若按平均低位热值 2 900 kJ/kg,相当于 1 400 万 t 标煤。如其中有 1/4 用于焚烧发电,年发电量可达 60 亿 kW · h,相当于安装了 1 200 MW 火电机组的发电量。无害化垃圾焚烧发电可实现垃圾无害化,因为垃圾在高温(1 000 ℃左右)下焚烧,可达到无菌和分解有害物质,且尾气经净化处理达标后排放,较彻底地无害化。减量化垃圾焚烧后的残渣,只有原来体积的5%~15%,从而延长了填埋场的使用寿命,缓解了土地资源紧张状态。

因此,兴建垃圾电厂十分有利于城市的环境保护,尤其有助于对土地资源和水资源的保护,有助于实现可持续发展。垃圾用于发电,具有以下优点:

(1)无害化。垃圾焚烧时,炉内温度一般为900 ℃,炉芯最高温度为1 100 ℃,经过焚烧,垃圾中的病原菌彻底杀灭,从而达到无害化的目的。

(2)减量化。垃圾焚烧后,一般体积可减少90%以上。垃圾焚烧后再填埋,可以有效地减少对土地资源的占用。

(3)节能效益。垃圾发电可以补充电能不足,具有明显的节能效益。

焚烧垃圾发电如果控制得当,对环境的影响可以很小。但是,若对焚烧过程和尾气、残渣、废水的控制处理不当,也有可能造成二次污染,这是必须注意的。

(1)垃圾焚烧后二次污染问题。垃圾在高温下焚烧可灭菌,分解有害物质,但当工况变化,或尾气处理前渗漏,处理中稍有不慎等都会造成二次污染。垃圾焚烧站工艺流程中烟气净化处理(如洗涤塔)用于去除焚烧产生的SO_2、HCL、HF等酸性气体,若没有在焚烧中或烟气中用石灰(粉或浆)加以中和,这些气体就会直接排入大气中,造成二次污染。

(2)水资源的污染问题。垃圾输送贮运和贮仓中,易发生泄漏、发酵,产生发酵废水、滤液,其中含有一些有害杂物,若不引入污水处理,会造成水资源污染。尾气处理的废水、废渣、粉尘也应慎重处理,避免污染水源。

(3)残渣与粉尘的污染问题。垃圾焚烧后的残渣,尾气处理的固体废弃物,如不严格控制,会造成土地资源的二次污染,破坏生态环境。

本实验检测飞灰中重金属砷、铜、锌、铅、镉、铍、钡、镍、铬的含量。

实验目的

1. 了解等离子体质谱仪的基本构造、原理与方法及注意事项。
2. 了解等离子体质谱仪主要操作步骤。
3. 利用等离子体质谱仪测定飞灰中砷、铜、锌、铅、镉、铍、钡、镍、铬的含量。
4. 掌握等离子体质谱仪定量分析与数据处理方法。

实验仪器

一、仪器名称

电感耦合等离子体质谱仪(ICP-MS)、微波消解仪、翻转振荡器、通风柜、电子电平正压过滤器等。

二、主要实验仪器介绍

1. 电感耦合等离子体质谱仪(ICP-MS)

电感耦合等离子体质谱仪(见图4-1-1)由样品引入系统、电感耦合等离子体(ICP)离子源、接口、离子透镜系统、四极杆质量分析器、检测器等构成,其他支持系统有真空系统、冷却系统、气体控制系统、计算机控制及数据处理系统等。

图 4-1-1　ICP-MS 设备图

(1)样品引入系统。按样品的状态不同分为液体、气体或固体进样,通常采用液体进样方式。样品引入系统主要由样品导入和雾化两个部分组成(见图 4-1-2)。样品导入部分一般为蠕动泵,也可使用自提升雾化器。要求蠕动泵转速稳定,泵管弹性良好,使样品溶液匀速泵入,废液顺畅排出。雾化部分包括雾化器和雾化室。样品以泵入方式或自提升方式进入雾化器后,在载气作用下形成小雾滴并进入雾化室,大雾滴碰到雾化室壁后被排除,只有小雾滴可进入等离子体离子源。要求雾化器雾化效率高,雾化稳定性好,记忆效应小,耐腐蚀;雾化室应保持稳定的低温环境,并应经常清洗。常用的溶液型雾化器有同心雾化器、交叉型雾化器等;常见的雾化室有双通路型和旋流型。实际应用中应根据样品基质、待测元素、灵敏度等因素选择合适的雾化器和雾化室。

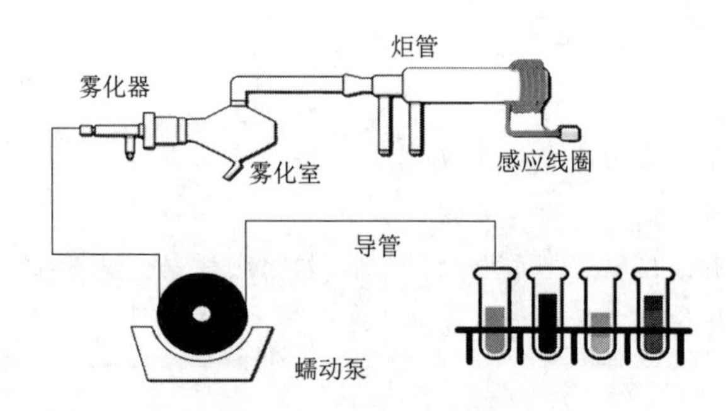

图 4-1-2　溶液进样系统

(2)电感耦合等离子体离子源(见图 4-1-3)。电感耦合等离子体的"点燃"需具备持续稳定的高纯氩气(纯度应不小于 99.99%)、炬管、感应线圈、高频发生器、冷却系统等必要条件。样品气溶胶被引入等离子体离子源,在 6 000 ~ 10 000 K 的高温下,发生去溶剂、蒸发、解离、原子化、电离等过程,转化成带正电荷的正离子。测定条件如射频功率、气体流量、炬管位置、蠕动泵流速等工作参数可以根据测试样品的具体情况进行优化,使灵敏度最佳,干扰最小。

(3)接口系统。接口系统的功能是将等离子体中的样品离子有效地传输到质谱仪内部。其关键部件是采样锥和截取锥,平时应经常清洗,并注意确保锥孔不损坏,否则将影响仪器的检测性能。

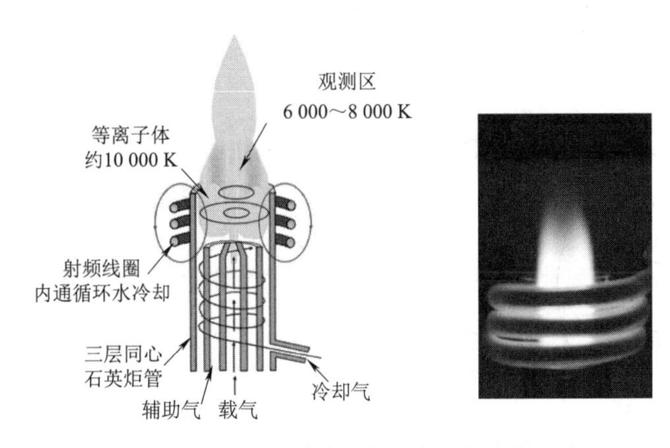

图 4-1-3　电感耦合等离子体的离子源产生系统

(4)离子透镜系统。位于截取锥后面高真空区的离子透镜系统的作用是将来自截取锥的离子聚焦到质量过滤器,并阻止中性原子进入和减少来自 ICP 的光子通过量。离子透镜参数的设置应适当,要注意兼顾低、中、高质量的离子都具有高灵敏度。

(5)四极杆质量分析器。质量分析器通常为四极杆质量分析器(见图 4-1-4),可以实现质谱扫描功能。四极杆的作用是基于在四根电极之间的空间产生一随时间变化的特殊电场,只有给定 m/z 的离子才能获得稳定的路径而通过极棒,从另一端射出。其他离子则将被过分偏转,与极棒碰撞,并在极棒上被中和而丢失,从而实现质量选择。测定中应设置适当的四极杆质量分析器参数,优化质谱分辨率和响应并校准质量轴。

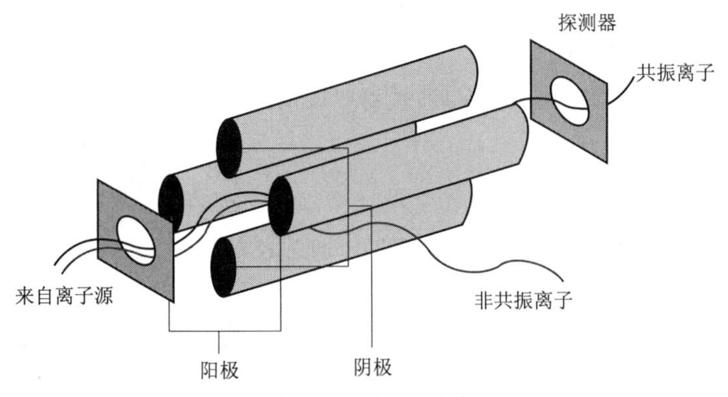

图 4-1-4　四极杆示意图

(6)检测器。通常使用的检测器是双通道模式的电子倍增器(见图 4-1-5),四极杆系统将离子按质荷比分离后引入检测器,检测器将离子转换成电子脉冲,由积分线路计数。双模式检测器采用脉冲计数和模拟两种模式,可同时测定同一样品中的低浓度和高浓度元素。检测低含量信号时,检测器使用脉冲模式,直接记录撞击到检测器的总离子数量;当离子浓度较大时,检测器则自动切换到模拟模式进行检测,以保护检测器,延长使用寿命。测定中应注意设置适当的检测器参数,以优化灵敏度,对双模式检测信号(脉冲和模拟)进行归一化校准。

(7)其他支持系统。真空系统由机械泵和分子涡轮泵组成,用于维持质谱分析器工作所需的真空度,真空度应达到仪器使用要求值。冷却系统包括排风系统和循环水系统,其功能是排出仪器内部的热量,循环水温度和排风口温度应控制在仪器要求范围内。气体控制系统运行应稳定,氩气的纯度应不小于99.99%。

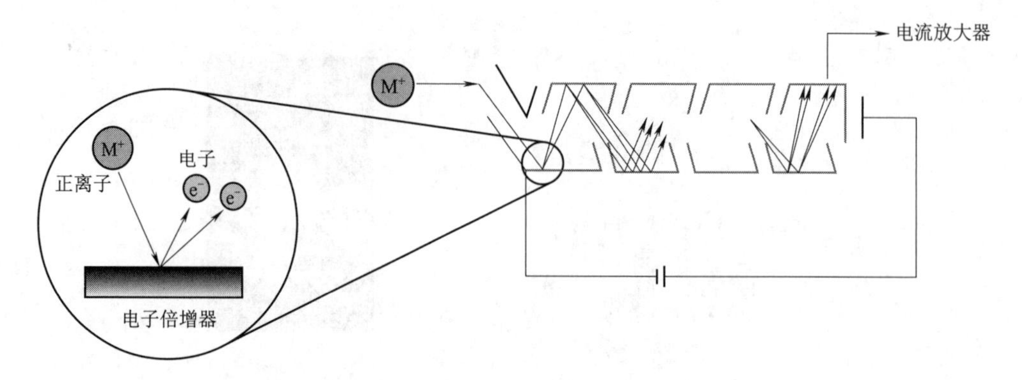

图 4-1-5 检测器示意图

(8)ICP-MS 使用注意事项:

①测试前检查氩气瓶中氩气量,及时更换氩气瓶。

②矩管、旋流雾室要经常检查、清洗,防止损坏。

③测试样品中金属含量不可过大,否则应进行稀释,以防污染取样锥孔。

④每次测试结束要用硝酸和去离子水冲洗进样系统,以防影响下次测量精度。

⑤每次测试前后注意安装和拆卸泵管,泵管弹性不足及时更换。

⑥及时倾倒废液桶中废液。

⑦测试标准溶液时,从低浓度到高浓度依次进样。

⑧配制标准溶液前,所用容量瓶应在硝酸缸中浸泡 12 h 以上。

⑨配制溶液时必须用等离子水定容。

⑩更换氩气瓶、清洗矩管、旋流雾室后,仪器要调谐后再进行测试。

2. 微波消解仪

微波消解仪是通过物理法加速化学反应的一种广泛应用的仪器(见图 4-1-6)。

图 4-1-6 微波消解仪

微波消解主要利用微波的加热优势和特性,特殊塑料消解罐中的待消解样品加入酸以后,形成强极性溶液,利用微波体加热性质,溶液内外同时加热,加热更快速,更均匀,提高了效率。另外,微波消解一般在密闭高压消解罐内进行,压力体系能产生过热现象(简单而言就是可以加热到比常压下沸点更高的温度),大大提高消解速度,并能消解一般湿法消解不能消解的样品。在密闭体系进行微波消解还可防止挥发性元素的损失,进行一些常规湿法消解不能进行的项目。

微波消解原理:称取 0.2 ~ 1.0 g 的试样置于消解罐中,加入约 2 mL 的水,加入适量的酸。通常是选用 HNO_3、HCI、HF、H_2O_2 等,把罐盖好,放入炉中。当微波通过试样时,极性分子随微波频率快速变换取向,2 450 MHz 的微波,分子每秒钟变换方向 2.45×10^9 次,分子来回转动,与周围分子相互碰撞摩擦,分子的总能量增加,使试样温度急剧上升。同时,试液中的带电粒子(离子、水合离子等)在交变的电磁场中,受电场力的作用而来回迁移运动,也会与邻近分子撞击,使得试样温度升高。

3. 移液枪

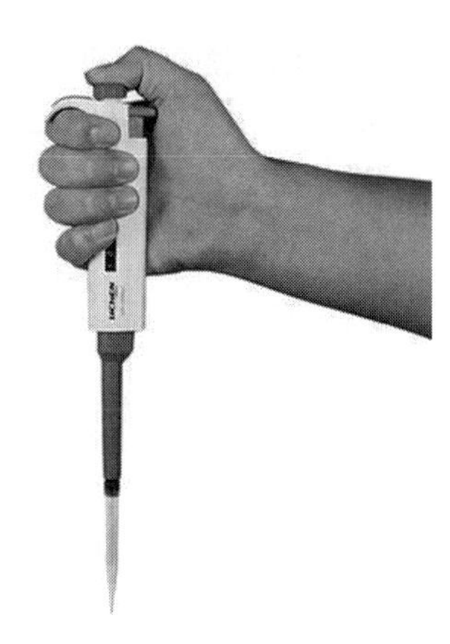

图 4-1-7　移液枪

在进行分析测试方面的研究时，一般采用移液枪(见图 4-1-7)量取少量或微量的液体。对于移液枪的正确使用方法及其一些细节操作，分几个方面详细叙述。

(1)量程的调节。在调节量程时，如果要从大体积调为小体积，则按照正常的调节方法，顺时针旋转旋钮即可；但如果要从小体积调为大体积，则可先逆时针旋转刻度旋钮至超过量程的刻度，再回调至设定体积，这样可以保证量取的最高精确度。

在该过程中，千万不要将按钮旋出量程，否则会卡住内部机械装置而损坏移液枪。

(2)枪头的装配。在将枪头套上移液枪时，很多人会使劲地在枪头盒子上敲几下，这是错误的做法，因为这样会导致移液枪的内部配件(如弹簧)因敲击产生瞬时撞击力而变得松散，甚至会导致刻度调节旋钮卡住。正确的方法是将移液枪(器)垂直插入枪头中，稍微用力左右微微转动即可使其紧密结合。如果是多道(如 8 道或 12 道)移液枪，则可以将移液枪的第一道对准第一个枪头，然后倾斜地插入，往前后方向摇动即可卡紧。枪头卡紧的标志是略为超过 O 形环，并可以看到连接部分形成清晰的密封圈。

(3)移液的方法。移液之前，要保证移液器、枪头和液体处于相同温度。吸取液体时，移液器保持竖直状态，将枪头插入液面下 2 ~ 3 mm。在吸液之前，可以先吸放几次液体以润湿吸液嘴(尤其是要吸取黏稠或密度与水不同的液体时)。这时可以采取两种移液方法。

前进移液法。用大拇指将按钮按下至第一停点，然后慢慢松开按钮回原点(吸取固定体积的液体)。接着将按钮按至第一停点排出液体，稍停片刻继续按按钮至第二停点吹出残余液体。最后松开按钮。

反向移液法。此法一般用于转移高黏液体、生物活性液体、易起泡液体或极微量的液体，其原理就是先吸入多于设置量程的液体，转移液体的时候不用吹出残余的液体。先按下按钮至第二停点，慢慢松开按钮至原点，吸上之后，斜靠一下容器壁将多余液体沿器壁流回容器。接着将按钮按至第一停点排出设置好量程的液体，继续保持按住按钮位于第一停点(千万别再往下按)，取下有残留液体的枪头，弃之吸上之后，斜靠一下容器壁将多余液体沿器壁流回容器。

(4)移液器放置。使用完毕，可以将其竖直挂在移液枪架上，但要小心别掉下来。当移液器枪头里有液体时，切勿将移液器水平放置或倒置，以免液体倒流腐蚀活塞弹簧。

实验原理

ICP-MS 用于测定超痕量元素和同位素比值，由等离子体发生器、雾化室、炬管、四极质谱仪和快速通道电子倍增管(称为离子探测器或收集器)组成，如图 4-1-8 所示。其工作原理是：雾化器将溶液样品送入等离子体光源，在高温下汽化，解离出离子化气体，通过铜或镍取样锥收集的离子，在低真空约 133. 322 Pa 压力下形成分子束，再通过 1 ~ 2 mm 直径的截取板进入四极质谱分析器，经滤质器质量分离后，到达离子探测器，根据探测器的计数与浓度的比例关系，可测出元素的含量或同位素比值。其优点是：具有很低的检出限(达 ng/mL 或更低)，基体效应小，谱线简单,能同时测定许多元素,动态线性范围宽及能快速测定同位素比值。地质学中用于测定岩石、矿石、矿物、包裹体,地下水中微量、痕量和超痕量的金属元素,某些卤素元素、非金属元素及元素的同位素比值。

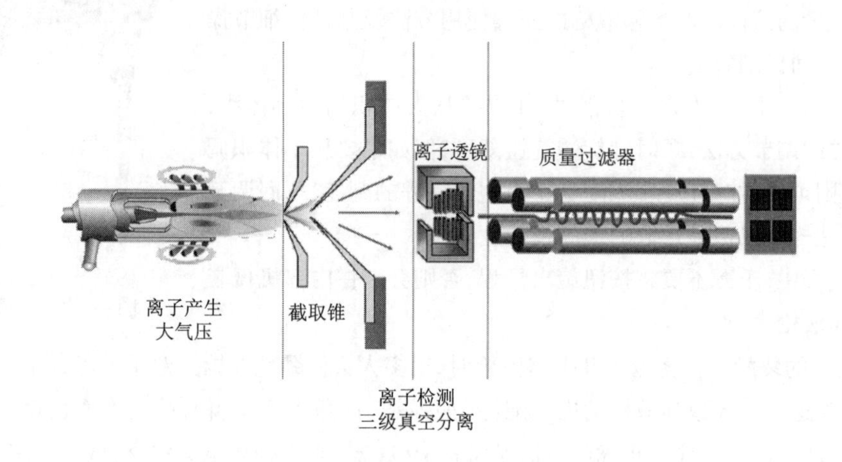

图 4-1-8 ICP-MS 原理图

1. 等离子体

等离子体又称电浆,是由部分电子被剥夺后的原子及原子团被电离后产生的正负离子组成的离子化气体状物质,尺度大于德拜长度的宏观电中性电离气体。

等离子体是不同于固体、液体和气体的物质第四态。物质由分子构成,分子由原子构成,原子由带正电的原子核和围绕它的、带负电的电子构成。当被加热到足够高的温度或其他原因,外层电子摆脱原子核的束缚成为自由电子。电子离开原子核,这个过程称为"电离"。这时,物质就变成了由带正电的原子核和带负电的电子组成的、一团均匀的"浆糊",因此人们戏称它为"离子浆",这些离子浆中正负电荷总量相等,因此它是近似电中性的,所以称为等离子体。

其运动主要受电磁力支配,并表现出显著的集体行为。

等离子体是一种很好的导电体,利用经过巧妙设计的磁场可以捕捉、移动和加速等离子体。

2. 等离子体的产生

普通气体温度升高时,气体粒子的热运动加剧,使粒子之间发生强烈碰撞,大量原子或分子中的电子被撞掉,当温度高达百万开到 1 亿 K,所有气体原子全部电离。电离出的自由电子总的负电量与正离子总的正电量相等。这种高度电离的、宏观上呈中性的气体称为等离子体。

3. 等离子体和气体的比较

(1)电导率:气体的电导率非常低,而等离子体的电导率通常非常高,在许多应用中,可假设等离子体的电导率为无限大。

(2)粒子的多样性:气体通常只有单一一种粒子,所有气体粒子的行为类似,都受重力及其他粒子碰撞的影响。而等离子体则有 2 ~ 3 种不同性质的粒子,如电子、离子、质子和中子,这些不同性质的粒子可以以其电荷的正负和大小来区别,并具有不同的速度和温度。

(3)速度分布:气体的粒子碰撞会使气体诸粒子的速度符合麦克斯韦 – 玻尔兹曼分布,其中速度较高的粒子非常少。而有一定电离度的等离子体的诸粒子并不经常碰撞,因此以碰撞形式表现的相互作用不显著。另外,外力的出现也会导致等离子体远远偏离局部平衡,并产生一组速度特别高的粒子。所以,麦克斯韦-玻尔兹曼分布并不适合用来描述等离子体诸粒子的速度分布。

(4)粒子间的相互作用:气体的诸粒子的相互作用只局限于两颗粒子之间,而且是以碰撞的形成表现,三颗粒子间的碰撞是极为罕见的。而等离子体的诸粒子可以集体互动,在较大的距离上通过电磁力相互影响,所以会产生波以及其他有组织性的运动。

实验操作

1. 测试样品制备

(1)含水率测定。称取 50 g 飞灰样品,于 105 ℃下烘干,恒重至两次称量误差小于 ±1%,计算出样品含水率。

(2)浸提剂配置。量取 17.25 mL 冰醋酸,用纯水稀释至 1 L。配置 10 L 浸提剂。

(3)翻转振荡。称取 50 g 飞灰样品,置于提取瓶中,根据其含水率,按液固比 20∶1(L/kg)加入浸提剂。固定在翻转振荡装置上,调节转速为(30 ±2) r/min,于(23 ±2)℃下振荡(18 ±2)h。

(4)过滤浸出液。使用孔径 0.8 μm 滤膜,用正压过滤器过滤,过滤出液体在 4 ℃下保存。

(5)微波消解。取 12.5 mL 浸出液,放入消解罐中,加入 0.5 mL 盐酸和 2 mL 硝酸,混匀。放入微波消解仪,选择消解程序 11,10 min 内温度升高到 165 ℃,并在 165 ℃保持 10 min。消解程序结束后,降至室温,将消解罐取出、放气、打开。

(6)测试试样。消解罐中样品移入 50 mL 容量瓶中,消解罐冲洗三次,定容至刻线。从定容后的容量瓶中取 4 mL 上清液移入另一 50 mL 容量瓶,加 1 mL 硝酸,定容至刻线。

2. ICP-MS 分析测定

在质谱仪未卸真空的条件下,测试步骤如下:

(1)测试前准备。

①检查矩管表面是否有污染物,检查旋流雾室中是否有积液,检查截取锥和取样锥锥口是否堵塞。

②安装泵管,打开排风,打开氩气瓶开关,打开氦气瓶开关,打开冷却水开关。

(2)查看仪器状态。

①打开软件,单击调谐,在条件二界面,单击蠕动泵,让蠕动泵转起来,观察进液和排液情况。

②单击点火按钮,等待点火程序完成。

③将进样管和内标管都放入调谐液中,单击仪器调谐开始按钮,观察仪器调谐情况,应强度波动不大。

④将进样管和内标管都放入纯水中,当信号强度降为零时,单击停止调谐。

(3)测标准溶液。

①单击新建测试,找到桌面的测试 1。

②在打开的界面中,分析元素中选取所测的元素和内标元素,选同位素占比最大的。在内标设置下选择所用的内标元素和浓度。

③样品列表中，输入要测的样品个数。

④将内标管放入内标容量瓶中，进样管放入标准空白中。单击测试开始，开始测标准溶液。

⑤标准溶液测完后，看标准曲线，线性度应大于0.99，否则重配标准溶液。

(4)测未知样品。将进液管放入去离子水中，冲洗2 min后，放入样品1，顺序开始测量，最后一个样品测完后，将进样管和内标管放入2%的硝酸溶液中冲洗2 min，再放入去离子水中，冲洗2 min，单击熄火，等待熄火程序完成。

(5)测试结束。将进液管和内标管拿出，松开蠕动泵管，管冷却水，关排风，关氩气、氦气。将测试数据存成Excel文件。

(6)结果分析。根据测试数据计算出样品中金属浓度和含量。

3. 实验数据分析与处理

将测试数据填在实验报告中。

实验依据

1.《固体废物　浸出毒性浸出方法　醋酸缓冲溶液法》(HJ/T 300—2007)。

2.《固体废物　金属元素的测定　电感耦合等离子体质谱法》(HJ 766—2015)。

3.《生活垃圾填埋场污染控制标准》(GB 16889—2008)。

《生活垃圾填埋场控制标准》(节选)

生活垃圾焚烧飞灰和医疗废物焚烧残渣(包括飞灰、底渣)经处理后满足下列条件，可以进入生活垃圾填埋场填埋处置。

(1)含水率小于30%；

(2)二噁英含量低于3 μg TEQ/kg；

(3)按照HJ/T 300制备的浸出液中危害成分浓度低于表4-1-1规定的限值。

表4-1-1　浸出液污染物浓度限值

序号	污染物项目	浓度限制/(mg/L)
1	汞	0.05
2	铜	40
3	锌	100
4	铅	0.25
5	镉	0.15
6	铍	0.02
7	钡	25
8	镍	0.5
9	砷	0.3
10	总铬	4.5
11	六价铬	1.5
12	硒	0.1

思考与练习

1. ICP-MS 仪器的构成有几部分？各部分功能是什么？
2. ICP-MS 实验测试原理是什么？ICP-MS 仪器有什么特点？可用于做哪些工作？

4.2 飞灰中汞、硒含量的 AFS 检测实验

实验背景

原子荧光光谱法(atomic fluorescence spectrometry, AFS)是利用原子荧光谱线的波长和强度进行物质的定性与定量分析的方法。原子荧光光谱法具有设备简单、灵敏度高、光谱干扰少、工作曲线线性范围宽、可以进行多元素测定等优点，主要用于检测砷、汞、硒、铅、碲、镉、金等元素，在地质、冶金、石油、生物医学、地球化学、材料和环境科学等领域获得了广泛的应用。

实验目的

1. 了解原子荧光光度计的基本结构和原理；
2. 熟悉原子荧光光度计的操作技术；
3. 熟悉原子荧光光度计的制样方法；
4. 了解原子荧光光度计的使用注意事项；
5. 了解原子荧光光谱检测技术在工程中的应用。

实验仪器

一、仪器名称

原子荧光光度计、分析天平、移液枪、翻转振荡器、微波消解仪、通风柜、自动进样器、容量瓶、相关试剂等。

二、主要实验仪器介绍

原子荧光光度计有效利用了某些特定元素在酸性条件下能与还原剂($NaBH_4$)发生化学反应，将样品溶液中的待分析元素还原为挥发性共价气态氢化物(或原子蒸气)，如 As、Sb、Be、Te、Pb、Sn、Ge 等元素可被还原为气态共价氢化物，Hg 为蒸气态原子。然后借助载气(Ar)将这些气态混合物导入原子荧光光谱仪的低温石英炉原子化器形成的氩氢火焰中进行原子化，由氩氢火焰将气态组分解离成待测元素的基态原子。待测元素的激发光源(一般为空芯阴极灯)发射的特征谱线通过聚焦，激发氩氢焰中待测物原子，蒸气相中基态自由原子受到具有特征波长的光源辐射后，其中一些自由原子的外层电子吸收能量，跃迁至较高能态而变成激发态，处于激发态的电子很不稳定，在极短的时间(约 10^{-8}s)内即会自发返回到较低能态(通常是基态)或邻近基态的另一能态，同时将吸收的能量以辐射的形式释放出去，发射出具有特征波长的原子荧光谱

线。这些不同波长的原子荧光谱线被光电倍增管接收，通过光电倍增管将光信号转换为电信号，然后经电路放大、调节，计算机数据处理得到测量结果。每个元素都有其特定的原子荧光光谱，此荧光信号的强弱与样品中待测元素的含量成线性关系，因此通过测量荧光强度就可以确定样品中被测元素的含量。

AFS-8500 原子荧光光度计结构如图 4-2-1 所示，主要由主机、进样系统、蒸气发生系统、原子化系统、光学系统、检测与数据处理系统等部分组成。

图 4-2-1 AFS-8500 原子荧光光度计

1. 主机

主机主要包括烟囱、原子化器、电子箱、气路等部分，如图 4-2-2 和图 4-2-3 所示。

(1)烟囱是为了防止外界杂散光对空心阴极灯光源产生影响。

(2)原子化器是提供原子化的装置，待测元素的气态化合物在氩氢火焰中进行原子化形成基态原子。原子化所需的能量由还原反应产生的氢气燃烧提供。

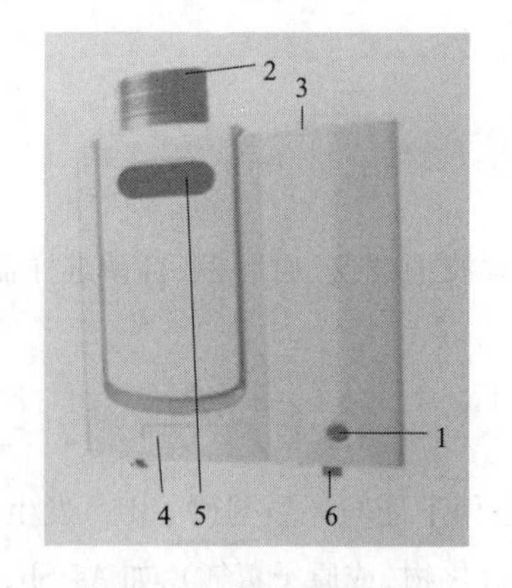

图 4-2-2 主机前面板图

1—主机开关；2—烟囱；3—灯室盖；
4—防护前门；5—火焰观察窗；6—水平调节底座

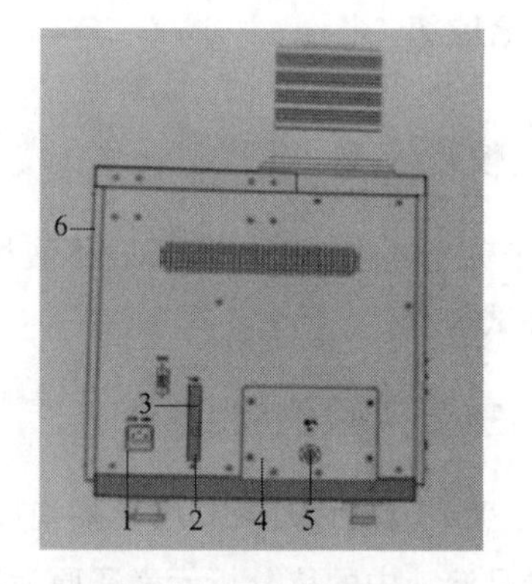

图 4-2-3 主机后面板图

1—电源接口；2—连接计算机的电缆接口；
3—连接自动进样器电缆接口；4—气路系统；
5—气路入口；6—电子箱紧固螺钉

2. 进样系统

采用全自动进样系统(见图 4-2-4)，样品和载流的引入共用一根采样毛细管。首先将采样毛细管放置到样品中，蠕动泵转动，将定量样品汲取到采样管中，然后将采样毛细管放到载流槽(见图 4-2-5)中，蠕动泵再次转动，吸取载流，依靠载流将样品推入反应块中。

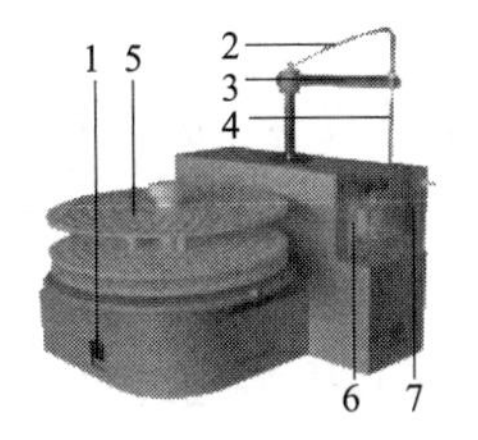

图4-2-4　自动进样器

1—开关;2—采样管;3—采样臂;4—采样针;
5—10 mL样品管架;6—50 mL样品管架;7—载流槽

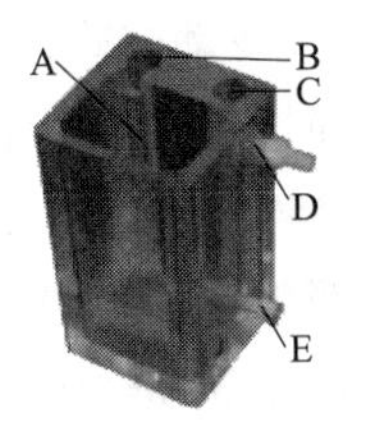

图4-2-5　载流槽

A—载流储存槽;B—采样针清洗槽;
C—废液储存槽;D—废液排出口;E—载流补充口

3. 蒸气发生系统

AFS蠕动泵系列原子荧光光度计的蒸气发生系统采用断续流动蒸气发生方式,原理如图4-2-6所示。其主要由蠕动泵、反应块、一级气液分离器、二级气液分离器和相应流路管路共同完成。蠕动泵转动将样品溶液和还原剂溶液分别引入反应块,同时吸取载流到采样管中清洗管路;样品溶液和还原剂溶液在反应块中混合并发生反应,反应产物(包括气态混合物和废液)由载气携带进入一级气液分离器,废液从一级气液分离器出口排出;气态混合物进入二级气液分离器,经过再次气液分离后进入原子化器,被特制点火炉丝点燃,形成氩氢火焰,使待测元素蒸气原子化。

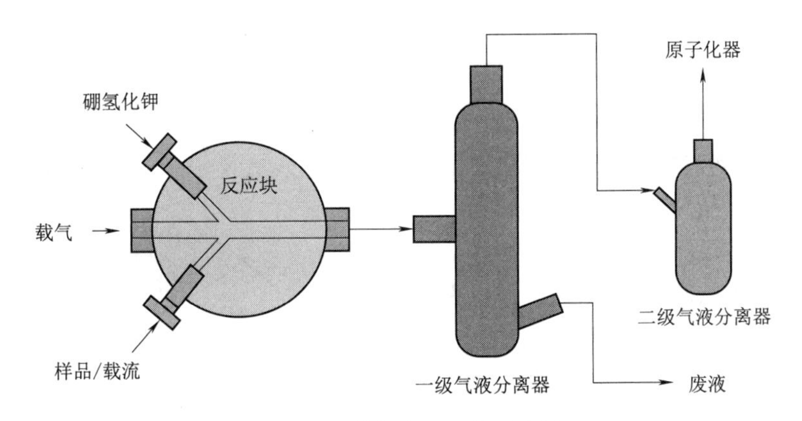

图4-2-6　蒸气发生系统原理图

4. 原子化系统

原子化系统可使待测元素的气态化合物或原子蒸气实现原子化。采用双层屏蔽式石英炉原子化器,中心为双层同心的石英炉芯,外周为固定及保温装置,特制点火炉丝安装在炉芯顶端。进入内层的为载气(氩气)、待测元素的原子蒸气或气态化合物和氢气的混合气体,外层通入屏蔽气(氩气)。内层气体入口和外层屏蔽气入口通过硅胶管分别与二级气液分离器出口和屏蔽气口相连。炉丝有两个作用:一是点燃氢气,在炉口上方形成浅蓝色的氢氧火焰,使待测元素的原子蒸气或气态化合物实现原子化;二是维持原子化器基础温度(200 ℃左右),这一温度可对气态混合物进一步干燥,以减少水分进入火焰区域,从而提高数据稳定性。

5. 光学系统

AFS蠕动泵系列原子荧光光度计所用的激发光源均为特制高强度空心阴极灯,空心阴极灯采用脉冲供电、恒流驱动方式，脉冲灯电流大小决定激发光源发射强度。在一定范围内，荧光强度随灯电流增大而增大，但灯电流过大会缩短灯的使用寿命，并且会发生自吸现象。

AFS 蠕动泵系列仪器的光学部件主要是透镜，在每个元素灯前都有一个聚光透镜，激发光源的辐射光经透镜聚焦后，汇聚在原子化器石英炉的火焰中心，以使尽量多的待测元素的基态原子吸收特征辐射能量，进而生成更多的激发态原子，激发态原子在去活化过程中释放出的荧光谱线以石英炉芯为中心，呈球面向四周辐射。在光电检测器前方也有一个聚光透镜，其目的是将辐射出的荧光以 1 : 1 的成像关系汇聚成像在 PMT 的光阴极面上，所有透镜的焦距相同，物距 = 像距 = 60 mm。

6. 检测与数据处理系统

AFS 的检测器采用的是日盲型光电倍增管（PMT），其特点是对波长在 160 ~ 320 nm 范围内的光有很高的灵敏度。虽然日盲光电倍增管对其他波长的光灵敏度较低，但是依然会有响应信号，因此在实验过程中禁止打开灯室盖和原子化室门，尽量降低外界光对测定的干扰。光电倍增管负高压默认值为 300 V，一般设置在 300 V 左右，可根据灵敏度高低情况进行更改，常用范围 200 ~ 500 V。

PMT 的作用是将光信号转化成电信号，以电流形式输出，其输出的电流信号经电流/电压转换后再进一步放大，经过解调和模/数（A/D）转换等一系列处理和运算，最终通过计算机显示和输出。

实验原理

1. 原子核式结构

1911 年，英国物理学家卢瑟福提出原子的核式结构学说，如图 4-2-7 所示，在原子的中心有一个很小原子核，由质子和中子两种微粒构成，带负电的电子在核外空间里绕着原子核旋转，整个原子呈电中性。原子核极小，直径约为 10^{-15} m，体积只占原子（直径约为 10^{-10} m）体积的几千亿分之一，却集中了 99.96% 以上原子的质量。

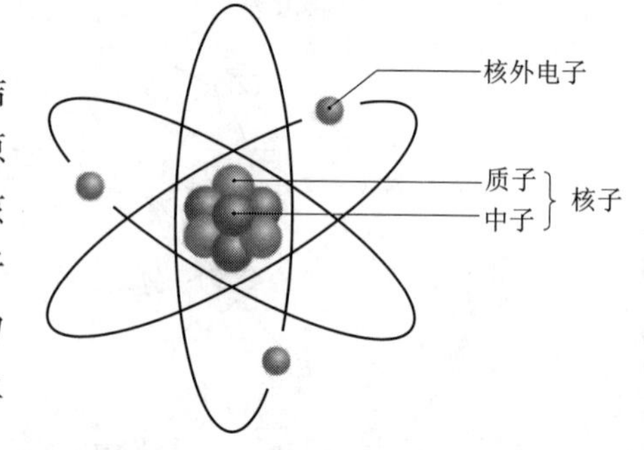

图 4-2-7 原子核式结构示意图

人们早在了解原子内部结构之前就已经观察到了气体光谱，不过那时无法解释为什么气体光谱只有几条互不相连的特定谱线。玻尔理论很好地解释了氢原子的光谱。1913 年丹麦物理学家玻尔在卢瑟福核模型基础上，结合普朗克量子假设和原子光谱的分立性，提出三条假设。

（1）定态假设：原子只能处于一系列不连续的能量状态中，在这些状态中原子是稳定的，电子虽然绕核运动，但并不向外辐射能量，这些状态称为定态，原子各个定态的能量值称为原子的能级。原子处于最低能级时电子在离核最近的轨道上运动，这种定态称为基态；原子处于较高能级时电子在离核较远的轨道上运动的这些定态称为激发态。

（2）跃迁假设：电子绕核转动处于定态时不辐射电磁波，但电子在两个不同定态间发生跃迁时，却要辐射（吸收）电磁波（光子），其频率由两个定态的能量差值决定 $h\nu = E_2 - E_1$。跃迁假设对发光（吸光）从微观（原子等级）上给出了解释。

(3)“轨道量子化假设”:由于能量状态的不连续,因此电子绕核转动的轨道半径也不能任意取值,必须满足

$$mvr = \frac{nh}{2\pi} \quad (n = 1, 2, 3, \cdots)$$

其中,m 为电子质量;v 为电子运动速度;r 为电子运动的轨道半径;h 为普朗克常数。轨道量子化假设把量子观念引入原子理论。

2. 原子光谱

光谱是按波长或频率顺序排列的电磁波序列。原子光谱是原子的电子运动状态发生变化时发射或吸收的有特定频率的电磁频谱,原子光谱是一些线状光谱。因元素的能级值不同,不同元素的原子从基态激发至第一激发态(或由第一激发态跃回基态)时,吸收(或发射)的能量也不同,因此不同元素各有其特征光谱线。几种元素的特征谱线如图 4-2-8 所示。原子光谱主要分为发射光谱(AES)、吸收光谱(AAS)和荧光光谱(AFS)。原子光谱都不是连续的,原子的发射谱线与吸收谱线位置精确重合。发射光谱是一些明亮的细线,吸收谱是一些暗线,锂、氦、汞的发射与吸收光谱如图 4-2-9 所示。

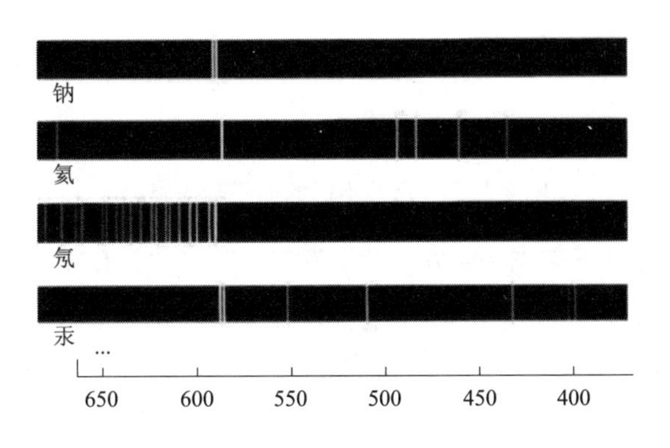

图 4-2-8　几种元素的特征谱线

图 4-2-9　锂、氦、汞的发射与吸收光谱

原子光谱中某一谱线的产生是与原子中电子在某一对特定能级之间的跃迁相联系的。不同原子的光谱各不相同,氢原子光谱最为简单,其他原子光谱较为复杂。用色散率和分辨率较大的摄谱仪拍摄的原子光谱还显示光谱线有精细结构和超精细结构,所有这些原子光谱的特征,反映了原子内部电子运动的规律性。由于原子是组成物质的基本单位,原子光谱对于研究分子结构、固体结构等也是很重要的。另外,由于原子光谱可以了解原子的运动状态,从而可以

研究包含原子在内的若干物理过程。原子光谱技术广泛应用于化学、天体物理学、等离子物理学和一些应用技术科学中。

3. 原子荧光光谱

气态自由原子吸收光源(常用空心阴极灯)的特征辐射后,原子的外层电子跃迁到较高能级,然后又跃迁返回基态或较低能级,同时发射出与原激发波长相同或不同的发射光谱即为原子荧光。原子荧光是光致发光,也是二次发光。当激发光源停止照射之后,再发射过程立即停止。

原子荧光可分为三类:共振荧光、非共振荧光和敏化荧光,实际得到的原子荧光谱线这三种荧光都存在。其中以共振原子荧光最强,在分析中应用最广。

(1)共振荧光。共振荧光是所发射的荧光和吸收的辐射波长相同。只有当基态是单一态,不存在中间能级,才能产生共振荧光,如图 4-2-10(a)所示。

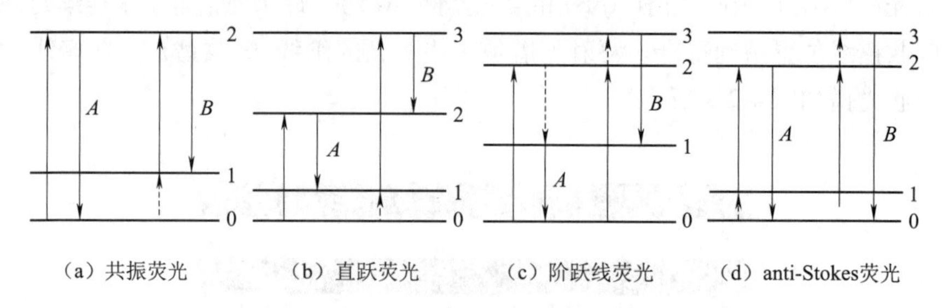

(a) 共振荧光　(b) 直跃荧光　(c) 阶跃线荧光　(d) anti-Stokes荧光

图 4-2-10　几种不同的原子荧光类型

(2)非共振荧光。非共振荧光是激发态原子发射的荧光波长和吸收的辐射波长不相同。非共振荧光又可分为直跃线荧光、阶跃线荧光和反斯托克斯荧光。直跃线荧光是激发态原子由高能级跃迁到高于基态的亚稳能级所产生的荧光,如图 4-2-10(b)所示。阶跃线荧光是激发态原子先以非辐射方式去活化损失部分能量,回到较低的激发态,再以辐射方式去活化跃迁到基态所发射的荧光,非辐射方式释放能量如碰撞、放热,如图 4-2-10(c)所示。直跃线和阶跃线荧光的波长都比吸收辐射的波长要长。反斯托克斯荧光(anti-Stokes 荧光)的特点是荧光波长比吸收光辐射的波长要短,如图 4-2-10(d)所示。

(3)敏化荧光。受光激发的原子与另一种原子碰撞时,把激发能传递给另一个原子使其激发,后者发射荧光。火焰原子化器中观察不到敏化荧光,在非火焰原子化器中才能观察到。

实验操作

1. 测试样品制备

(1)含水率测定。称取 50 g 飞灰样品,于 105 ℃下烘干,恒重至两次称量误差小于 ±1%,计算出样品含水率。

(2)浸提剂配置。量取 17.25 mL 冰醋酸,用去离子水稀释至 1 L,配置浸提剂。

(3)翻转振荡。称取 50 g 飞灰样品,置于提取瓶中,根据其含水率,按液固比 20 : 1(mL/g)加入浸提剂。将提取瓶固定在翻转振荡装置上,调节转速为(30 ±2) r/min,于(23 ±2)℃下振荡(18 ±2)h。

(4)过滤浸出液。使用孔径 0.8 μm 的滤膜,用正压过滤器过滤,过滤出液体在 4 ℃下保存。

(5) 微波消解。取 20 mL 过滤后浸出液,放入微波消解罐中,加入 1.5 mL 盐酸和 0.5 mL 硝酸,混匀。放入微波消解仪,选择消解程序 10:步骤一,5 min 内升到 100 ℃,并在 100 ℃保持 5 min;步骤二,5 min 内升到 170 ℃,并在 170 ℃保持 15 min。消解程序结束后,降至室温,将消解罐取出、放气、打开。

(6)测试试样制备。取 11 mL 消解后液体,移入 50 mL 比色管中,加 2.5 mL 盐酸,用去离子水定容,混匀后,取 10 mL 移入测试管,室温放置 30 min,测汞(测得值乘 5);

比色管中剩余液体再加入 8 mL 盐酸,去离子水定容到刻线,混匀后取出 10 mL 移入测试管,室温静置 30 min 后,测硒(测得值乘 6.25)。

(7)配制还原剂,100 mL 去离子水中先溶 0.5 g 氢氧化钠,再溶 2 g 硼氢化钾,按此比例配制。

(8)配制载流液,移取 5 mL 盐酸,用去离子水稀释至 100 mL,按此比例配制。

2. AFS 测试

(1)开启外围设备,排风、氩气、自动进样器,安装蠕动泵管,样品放入自动进样器。

(2)打开软件,打开主机电源开关,开气、点火,选测试元素,预热 30 min。

(3)预热结束后,新建测试,选定测试汞元素、设置样品个数,样品位置,开始测试。

(4)汞元素测试完成后,再建立新测试,测试硒元素。

(5)全部测试结束后,载流槽中载流液倒出,用去离子水清洗后,放入去离子水,还原剂管和载流管都放入去离子水中,点清洗,选择 8 次,冲洗进样管路 5 次后,断开进样针,拿出进样管,排空管路中液体。

(6)熄火,关气。关排风、氩气、自动进样器、AFS 主机电源、计算机,松开蠕动泵管。

3. 结果记录

(1)将测试文件保存为 Excel 文件,文件名为"日期 + 测试元素"。

(2)计算出飞灰样品浸出液中汞、硒元素含量,填入表 4-2-1 中。

表 4-2-1　飞灰样品浸出液中汞、硒元素检测结果一览表

序号	检测项目	单位	检测结果			分析日期	分析人员
			测量值	计算值	是否超标		
1	汞	μg/L					
2	硒						

注:①飞灰含水率为________%。②以上结果仅对接收样品负责。

整个实验过程中,必须注意以下事项:

(1)实验中均使用符合国家标准的优级纯试剂,实验用水为去离子水。

(2)定期向泵管和压块间加硅油,泵管弹性差、压扁时及时更换。

(3)还原剂要现配现用,反应器内要反应剧烈,产生大量气泡。

(4)实验时注意在气液分离器中不要有积液,以防溶液进入原子化器。

(5)测试结束后,一定用去离子水冲洗管路,打开压块放松泵管。

(6)长期不使用时,至少每周开机 1 h。

实验依据

《生活垃圾填埋场控制标准》(GB 16889—2008)。

思考与练习

1. 简述原子吸收光谱和发射光谱的区别。

2. 光谱测试分析的原理是什么?

4.3 利用X射线荧光光谱测试矿石组分实验

实验背景

地球的地壳是由岩石构成的,而岩石是矿物的集合体。当岩石中的某一成分或某些成分的含量,以目前的生产技术在经济上可有利的提取利用时,该岩石便称为矿石。矿石中除含有在当前经济上可利用的有用矿物外,还含有无价值的矿物,称为脉石。除富含有用矿物的富矿外,直接冶炼或处理含有大量脉石矿物的贫矿,将使矿石的运输、处理和冶炼设备的负荷和生产费用大大增加,造成不必要的损失和浪费。

随着世界矿物资源矿石的大量开采而日益贫乏,矿石中伴生元素的综合利用,以及工业废弃物中有用成分的回收日益受到人们的重视。矿产综合利用既是矿产开发的一项重要政策,也是合理开发资源、保护人类环境的一种有效手段。矿石中共生伴生资源的综合利用,可以使矿山企业增加产品品种,增加生产产值,减少生产设施的重复建设,降低生产本钱。从某种意义上说,共生伴生矿产资源的综合利用相当于扩大了资源量。下面介绍几种常见的矿石及其主要成分。

1. 铁矿石

铁矿石是指含有铁元素的矿物,主要成分是铁氧化物。常见的铁矿石有赤铁矿、磁铁矿、菱铁矿等。其中,赤铁矿是最常见的铁矿石,其主要成分为 Fe_2O_3,含铁量高达70%以上。

2. 铜矿石

铜矿石是指含有铜元素的矿物,主要成分是硫化铜。常见的铜矿石有黄铜矿、黄铜矿、硫铜矿等。其中,黄铜矿是最常见的铜矿石,其主要成分为 $CuFeS_2$,含铜量可达30%以上。

3. 铝矿石

铝矿石是指含有铝元素的矿物,主要成分是氧化铝。常见的铝矿石有赤铁矾、石英石、脉石等。其中,赤铁矾是最常见的铝矿石,其主要成分为 $Al_2O_3 \cdot Fe_2O_3 \cdot 3H_2O$,含铝量可达40%以上。

4. 锰矿石

锰矿石是指含有锰元素的矿物,主要成分是氧化锰。常见的锰矿石有菱锰矿、辉锰矿、钙锰矿等。其中,菱锰矿是最常见的锰矿石,其主要成分为 $MnCO_3$,含锰量可达40%以上。

5. 铅锌矿石

铅锌矿石是指含有铅和锌元素的矿物，主要成分是硫化物。常见的铅锌矿石有闪锌矿、方铅矿、黄铅矿等。其中，闪锌矿是最常见的铅锌矿石，其主要成分为 ZnS，含锌量可达 30% 以上。

铁矿石作为重要的工业基础资源，保障能力尤为重要。钢铁工业是我国国民经济的基础性产业，铁矿石是最重要的钢铁原材料。

X 射线荧光（XRF）技术是当今主要的分析测试技术之一，具有元素范围广、动态范围宽、检出下限低、精度高、速度快、自动化、无损测试、制样简单、多元素同时测定等诸多优点，与 ICP-AES、ICP-MS 并称无机多元素测试技术领域的三大支柱。顺序式波长色散型 X 射线荧光光谱仪是一种用于地球科学、材料科学、冶金工程技术、环境科学技术及资源科学技术领域的分析仪器。

本项目任务是利用 X 射线荧光光谱仪（XRF）对铁矿石组分进行定性及定量测量和分析。

实验目的

1. 了解 XRF 的构成、原理和基本测量、分析方法。
2. 了解仪器操作流程，进行铁矿石中元素的定性及定量分析。

实验仪器

一、仪器名称

CNX-808 波长色散 X 射线荧光光谱仪、自动进样器、冷水机、压片机、铁矿石样品。

二、主要实验仪器介绍

顺序扫描式波长色散 X 射线荧光光谱仪如图 4-3-1 所示。

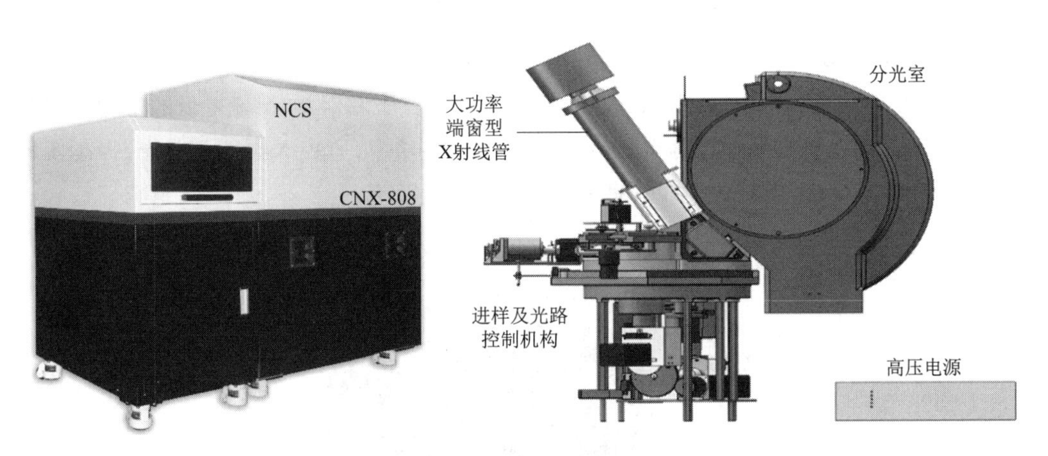

图 4-3-1　XRF 外观及内部结构示意图

设备主要由以下几部分组成：

光源系统：60 kV/4 kW 高压电源及 X 射线管，去离子水冷。

光路系统：10 位滤光片、4 位入射狭缝、4 组孔径光阑、6 位分光晶体。

测角仪系统:$\theta/2\theta$ 独立驱动,精度优于 0.000 2°。

真空系统:双泵双真空、进样室 - 分光室隔离、粉尘过滤。

探测器系统:PC、SC、SDD 三类探测器,高达 1 000 kcps 计数率。

进样器系统:48 位机械手式进样器。

控制系统:FPGA 高精度控制。

软件系统:监测、控制、调试、检测、报告、报表、数据查询等。

1. 测角仪系统

测角仪系统如图 4-3-2 所示,采用独立驱动,测角仪采用成熟可靠的传动和反馈技术,在保证性能优异的同时,具有可靠性高、使用寿命长等特点。其主要参数如下:

扫描范围:SC(1° ~ 118°)、PC(10° ~ 148°)。

步进角度:0.001°、0.002°、0.005°、0.01°、0.02°、0.05°、0.1°。

角度重复性:优于 0.000 1°。

角度精度:优于 ±0.000 2°。

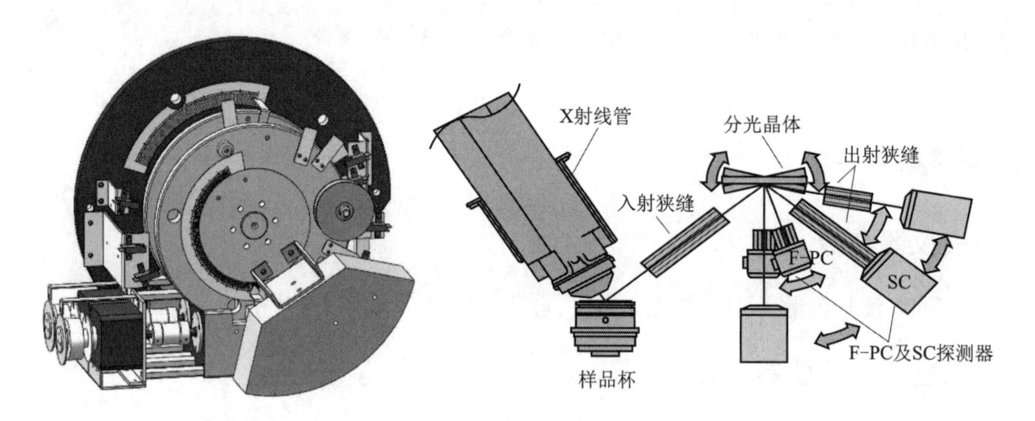

图 4-3-2 测角系统示意图

2. 大功率 X 射线源

大功率 X 射线源如图 4-3-3 所示,包括 4 kW 大功率高压发生器,保证更低的检测下限和更快的分析速度;优化的功率自动调节程序,能够快速调整功率,监控 X 射线管状态,提高使用寿命;一体化冷却水机,提供对 X 射线管更可靠的保护。

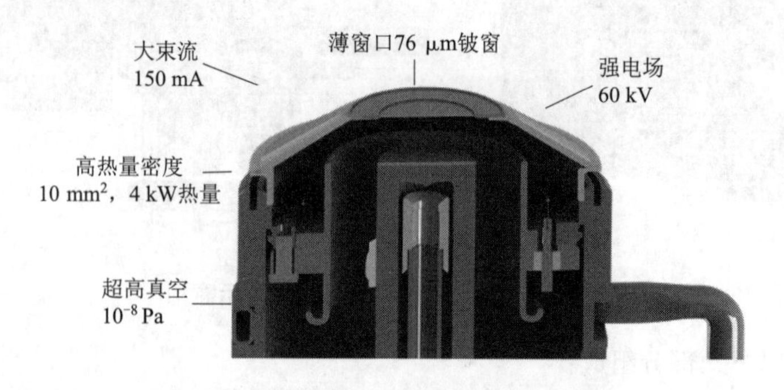

图 4-3-3 大功率 X 射线源结构示意图

3. 控制系统

FPGA 为核心的硬件控制系统，如图 4-3-4 所示。

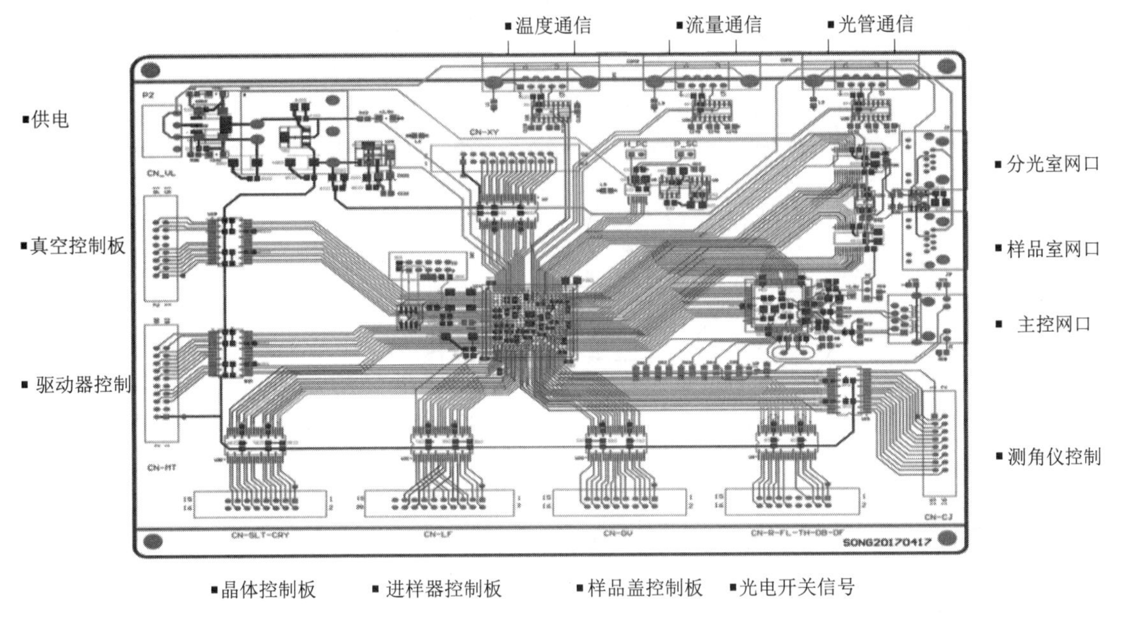

图 4-3-4 控制系统示意图

4. 进样系统

进样系统如图 4-3-5 所示，包括固体用样品杯、自动进样器、机械手自动进样系统、样品台等。样品台具有极坐标定位、带自旋功能。

图 4-3-5 进样系统图

实验原理

当能量高于原子内层电子结合能的高能 X 射线与原子发生碰撞时，驱逐出一个内层电子而出现一个空穴，这时的原子处于不稳定的激发态，激发态原子寿命为 $10^{-12} \sim 10^{-14}$ s。若外层电子从高能级轨道跃迁到低能级轨道来填充轨道空穴，多余的能量就会以 X 射线的形式释放出来，由此产生 X 射线荧光，如图 4-3-6 所示。

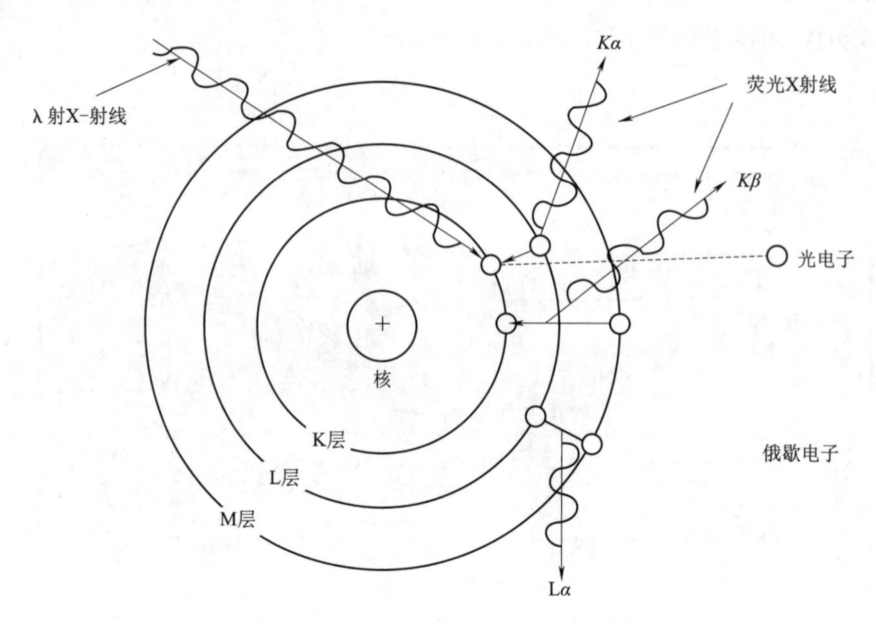

图 4-3-6　荧光 X-射线发生机理示意图

受激发元素辐射出的能量与该特定元素的轨道能级差直接相关，与原子序数的二次方成正比，这就是莫斯莱定律，即$\sqrt{\dfrac{1}{\lambda}} = C(Z-\sigma)$，式中，$\lambda$ 为特征 X 射线的波长，C，σ 为常数。

公式表明，只要测出了特征 X 射线的波长 λ，即可根据公式求出产生该波长的元素 Z，这就是 X－射线荧光光谱仪进行定性分析的依据。

若元素和实验条件一定时，荧光 X 射线的强度 I_i 与分析元素的质量分数 ω_i 的关系可表示为

$$I_i = \frac{K\omega_i}{\mu_m}$$

式中，μ_m 为总质量吸收系数；K 为常数。

上式表明，在一定条件下，荧光 X 射线强度与分析元素含量之间存在线性关系。这就为定量分析提供了理论依据。

利用 X 射线管发射的一次 X 射线照射试样，激发试样中的各元素，使它们辐射出各自的特征 X 射线。这些特征 X 射线经准直器准直，投射到分光晶体的表面，按照布拉格定律产生衍射，使不同波长的荧光 X 射线按波长顺序排列成光谱。

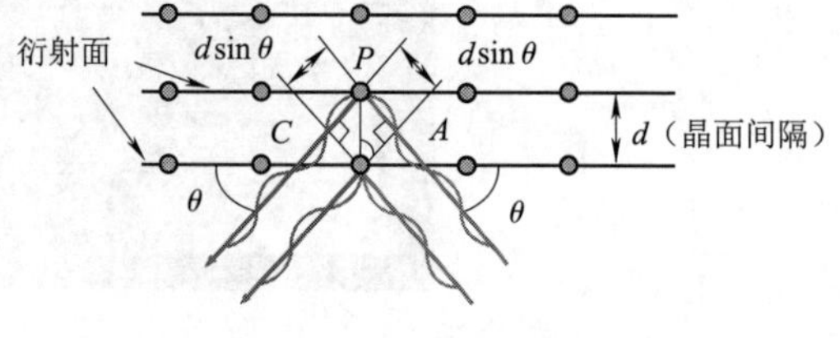

图 4-3-7　布拉格定律推导图

布拉格方程的推导如图 4-3-7 所示。波长为 λ 的 X 射线照入时，满足布拉格公式 $2d\sin\theta = n\lambda$ $(n=1,2,3,\cdots,n)$时，X 射线被衍射。

这些满足布拉格方程的谱线由检测器在不同的衍射角(2θ)上检测，转变成电脉冲信号，经电路放大，最后由计算机处理输出。

实验操作

1. 测试样品制备(压片法)

(1)称取(30.000 0 ±0.000 5)g 试样,在105 ℃烘干2 h。

(2)利用粉碎机将样品磨至200目。

(3)称取样品粉末(6.000 0 ±0.000 5)g。

(4)将硼酸放入压片模具四周,被测样品放入模具中心位置,取下模具,继续用硼酸覆盖样品表面,并涂抹均匀,厚度为1~2 mm。

(5)开启压片机,设置压力为30 t,压制时间为30 s,进行压样。

(6)取出样品,待测。

(7)利用无水乙醇对粉碎的容器和压片的模具进行清洁,防止样品间的相互污染。

2. XRF 分析测定

(1)打开主机电源,打开水冷机电源。

(2)检查仪器各部件状态,温度(36.5 ±0.1)℃,真空≤20 Pa,流气20 mL/min(超过4 h断电,点击维护→单步调试,需要先后以5 mL/min、10 mL/min、15 mL/min、20 mL/min的充气速率缓慢充气。)

(3)打开光管前,需水冷机自转至电导率小于0.4 μS/cm^2,压力、流量、水位处于“绿色”不报警的状态。

(4)单击菜单中维护→开关机,依次单击仪器初始化、开启X射线,关闭该菜单。

(5)进入维护选项中的单步调试界面,执行02~07开泵抽真空,双真空低于20 Pa完成后,进行后续操作。

(6)单击菜单中维护→开关机,单击卸载样品。

(7)单击菜单中样品分析按钮。

(8)样品准备:样品装入样品杯中,并放入仪器托盘中。

(9)添加样品信息:单击添加样品按钮添加样品。修改添加的样品信息:双击样品信息,选择样品位置、样品分析方法、修改样品名称以及测量次数。

(10)删除样品:选中样品,单击删除样品按钮,删除样品。

(11)样品测量:①选中待测样品,单击开始测量(只测选中样品);②选中其中一个样品,单击测试所有待测样品按钮(所有待测样品均测试)。

(12)测量结果查询:修改日期范围,选择相应工作曲线,单击查询按钮。

(13)关机:单击菜单中维护→开关机,依次单击关闭X射线、关机并保持真空,关闭该菜单。关闭软件,关机。

(14)关闭主机电源,关闭水冷机电源。

3. 实验数据分析与处理

将测试数据填在实验报告中。

实验依据

1.《波长色散X射线荧光光谱仪》(JJG 810—1993)。

2.《电子信息产品中有毒有害物质的检测方法》(SJ/T 11365—2006)。

思考与练习

1. 简述 XRF、ICP-AES 和 ICP-MS 之间的区别和联系。
2. 如何建立测试样品的标准曲线?

4.4 金属材料硬度及金相检测实验

实验背景

在近代,材料学家把金属材料比作现代工业的骨架。金属材料大规模生产及其使用量的急剧上升,极大地促进了人类社会经济和科学技术的飞速发展。如果没有耐高温、高强度、高性能的钛合金等金属材料,就不可能有现代宇航工业的发展。

通过本实验项目的开展,可以帮助我们更好地了解材料组织、结构与性能的关系。

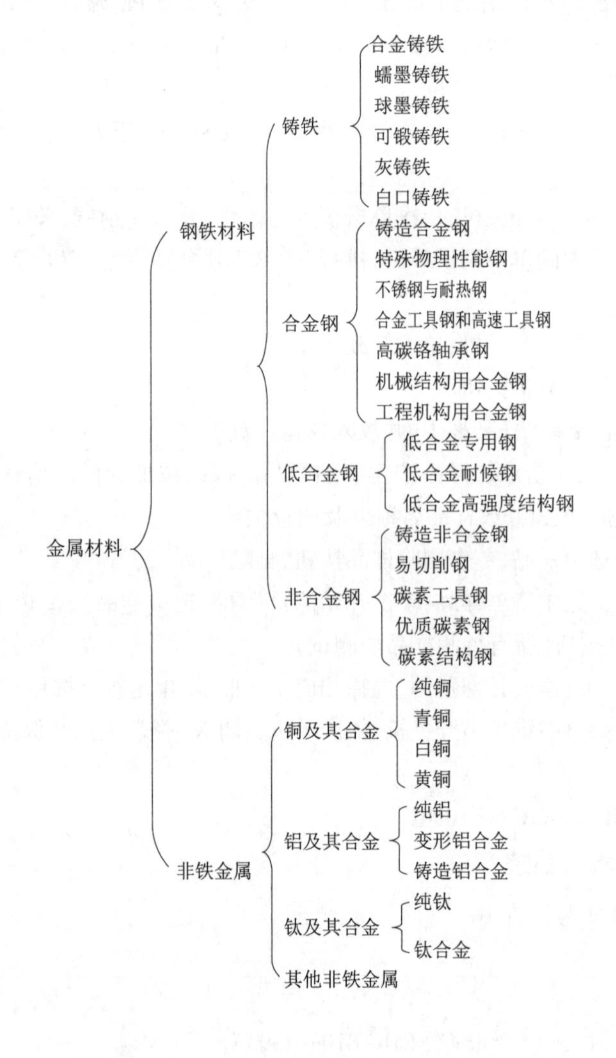

实验目的

1. 了解金属材料的分类。
2. 了解合金凝固过程。
3. 学习金相显微镜、维氏显微硬度计等仪器的使用。
4. 掌握测试样品制备方法。
5. 合金金相组织分析。

实验仪器

一、仪器名称

磨抛机、金相显微镜、MHVS-1 000 AT 自动转塔显微硬度计、电吹风机、铁碳合金。

二、主要实验仪器介绍

1. 自动转塔显微硬度计

自动转塔显微硬度计主要用于材料研究和科学试验方面小负荷维氏硬度试验，用于测试小型精密零件的硬度，表面硬化层硬度和有效硬化层深度，镀层的表面硬度，薄片材料和细线材的硬度，刀刃附近的硬度，牙科材料的硬度等。由于试验力很小，压痕也很小，试样外观和使用性能都可以不受影响。显微维氏硬度试验主要用于金属学和金相学研究，用于测定金属组织中各组成相的硬度，用于研究难熔化合物脆性等。显微维氏硬度试验还用于极小或极薄零件的测试，零件厚度可薄至 3 μm。

其主要结构如图 4-4-1 所示。

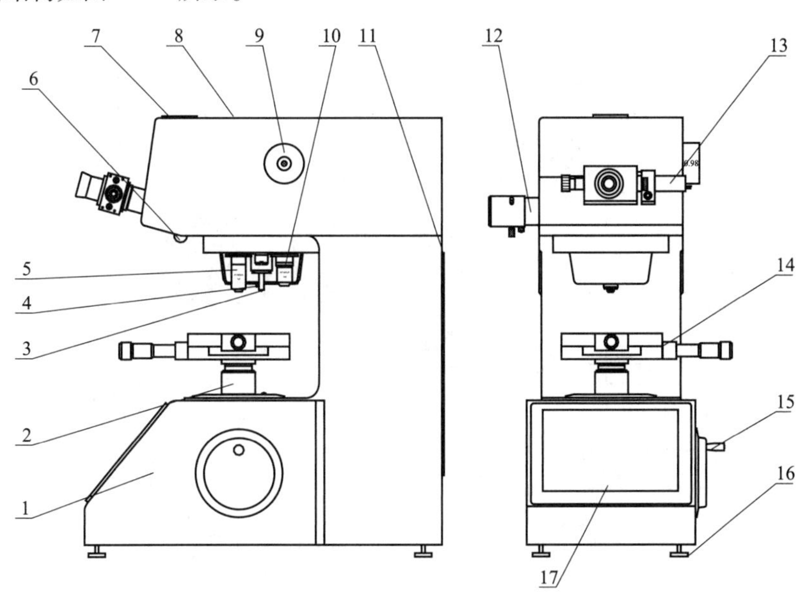

图 4-4-1 自动转塔显微硬度计结构示意图

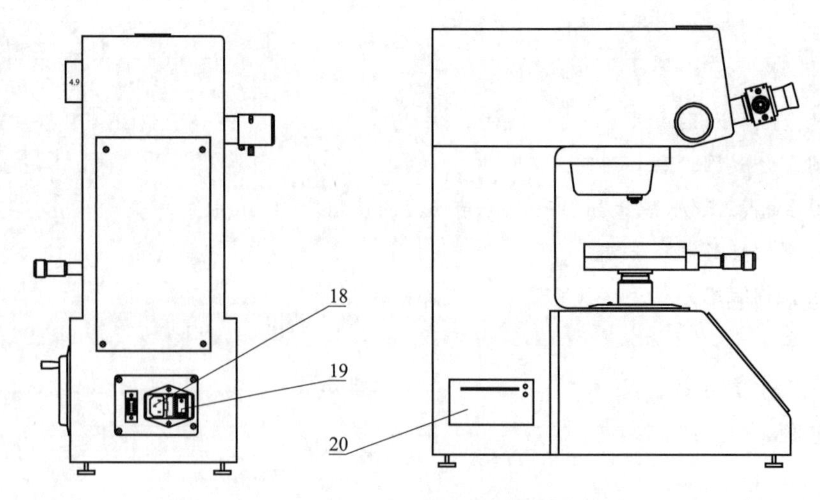

图 4-4-1 自动转塔显微硬度计结构示意图(续)

1—主体;2—升降丝杆;3—压头;4—压头紧定螺钉;5—40X 物镜;6—照相、测量转换拉杆;7—摄影盖板;8—上盖;9—试验力变换手轮;10—10X 物镜;11—后盖;12—测量照明灯座;13—数字式测微目镜;14—十字试台;15—聚焦手轮;16—水平调节螺钉;17—5 寸触摸屏;18—电源插座;19—电源开关;20—面板打印机(选配)

2. 金相显微镜

金相学主要指借助光学(金相)显微镜等对材料显微组织、低倍组织和断口组织等进行分析研究和表征的材料学科分支,既包含材料显微组织的成像及其定性、定量表征,亦包含必要的样品制备、准备和取样方法。其主要反映和表征构成材料的相和组织组成物、晶粒(亦包括可能存在的亚晶)、非金属夹杂物乃至某些晶体缺陷(如位错)的数量、形貌、大小、分布、取向、空间排布状态等。

金相显微镜系统是将传统的光学显微镜与计算机(数码相机)通过光电转换有机结合在一起,不仅可以在目镜上作显微观察,还能在计算机(数码相机)显示屏幕上观察实时动态图像,计算机型金相显微镜并能将所需要的图片进行编辑、保存和打印。金相显微镜主要结构如图 4-4-2 所示。

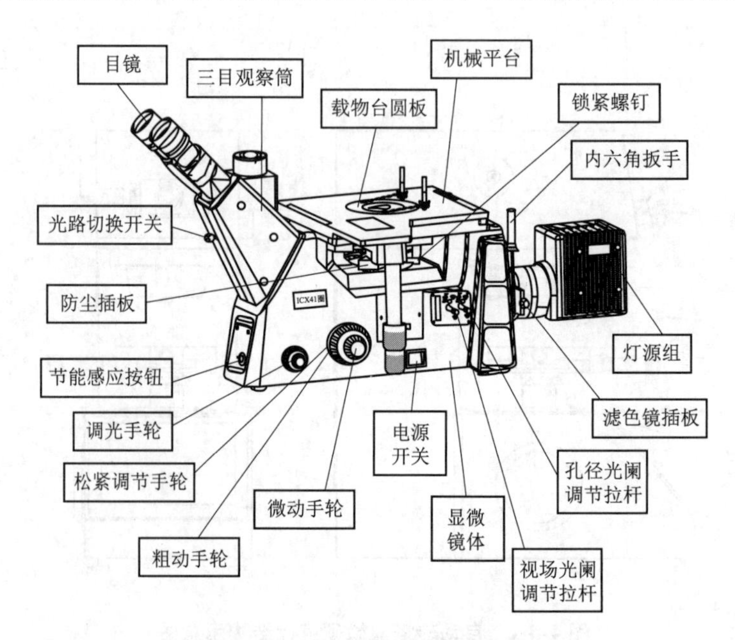

图 4-4-2 金相显微镜结构示意图

实验原理

1. 共晶凝固理论简介

1）共晶反应

在一定温度下，由一定成分的液相同时结晶出两种成分和结构都不相同的新固相的转变过程，称为共晶反应。

两组元在液相时无限互溶，在固态时有限互溶，并发生共晶反应，所构成的相图称为二元共晶相图，如图 4-4-3 所示。不论 A 溶于 B，还是 B 溶于 A，其溶质的平衡分配系数 $K_0<1$，如 B 相在 α 中的 $K_0=\frac{w_\alpha^S}{w_e}<1$，$A$ 相在 β 中的 $K_0=\frac{w_\beta^S}{w_e}<1$。其中，$w_e$ 是共晶成分，当共晶成分稍微变化，则引起初生相的变化，增加 B 组元，析出初生相 β，增加 A 组元，析出初生相 α。先析出相为领先相，一般为高熔点相。共晶点一般偏向低熔点组元一边。

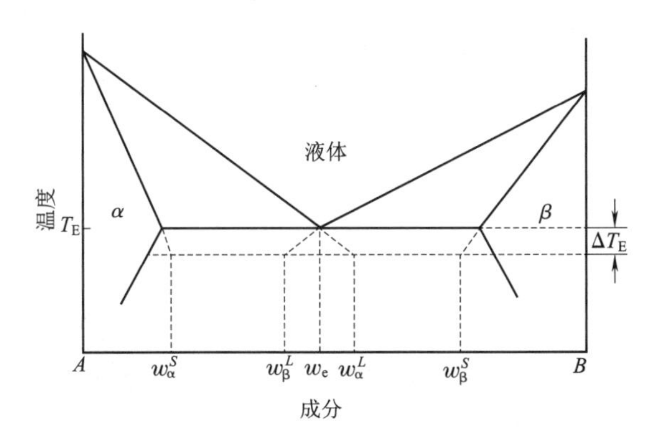

图 4-4-3　将相界外推到界面的过冷温度（赫尔特格林外推法）

2）共晶合金的分类

共晶合金分为规则共晶和非规则共晶。规则共晶是由金属 - 金属组成，具有明显的两相交替分布的特征，如层片状、棒状、螺旋状等，如图 4-4-4 所示；非规则共晶是由金属 - 非金属组成，无明显的两相交替分布的特征，如针状和树枝状等，如图 4-4-4 所示。

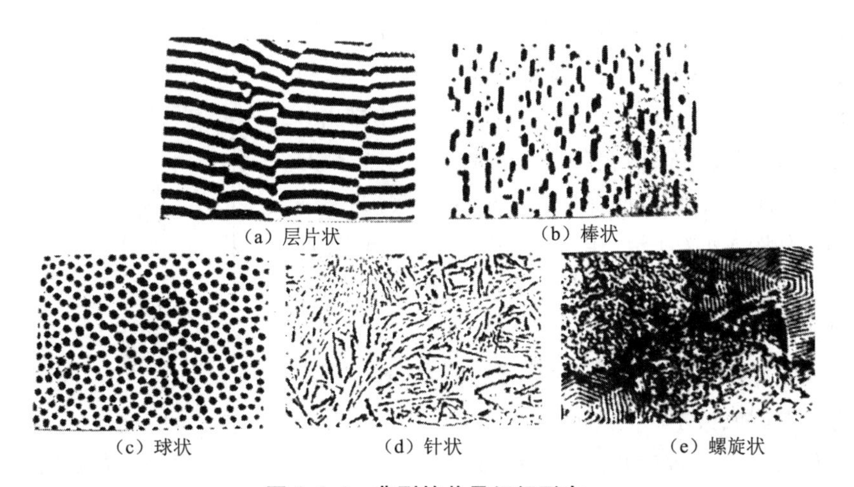

图 4-4-4　典型的共晶组织形态

3)规则共晶的凝固

规则共晶常见的组织为层片状共晶和棒状共晶,在此仅讲述层片状共晶的生长。共晶合金的凝固有形核和长大两个过程,当液体冷却到共晶温度以下时,过冷的液体含有两个固相形核的必要条件,一般条件下,总有一相先析出,称为领先相。

设 α 为领先相,首先 α 相从液相中形核并长大,α 成长时将排出 B 组元,则 α 周围的液体将富集 B 组元,并且已有的 α 相又可作为非均匀形核的基底,β 相依附在 α 相上形核并长大;同理,β 外围的液体中将富集 A 组元,α 可依附在 β 相上形核,此时 α 相不是在 β 相的侧面形核长大,而是原有的 α 相在 β 相未铺满处长出分枝,然后以分枝为基础,在 β 相表面长出新的片状 α 相,这种形核的过程称为"搭桥",如图 4-4-5 和图 4-4-6 所示,α 相和 β 相都是通过交替"搭桥"的方式形成相互连在一起的层片状共晶团,这是规则共晶形核的一大特点。

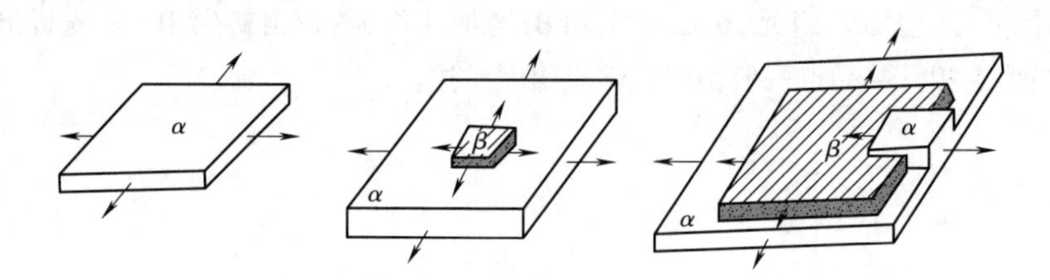

图 4-4-5 层片状共晶形核的搭桥机制

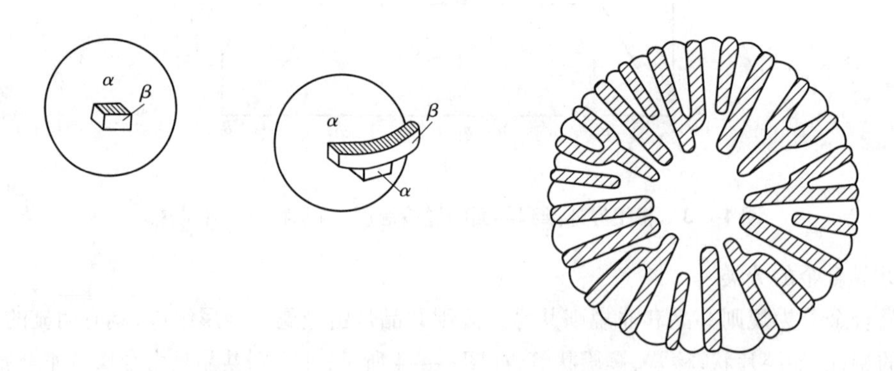

图 4-4-6 球状共晶团内层片的形核和分枝示意图

形核以后,α、β 两相以共同的生长界面与液体接触,向液体内生长,称为共生生长,也称"合作"方式生长。两相共生生长时,各在界面上排出另一组元的原子(β 相排出 A 组元,α 相排出 B 组元),而两相各自排出的组元正是对方生长时所需要的组元,在界面前沿产生横向扩散:$A \rightarrow \alpha$ 相;$B \rightarrow \beta$ 相,如图 4-4-7 所示。由于横向扩散的距离很短,因此共生生长的速度很快。层片状共晶界面前沿溶质的横向扩散是规则共晶生长的一大特点。

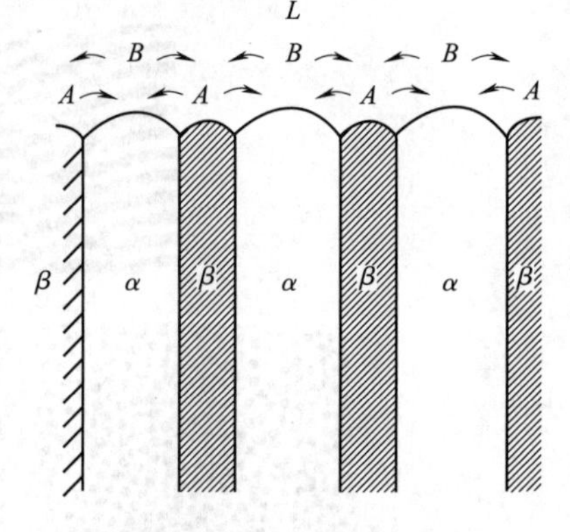

图 4-4-7 层片状共晶凝固时的横向扩散示意图

两相共同结晶得到的两相混合组织称为共晶体。只有两相同时存在共同成长才称为共晶凝固。共晶凝固所构成的共晶领域称为共晶晶粒或共晶团,凝固最后以各个共晶团互相接触为止。在一个共晶领域中,每相层片是属于同一个晶体生长得到的。在每一个共晶团内,为了降低界面能,两相之间一般存在一定的晶体学位向关系。

(1)金属-金属型共晶。由于两相的性质相近,且都是以单原子迁移来完成向液体中生长,两相均匀并肩生长,在一般情况下共晶体呈现简单的层片状,层片间每相的厚度比为两相的数量比。当两相中一相的数量明显地比另一相少时,含量少的这一相因过薄而收缩成棒状,甚至纤维状。层片间的距离取决于凝固时的过冷度,过冷度越大,凝固速度越大,层片间距越小,共晶组织越细。共晶组织越细,则合金的强度越高。

(2)第三组元对共晶组织的影响。向熔液中添加第三组元来改变组织形态的处理方法,称为变质处理,添加的第三组元称为变质剂。如 Al-Si 合金中加钠盐可细化晶粒;铸铁中加镁和稀土元素,可使石墨的形态由片状变成蠕虫状或球状,从而改变铸铁的性能。

(3)共晶合金中的初生晶形态。当熔体的成分偏离共晶成分时,在达到共晶转变之前有初生相的析出,这一过程同固溶体的凝固过程的前一阶段,这些初生相的形态主要取决于初生晶的性质。若初生晶为金属的固溶体,凝固时固液界面为粗糙型界面,一般呈树枝状(截面组织可呈椭圆形或不规则形状);若初生晶为非金属性,凝固时固液界面为光滑型界面,一般呈规则的特有多面体(截面组织呈多边形)。由于凝固时这些初生相并未完全接触,液体的成分和温度达到共晶点以下,初生晶的形态自然地保留下来,余下部分由共晶体填充。

4)非规则共晶的凝固

金属-非金属共晶(粗糙界面-光滑界面共晶)凝固时,其热力学和动力学原理和规则共晶一样,其差别在于非金属的生长机制与金属不同,具有强烈的各相异性,且固-液界面也不像规则共晶那样平直,而是参差不齐、多角形的形貌,如图 4-4-8 所示。

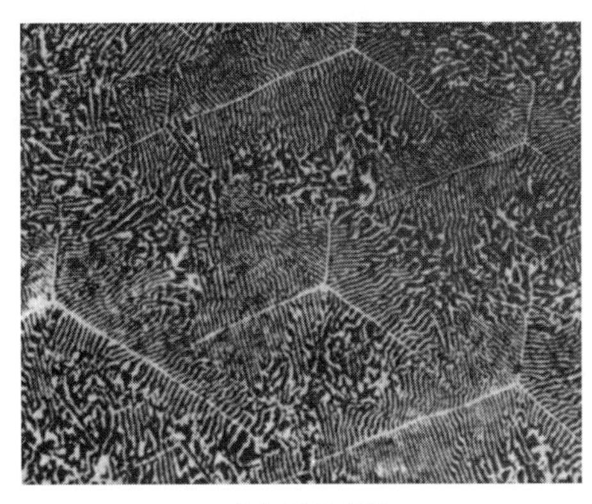

(a) Bi-Pb共晶

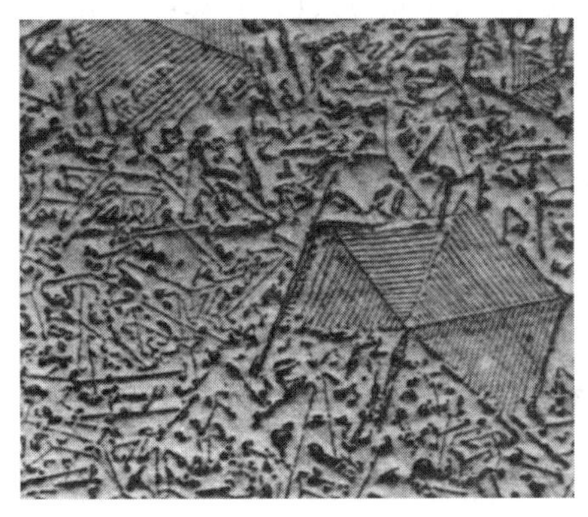

(b) Al-Si共晶

图 4-4-8　非规则共晶示意图

5)非平衡凝固的共晶组织

以上讨论的都是共晶系合金平衡凝固时组织转变的情况,实际生产中合金冷却的速度很大,平衡凝固(极缓慢冷却)难以实现。因此,合金的组织与合金成分之间的对应关系与平衡凝固时相比略有差别。

(1) 伪共晶。平衡凝固时,任何偏离共晶成分的合金都不会得到全部共晶组织。但是在非平衡凝固时,接近共晶成分的亚共晶或过共晶合金,凝固后可以全部是共晶组织。这种非共晶合金得到完全的共晶组织称为伪共晶。

（2）离异共晶。在亚共晶或过共晶合金中，那些成分远离共晶点的合金，当共晶成分的液相结晶时，共晶中的 α 相可以依附于初生的 α 相长大，结果使共晶 β 相孤立存在于 α 相周围，形成离异共晶。

2. 硬度测定

维氏硬度测试仪采用正四棱锥体金刚石压头，在试验力作用下压入试样表面，保持规定时间后，卸除试验力，测量试样表面压痕对角线长度（见图 4-4-9）。

图 4-4-9　维氏硬度测试图

维氏硬度的基本原理：试验力除以压痕表面积的商就是维氏硬度值。

维氏硬度 HV 值按式（1）计算：

$$HV = 常数 \times 试验力/压痕表面积 \approx 0.1891\ F/d^2 \tag{1}$$

式中，HV 表示维氏硬度符号；F 表示试验力，单位 N；d 表示压痕两对角线 d_1、d_2 的算术平均值，单位 mm。

实用中是根据对角线长度 d 通过查表得到维氏硬度值。

国家标准规定维氏硬度压痕对角线长度范围为 0.020 ~ 1.400 mm。

实验操作

1. 硬度测试

（1）检查显微硬度计，确保正常后打开电源。

（2）保持试样表面光滑平整，并放在样品台上，调节样品台高度。当试件离压头下端 0.5 ~ 1 mm时，转动转塔，20x 物镜转到前方位置，此时光路系统总放大倍数是 200x，靠近目镜观察。在目镜视场中出现明亮的光斑，说明聚焦面积将到来，此时应缓慢微量上升样品台，直至目镜中观察到试样表面清晰地成像，这时聚焦过程完成。

（3）按“开始测试”键，压头自动转到前方，对试样进行加载、保荷、卸载。结束后，压头退回，20x 物镜转到前方，屏幕回到操作页面。

（4）在目镜视场中观察压痕，稍微转动旋轮，上下移动样品台，将其调到最清晰。

（5）测量压痕对角线，先转动目镜左鼓轮，这时两刻线同时移动，先用左边刻线对准左边压痕顶点，然后转动右鼓轮，使另一刻线对准右边的顶点，测出 d_1 值，用同样的步骤测出另一对角线的长度 d_2，则可测出硬度值。

2. 金相试样制备及检测

(1)试样磨制。用一套金相砂纸(包括120#、180#、240#、320#、400#、600#、800#)在玻璃板上先粗后细逐号磨光。注意每换上一号细一些的砂纸时，将磨光方向转换90°，以便于观察原磨痕的消除情况。

(2)试样抛光。样品在金相样品抛光机上细抛，抛光液采用 Cr_2O_3 水溶液，使样品表面达到光亮如镜的光洁度。

(3)显微组织的腐蚀。将抛光好的样品直接在显微镜下观察，应基本上没有磨痕和磨坑，且无法观察到晶界、各类相和组织。本实验采用化学浸蚀法，将浸蚀液(5% HF 溶液)和纯酒精各倒入一个玻璃器皿中，用竹夹子夹脱脂棉、蘸浸蚀液在样品表面擦拭，当光亮镜面呈浅灰白色时，立即用水冲洗，并用酒精擦洗后用吹风机吹干。

(4)显微组织的观察与记录

制备好的样品用显微镜在40~400倍不同放大倍数下观察组织，体会放大倍数的不同对组织观察的影响。选择合适的放大倍数利用数码照相系统对样品进行数码照相。

实验依据

1.《金属材料　维氏硬度试验　第1部分:试验方法》(GB/T 4340.1—2009)。

2.《金属显微组织检验方法》(GB/T 13298—2015)。

思考与练习

1. 细化晶粒的方法有哪些?

2. HRC、HB和HV的试验原理有何异同?

3. 常用合金检测手段有SEM、TEM、EBSD、XRD等，它们的检测重点是什么?

4.5　利用电子万能试验机进行金属棒材拉伸实验

实验背景

圆形或长方形棒材可经过处理加工，制成各种产品。棒材通常需加工成其他形状的钢材，以满足工业生产的要求和最终产品应用。从桥梁部件到驾驶杆的最终产品应用，需要具有高强度和弹性的金属材料，它们能够在加载时弯曲而不会断裂。金属材料的力学性能(如强度、塑性、硬度和疲劳)是棒材的重要测量指标，也是判断其是否适于某种特定应用的重要依据。

拉伸试验为开发或评估金属材料的力学性能提供了相对简单、低成本的技术，它可提供金属和合金材料对机械负载反应的相关信息。

电子万能试验机可以完成试样的拉伸、压缩、弯曲和剪切等多种力学实验。

实验目的

1. 测定低碳钢拉伸时的塑性性能指标:伸长率和断面收缩率。
2. 测定灰铸铁拉伸时的强度性能指标:抗拉强度。
3. 绘制几种材料的拉伸曲线,比较几种材料在拉伸时的力学性能和破坏形式。

实验仪器

一、仪器名称

微机控电子万能试验机、多种金属棒材。

二、主要实验仪器介绍

微机控电子万能试验机

微机控电子万能试验机广泛应用于各行业进行拉伸性能指标的测试。其主要结构如图 4-5-1 所示,采用伺服电机作为动力源,丝杠、丝母作为执行部件,实现试验机移动横梁的速度控制。

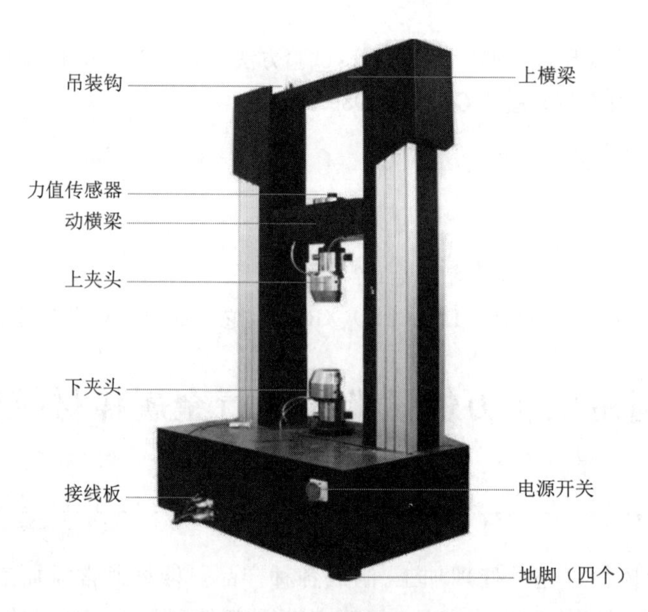

图 4-5-1 电子万能试验机

微机控电子万能试验机不用油源,所以更清洁,使用维护更方便;它的试验速度范围可进行调整,试验速度可达 0.001 ~ 1 000 mm/min,速比可达 100 万倍之多;试验行程可按需要而定,更灵活;测力精度高,有些甚至能达到 0.2%;体积小,质量小,空间大,方便加配相应装置来做各项材料力学试验。(除自动控制外,还可用电子万能试验机手控操作盒控制)

电子万能试验机手控操作盒(见图 4-5-2)按钮略称及使用注意事项:

(1)上升指示灯,动横梁上升时指示灯亮(红色)。

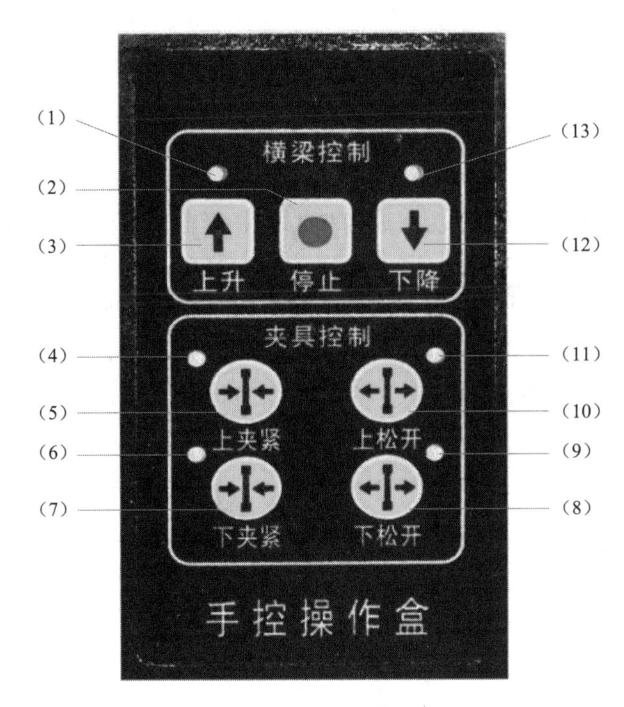

图 4-5-2　电子万能试验机手控操作盒

(2)停止按键,当需要动横梁停止运行时,按动此键。

(3)上升按键,在动横梁停止的状态下,按动一次,动横梁开始上升,在动横梁上升的状态下,按动此按键,动横梁移动速度会加快,按动此按键一次,动横梁移动速度会加倍,直到到达手控盒模式下的最高速度(450 mm/min)。

(4)上夹头夹紧指示灯,上夹头在夹紧的状态时灯亮(红色)。

(5)上夹头夹紧按键,当上夹头在松开状态下,即上夹头松开指示灯亮时,按动此键,上夹头夹紧,同时上夹头夹紧指示灯亮,在上夹紧指示灯亮时,请勿按此键。

(6)下夹头夹紧指示灯,下夹头在夹紧的状态时灯亮(红色)。

(7)下夹头夹紧按键,当下夹头在松开状态下,即下夹头松开指示灯亮时,按动此键,下夹头夹紧,同时下夹头夹紧指示灯亮,在下夹紧指示灯亮时,请勿按此键。

(8)下夹头松开按键,当下夹头在夹紧状态下,即下夹头夹紧指示灯亮时,按动此键,下夹头松开,同时下夹头松开指示灯亮,在下夹紧指示灯亮时,请勿按此键。

(9)下夹头松开指示灯,下夹头在松开的状态时灯亮(红色)。

(10)上夹头松开按键,当上夹头在夹紧状态下,即上夹头夹紧指示灯亮时,按动此键,上夹头松开,同时上夹头松开指示灯亮。在上松开指示灯亮时,请勿按此键。

(11)上夹头松开指示灯,上夹头在松开的状态时指示灯亮(红色)。

(12)下降按键,在动横梁停止的状态下,按动一次,动横梁开始下降,在动横梁下降的状态下,按动此按键,动横梁移动速度会加快,按动此按键一次,动横梁移动速度会加倍,直到到达手控盒模式下的最高速度(450 mm/min)。

(13)下降指示灯,动横梁下降时指示灯亮(红色)。

实验原理

1. 关于试样

拉伸是材料按照国家标准 GB/T 228《金属材料 拉伸试验》，金属拉伸试样的形状随着产品的品种、规格以及试验目的不同而分为圆形截面试样、矩形截面试样、异形截面试样和不经机加工的全截面形状试样四种。其中最常用的是圆形截面试样和矩形截面试样。

对试样的形状、尺寸和加工的技术要求参见国家标准 GB/T 228。

试样分为夹持部分、过渡部分和待测部分，如图 4-5-3 所示。标距 I_0 是待测部分的主体，其截面积为 A_0。按标距 I_0 与其截面积 A_0 之间的关系，拉伸试样可分为比例试样和非比例试样。按国家标准 GB/T 228 的规定，比例试样的有关尺寸见表 4-5-1。

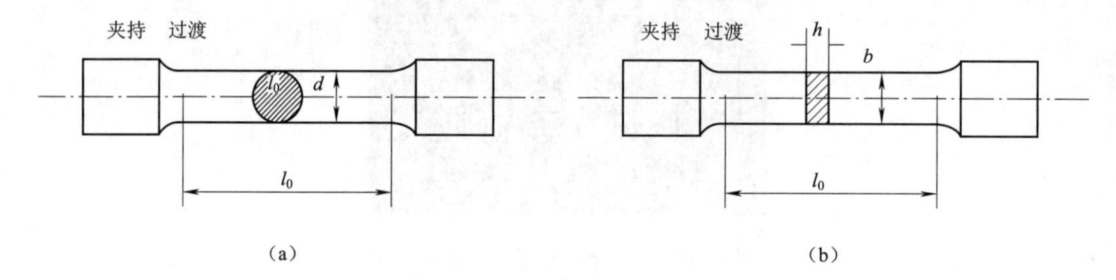

图 4-5-3 试件的截面形式

表 4-5-1 比例试样尺寸表

试样		标准 $l1_0$/mm	截面积 A_0/mm^2	圆形试样直径 d/mm	延伸率
比例	长	$11.3\sqrt{A_0}$ 或 $10d$	任意	任意	σ
	短	$5.65\sqrt{A_0}$ 或 $10d$			σ

2. 塑性材料弹性模量的测试

在弹性范围内大多数材料服从胡克定律，即变形与受力成正比。纵向应力与纵向应变的比例常数就是材料的弹性模量 E，也叫杨氏模量。因此，金属材料拉伸时弹性模量 E 的测定是材料力学最主要、最基本的实验之一。

测定材料弹性模量 E 一般采用比例极限内的拉伸试验，材料在比例极限内服从胡克定律，其荷载与变形关系为

$$\Delta L = \frac{\Delta P L_0}{E A_0}$$

若已知载荷 ΔP 及试件尺寸 L_0、A_0，只要测得试件伸长 ΔL 或纵向应变即可得出弹性模量 E。

本实验采用引伸计在试样预拉后，弹性阶段初夹持在试样的中部，过弹性阶段或屈服阶段，弹性模量 E 测毕取下，其中塑性材料的拉伸实验不间断。

当试样开始受力时，因夹持力较小，其夹持部分在夹头内有滑动，故图 4-5-4 中开始阶段的曲线斜率较小，它并不反映真实的载荷-变形关系；载荷加大后，滑动消失，材料的拉伸进入弹性阶段(见图 4-5-4)。

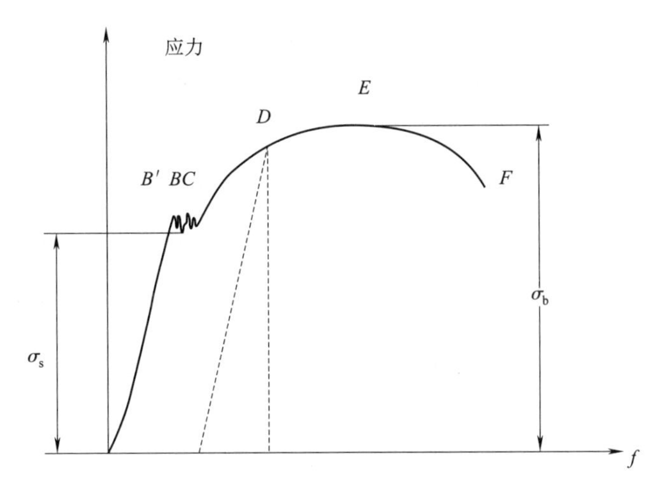

图 4-5-4　典型的低碳钢拉伸图

低碳钢的屈服阶段通常为较为水平的锯齿状(图 4-5-4 中的 $B'-C$ 段),与最高载荷 B'对应的应力称上屈服极限,由于它受变形速度等因素的影响较大,一般不作为材料的强度指标;同样,屈服后第一次下降的最低点也不作为材料的强度指标。除此之外的其他最低点中的最小值(B 点)作为屈服强度 σ_s,即

$$\sigma_s=\frac{P_{SL}}{A_0}$$

式中,P_{SL}为屈服载荷。当屈服阶段结束后(C 点),继续加载,载荷一变形曲线开始上升,材料进入强化阶段。若在这一阶段的某一点(如 D 点)卸载至零,则可以得到一条与比例阶段曲线基本平行的卸载曲线。此时立即再加载,则加载曲线沿原卸载曲线上升到 D 点,以后的曲线基本与未经卸载的曲线重合。可见经过加载、卸载这一过程后,材料的比例极限和屈服极限提高了,而延伸率降低了,这就是冷作硬化。

随着载荷的继续加大,拉伸曲线上升的幅度逐渐减小,当达到最大值(E 点)R_m 后,试样的某一局部开始出现颈缩,而且发展很快,载荷也随之下降,迅速到达 F 点后,试样断裂。材料的强度极限 σ_b 为

$$\sigma_b=\frac{P_b}{A_0}$$

式中,P_b 为最大载荷。当载荷超过弹性极限时,就会产生塑性变形。金属的塑性变形主要是材料晶面产生了滑移,是剪应力引起的。描述材料塑性的指标主要由材料断裂后的伸长率 σ 和截面收缩率 ψ 来表示。

$$伸长率\quad \delta=\frac{l_1-l_0}{l_0}\times 100\%$$

$$截面收缩率\quad \psi=\frac{A_0-A_1}{A_0}\times 100\%$$

式中,l_0、l_1 和 A_0、A_1 分别是断裂前后的试样标距的长度和截面积。

l_1 可用下述方法测定:

直接法:如断口到最近的标距端点的距离大于 $l_0/3$,则直接测量两标距端点间的长度为 l_1。

移位法:如断口到最近的标距端点的距离小于 $l_0/3$,如图 4-5-5 所示,在较长段上,从断口处

O 起取基本短段的格数，得到 B 点，所余格数若为偶数，则取其一半，得到 C 点；若为奇数，则分别取其加 1 和减 1 的一半，得到 C、C_1 点，那么移位后的 l_1 分别为

$$l_1 = AO + OB + 2BC, l_1 = AO + OB + BC + BC_1$$

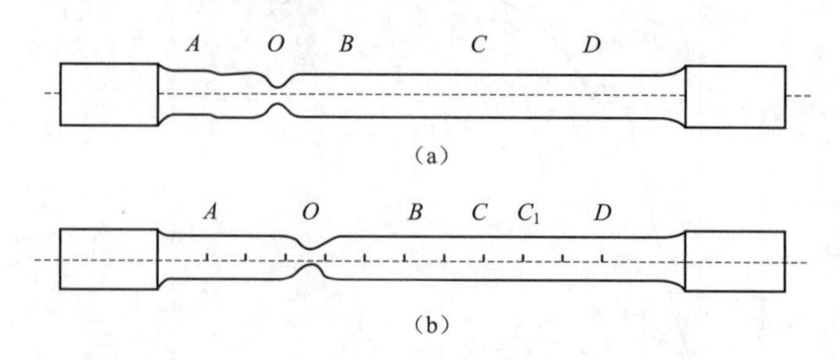

图 4-5-5　标记测量图

实验操作

1. 塑性材料的拉伸（圆形截面低碳钢）

（1）确定标距。

选择适当的标距（这里以 10 d 作为标距 l_0），并测量 l_0 的实际值。为了便于测量 l_1，将标距均分为若干格，如 10 格。

（2）试样的测量。

用游标卡尺在试样标距的两端和中央的三个截面上测量直径，每个截面在互相垂直的两个方向各测一次，取其平均值，用三个平均值中最小者作为计算截面积的直径，并计算出 A_0 值。

（3）打开软件 NATNCS，选择实验方法：棒材拉伸→金属拉伸。

（4）样品上方用夹具夹紧，夹住长度约占夹头的 2/3，此时，在软件中实验进程下进行力清零。

（5）在实验阶段中，设置控制方式（位移控制或引伸计控制），若选用位移控制方式，第一阶段拉伸速率为 3 mm/min，第二阶段拉伸速率为 8 mm/min，转换方式可通过设置力值或位移等进行控制。

（6）在实验进程中，设置位移（上一步选位移控制时）或轴向变形（上一步选用引伸计控制时），设置实验参数，依次输入编号、名称、直径、夹口间距 l_c、原始标距 l_0 等，回车计算面积。

（7）检查测试样品下端是否对准下方夹头空隙，对准后，让横梁下降，预计样品进入夹头 2/3 距离时停止，夹紧下夹头。

（8）选用位移控制方式可不加初载，选用引伸计，需要加初载 200 N，将样品拉直。

（9）选用引伸计，该步绑引伸计。

（10）开始实验。

（11）根据提示，拆除引伸计（或平移曲线到 0.2，提前拆除引伸计）。

（12）提高拉伸速率直到断裂，断裂后仪器自动停止，取下样品，输入断后参数，如缩径 d，标距 l 等，单击有效保存参数。

（13）在数据管理中，查看测试结果，显示报表。

（14）在图形分析中，选取力-变形曲线。

2. 脆性材料的拉伸(圆形截面铸铁)

铸铁等脆性材料拉伸时的载荷-变形曲线不像低碳钢拉伸那样明显地分为弹性、屈服、颈缩和断裂四个阶段,而是一根接近直线的曲线,且载荷没有下降段。它是在非常小的变形下突然断裂的,断裂后几乎看不到残余变形。因此,测试它的 σ_s、δ、ψ 没有实际意义,要测定它的强度极限 σ_b 就可以了。

实验前测定铸铁试件的横截面积 A_0,然后在试验机上缓慢加载,直到试件断裂,记录其最大载荷 P_b,求出其强度极限 σ_b。

3. 拉伸试验结果的计算精确度

1. 强度性能指标(屈服应力 σ_s 和抗拉强度 σ_b)的计算精度要求为0.5 MPa,即凡小于0.25 MPa的数值舍去,大于0.25 MPa而小于0.75 MPa的数值化为0.5 MPa,大于0.75 MPa的数值者则进为1 MPa。

2. 塑性性能指标(伸长率 δ 和断面收缩率 ψ)的计算精度要求为0.5%,即凡小于0.25%的数值舍去,大于等于0.25%而小于0.75%的数值化为0.5%,大于等于0.75%的数值则进为1%。

实验依据

1. GB/T 228《金属材料　拉伸试验》。
2.《微机控制电子万能试验机操作说明书》。

思考与练习

1. 当断口到最近的标距端点的距离小于 $l_0/3$ 时,为什么要采取移位的方法来计算?
2. 用同样材料制成的长、短比例试件,其拉伸试验的屈服强度、伸长率、截面收缩率和强度极限都相同吗?
3. 观察铸铁和低碳钢在拉伸时的断口位置,分析为什么铸铁大都断在根部。
4. 比较铸铁和低碳钢在拉伸时的力学性能。

4.6　金属材料冲击实验

实验背景

1912年,泰坦尼克号(见图4-6-1)沉没新闻一经公布,各国科学家不约而同地提出疑问:集当时先进工艺于一身,享有“永不沉没”美誉的“钢铁巨兽”,怎么会撞击冰山而沉没?在泰坦尼克号沉没79年后,通过研究船体金属残骸,科学家揭开了这个谜团:建造泰坦尼克号时,工程师选用船体钢材,一味重视强度,却忽视了钢材韧性。在钢质船舶诞生初期,世界各国科学家都坚信船体钢材越硬越好,他们通过各种方法提升钢材强度。令科

图4-6-1　泰坦尼克号

学家没想到的是,这不仅没有使船舶更加坚固,反而变得更加"脆弱",一个个沉船事故接踵而至。1943年,"斯克内克塔迪"号油轮停泊在纽约港。工程师在巡检时发现,甲板出现一道裂缝。谁知,裂缝顺着船体急速扩展,最终将轮船撕裂成两截。1954年,英国邮轮"世界协和"号航行在爱尔兰寒风凛冽的海面上,船体中部突然出现裂缝,一声巨响后,邮轮裂成两截,迅速沉入海底。一系列重大事故引起造船界的高度关注。这些船舶严格按照传统造船设计要求,各项参数也完全符合规范标准。那么,发生断裂事故的原因是什么呢?对此,科学家认为,这不是偶然因素,一定是传统设计理念忽略了什么。大量的调查研究数据,揭开了船体断裂的神秘"面纱"。在传统力学中,钢材被认为是均匀理想固体。但在制造、加工及使用过程中,科学家发现内部会产生各种裂纹。当外界施加作用力时,裂纹会发生扩展,钢材强度越高,扩展越容易,当扩展幅度达到临界值时,船体便会断裂。这是经典强度理论无法解决的问题。为了定性材料抵抗因裂纹导致断裂的能力,科学家提出一个新的测量指标——韧性。20世纪初,法国科学家格里菲斯开展了关于韧性的研究。当时,他的研究对象是玻璃等脆性材料,没有得到船舶制造业的重视。直到20世纪中期,韧性研究工作取得一定进展,人们才对钢材裂纹有了深刻认识,并逐渐形成一门新的学科——断裂力学。断裂力学为现代船舶制造业提供了理论支持,帮助工程师完善船舶设计,提高机构安全性,消除断裂事故隐患。工程师对钢材需求从强度至上转变为对强度、韧性等多项质量指标的综合评估。船体钢材的新需求,倒逼船舶制造业不断改进钢材制造工艺。在实践中,科学家探索出钢材控制轧制和控制冷却技术,显著提高了钢材韧性。在民用船舶领域得到广泛应用后,高韧性钢材逐渐向军用舰船领域拓展。用高韧性钢材建造的军舰,可以抵抗来自炮弹的袭击,极大增强了舰船的生存能力。在航母上,用高韧性钢材铺设的飞行跑道,可以承受20~30 t舰载机起飞和降落的强大冲击力,确保舰载机飞行安全。

实验目的

1. 测定低碳钢材料的冲击韧度值。
2. 观察分析低碳钢材料在常温冲击下的破坏情况和断口形貌。
3. 了解冲击试验方法。

实验仪器

一、仪器名称

NI300摆锤式冲击试验机、低碳钢、工业纯铁、20#钢试样、其他金属试样。

二、主要实验仪器介绍

NI300摆锤式冲击试验机

NI300摆锤式冲击试验机(见图4-6-2)由传动系统、能量显示装置、安全防护装置、电器控制系统等部分组成(见图4-6-3)。

图4-6-2　摆锤式冲击试验机

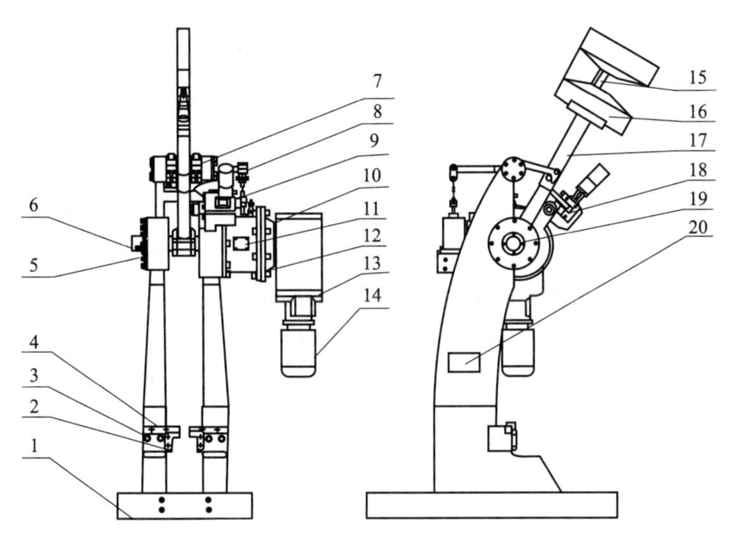

图 4-6-3　摆锤式冲击试验机结构图

1—主机架；2—水平钳口；3—钳口固定座；4—垂直钳口；5—轴承端盖；6—编码器；7—挂摆装置；8—脱摆装置；9—安全防护装置；10—固定法兰；11—离合器；12—固定支架；13—减速器；14—电机；15—锤刃；16—锤头；17—摆杆；18—脱摆装置；19—编码器罩；20—铭牌

实验原理

冲击试验是用以测定金属材料抗缺口敏感性（韧性）的一种动态力学性能试验，用来测定冲断一定形状的试样所消耗的功，又称冲击韧性试验。冲击试验是利用能量守恒原理，将具有一定形状和尺寸的带有 V 形或 U 形缺口的试样，在冲击载荷作用下冲断，以测定其吸收能量的一种试验方法。冲击试验对材料的缺陷很敏感，能灵敏地反映出材料的宏观缺陷、显微组织的微小变化和材料质量。此外，在金属材料的冲击实验中，还可以揭示静载荷时不易发现的某结构特点和工作条件对机械性能的影响（如应力集中、材料内部缺陷、化学成分和加荷时温度、受力状态以及热处理情况等），因此它在工艺分析比较和科学研究中都具有一定的意义。

实验时将试样放在试验机支座上，缺口位于冲击相背方向，并使缺口位于支座中间，然后将具有一定质量的摆锤举至一定的高度 H，使其获得一定的势能 mgH，释放摆锤冲断试样，摆锤的剩余能量为 mgh，则摆锤冲断试样失去的势能为 $mgH - mgh$（见图 4-6-4）。如果忽略空气阻力等各种能量损失，则冲断试样所消耗的能量 W（即试样的冲击吸收功）为

$$W = mg(H - h)$$

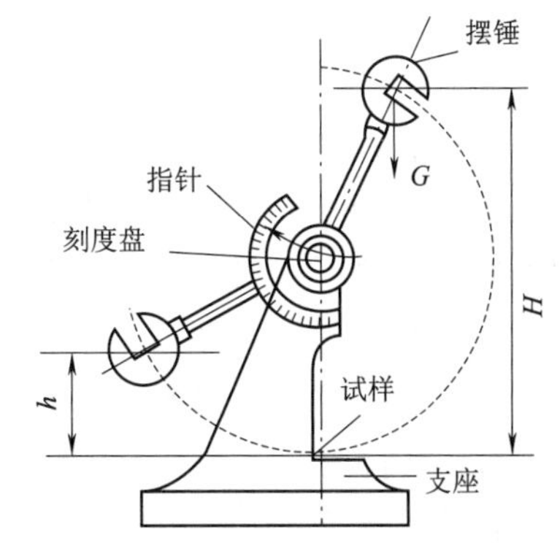

图 4-6-4　冲击试验机原理图

W 的具体数值可直接从冲击试验机的表盘上读出，其单位为 J。将冲击吸收功 W 除以试样缺口底部的横截面积 A（cm^2），即可得到试样的冲击韧性值 a_k，即

$$a_k = \frac{W}{A}$$

式中，W 为冲断试件时所消耗的功，A 为试件缺口横截面积。

实验操作

1. 打开总电源开关及电机电源开关，进入启动界面。

2. 单击触摸屏的“NCS”图标，系统进入触摸屏“功能菜单”界面。

3. 单击“系统操作”图标，进入冲击试验的操作界面及冲击功能量值的示数界面。

4. 举摆准备：单击“举摆”，摆锤会自动向挂钩方向举起，同时安全销会自动吸入，当摆锤到达预定高度即初始仰角的位置时，电机会自动停止转到，摆杆会自动挂在主机的挂钩上，同时安全销会弹出来，此时冲击试验机处于正常的准备试验状态。

5. 空打检验：在做实际试样的冲击试验之前，可以先做几次空打操作，以检查试验机的工作状态是否良好及零点示值是否合理等：单击“退销”，安全销会自动退回，然后再单击“冲击”。摆锤会自动脱钩释放，冲击动作完成后摆锤会自动重新举起，然后处于正常的挂摆状态，而不需要人为干预；如果空打操作一切正常且零点示数在允许误差范围内，则可以进行实际样品冲击试验。

6. 试样准备

样品标准尺寸：55 mm×10 mm×10 mm，中间有 V 形或 U 形缺口（见图 4-6-5）：

（1）V 形缺口应有 45°夹角，其深度为 2 mm，底部曲率半径为 0.25 mm。

（2）U 形缺口深度一般应为 2 mm 或 5 mm，底部曲率半径为 1 mm。

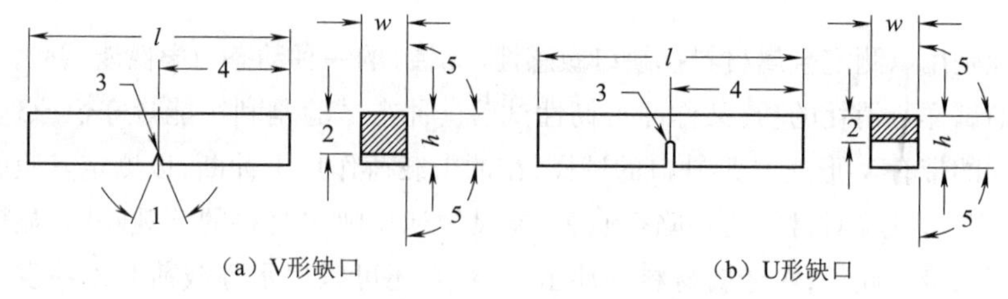

（a）V形缺口　　（b）U形缺口

图 4-6-5　V 形和 U 形缺口

7. 放置样品

在完成空打检验操作的基础上，摆锤是处于挂摆的状态，在确认安全销在闭合状态时，可以打开防护罩中间放试样的小门（而防护罩左右两侧的大门在整个做试验的过程中是绝对不可以打开的，以免摆锤撞到防护罩的门或发生其他危险），把准备好的试样用专用试样夹夹住放在钳口的冲击位置上（见图 4-6-6），试样放好后，关闭小门。

8. 冲击样品

单击“退销”，待安全销打开后，再单击“冲击”，这时摆锤会自由释放，完成冲击过程，冲击功的数值会自动显示在触摸显示屏上，如选配了计算机，数值会同时在计算机的软件里，同时摆锤会自动举起，处于正常的挂摆状态，准备做下一个冲击试验。

9. 落摆复位

当一批试样试验结束时，把摆锤落下来放到铅垂位置，具体操作是：先单击“退销”，待安全销打开后，单击“落摆”键，摆锤在电机的带动下会缓慢落到铅锤位置后停止。此时电机停止转动，安全销闭合，设备处于停止状态。

10. 记录测试数据，填入表 4-6-1。

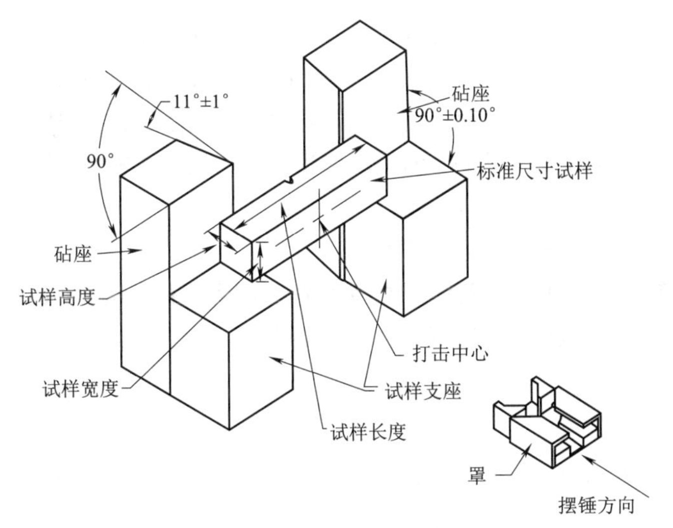

图 4-6-6　试样放置位置

表 4-6-1　冲击试验记录表

样品编号	冲击功 A_k/J	试样横断面积 A/cm^2	冲击韧性 a_k/(J/cm^2)	备注
1				
2				
3				
4				

11. 观察断口形貌特征

试样冲击完成后,把 4 组试样收集在一起,观察其断裂形貌,分析断裂性质及其机理。

实验依据

1.《钢及钢产品　力学性能试验取样位置及试样制备》(GB/T 2975—2018)。

2.《金属材料　夏比摆锤冲击试验方法》(GB/T 229—2020)。

3.《摆锤式冲击试验机的检验》(GB/T 3808—2018)。

思考与练习

1. 除了本实验采用的摆锤冲击试验,测量材料耐冲击性能的还有哪些实验?分析其异同点。

2. 低碳钢和铸铁在冲击作用下所呈现的性能是怎样的?

3. 材料冲击实验在工程实际中的作用如何?

4.7　矿物加工实验

实验背景

矿物加工是一门分离、富集、综合利用有用矿产的应用技术,主要的研究内容包括两方面:

第一，通过施加外力，将矿物中具有一定形状和规格的有用矿物颗粒解离出来；第二，利用矿物的物理化学性质差异，借助多种分离、加工的手段和方法，将矿物中的有用矿物分离出来。常用的矿物加工方法主要包括球磨、重选法、磁选法、电选法、浮选法、化学分选法、生物分选法、特殊分选法等。本实验将重点介绍球磨机、螺旋溜槽、摇床、磁选机、电选机的设备结构、选矿过程及选矿原理。

通过上述矿物加工的方法可实现以下目标：

1. 富集有用矿物，提高有用矿物的品位，为低品位矿物中有价元素的高效利用提供支撑。

2. 分离不同性质的矿物，实现有价组元的分别利用。

实验目的

1. 熟悉球磨机、螺旋溜槽、摇床、磁选机、电选机的设备结构和工作原理。

2. 掌握各个选矿设备的操作流程。

3. 了解各种选矿方式的影响因素。

实验仪器

一、仪器名称

球磨机、螺旋溜槽、摇床、磁选机、电选机、铁粉、铝粉、石英砂（红色或者绿色）、天平、台秤。

二、主要实验仪器介绍

1. 球磨机

磨矿作业通常在圆筒形的磨矿机中进行，筒体内装有钢球研磨介质的磨矿机称为球磨机。工业球磨机按照排料方式的不同，一般分为溢流型球磨机和格子型球磨机。

（1）溢流型球磨机

溢流型球磨机的结构：溢流型球磨机主要由给料器、入料端、出料端、筒体、轴承、大齿轮、小齿轮、减速器、电动机等部件组成，其实体图如图 4-7-1 所示。

图 4-7-1　溢流型球磨机

溢流型球磨机的磨矿流程：物料由给料端端盖中心处进入筒体内部。同步电动机经齿轮驱动装有研磨介质（钢球）和物料的筒体旋转。装在筒体内的钢球在摩擦力和离心力的作用下，随着筒体回转而被提升到一定的高度，然后按一定的线速度抛落，筒体内的物料受到钢球的撞击以及钢球之间、钢球与筒体衬板之间的附加压碎和磨剥作用而被粉碎，最后被磨碎的物料经出料端端盖中心孔排出。

溢流型球磨机的特点：结构简单、维修方便。但单位容积生产能力较低，易产生过粉碎现象。

（2）格子型球磨机

格子型球磨机的结构：球磨机的结构基本相似，都是由给料器、入料端、出料端、筒体、轴承、大齿轮、小齿轮、减速器、电动机等部件组合而成，而格子球磨机与溢流球磨机不同点在于，在出料端多一个格板，在格板上有许多排料小孔。磨碎后的矿浆通过格子衬板，经通向排矿口的扇形室提升到高于排矿口的位置，使矿浆排出球磨机。

格子型球磨机的磨矿流程：由传动装置带动筒体缓慢转动，待物料从给料端给入后，由于筒体内钢球和物料自身的撞击和研磨作用，粉碎物料。在此过程中，由于给料端不断给料，物料将在压力的作用，从给料端逐渐被挤压到排料端。此时，达到一定粒度的物料将被排矿格子强制排除。

格子型球磨机的特点：具有较强排矿能力，减少矿石的过粉碎，增加了单位容积产量。但其结构复杂、排矿格子板易堵塞、检修困难、作业率较低。

（3）实验室球磨机

实验室球磨机的结构类似于溢流型球磨机，主要由筒体、轴承、大齿轮、小齿轮、减速器、电动机等部件组成。其筒体为竖式的圆筒状，进料和出料需要人工辅助完成。其磨矿流程类似于溢流型球磨机，这里不再赘述，实体图如图 4-7-2 所示。

2. 螺旋溜槽

螺旋溜槽是一种应用广泛的重力选矿设备，是赤铁矿、钛铁矿、铬铁矿、镜铁矿、钽铌矿、海滨砂矿等矿物的重要选矿设备。

螺旋溜槽的结构：主体部件是由玻璃钢制成的螺旋片用螺栓连接而成。在螺旋槽的内表面上涂以耐磨衬里，通常是聚氨酯耐磨胶或掺以人造金刚砂的环氧树脂。在螺旋溜槽的上部有分矿器和给矿槽，下部有产物截取器和接矿槽。整个设备用钢框垂直架起。螺旋溜槽的工作特点是在槽的末端分别截取精、中、尾矿，且在分选过程中不加冲洗水，其实体图如图 4-7-3 所示。

图 4-7-2　实验室球磨机

图 4-7-3　螺旋溜槽

螺旋溜槽的选矿流程，以钛铁矿为例：在钛铁矿的选矿中应用比较广泛，一般将螺旋溜槽配置成一粗一细的两段重选流程，以起到预先富集和提前抛尾的作用。

螺旋溜槽的特点：螺旋溜槽的底宽而平缓，更适合处理细粒物料，适宜的粒度为0.3～0.04 mm，在槽末端分别接取精、中、尾矿。在给矿浓度方面，螺旋溜槽要求高，一般不低于30%。其优点是本身无旋转部件，不消耗动力，设备占地面积小，处理能力大，操作要求不苛刻，选别指标较稳定。其缺点是设备高差较大，往往需要砂泵提升矿浆才能给矿。

3. 摇床

摇床选矿是在一个倾斜的宽阔床面上，借助床面的不对称往复运动和薄层斜面水流的作用，进行矿石分选的过程。按照摇床处理物料的粒度，可分为粗砂摇床、细砂摇床、矿泥摇床；按照摇床分选的主导作用力，可分为重力摇床和离心摇床；按照摇床的安装方式，可分为落地式和悬挂式。其实体图如图4-7-4所示。

摇床的选矿流程：物料经矿槽流到床面后，矿粒群在床条沟内借摇动作用和水流冲洗作用产生松散和分层。分层后，上层轻矿物受到更大的水流推动，沿床面的横向倾斜向下运动，成为尾矿。位于下层的重矿物受床面不对称往复运动的推动，纵向移动到传动端对面，成为精矿。矿粒密度和粒度不同其运动方向也将不同，矿粒群在床面上呈扇形分布。

摇床的特点：沿床面的纵向设置了床条，选矿过程中，床面做往复不对称运动。摇床的选矿效果除与其本身的结构有关外，还与其操作因素有关，包括摇床的冲程、冲洗、给矿浓度、冲洗水、床面的横向坡度、原料粒度和给矿量等。

4. 磁选机

磁选机是根据矿物颗粒磁性的大小差异进行选矿，如图4-7-5所示。

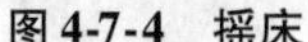

图4-7-4　摇床

图4-7-5　磁选机

磁选机的选矿流程：矿物颗粒进入磁选机后，由于矿物颗粒磁性大小的差异，在磁场作用下，矿物颗粒的运动途径发生了变化。磁性的矿物会被吸附在磁选机的圆筒上，达到一定的高度后，磁性减弱或消失后脱落下来。非磁性矿物未被吸附在圆筒上，从而与磁性矿物分开。

磁选机的分类方法较多，按磁场强度可分为：弱磁场磁选机，磁场强度为800～2 000 Oe，用于分选强磁性矿物；强磁场磁选机，磁场强度为6 000～26 000 Oe，用于分选弱磁性矿物；中磁场磁选机，磁场强度介于上述两者之间。此外，按照给矿方式的不同，可分为上部给矿、下部给矿和侧面给矿的磁选机。按照选分介质的不同，可分为干式和湿式磁选机。

5. 电选机

电选机利用物料电性质的差异进行分选矿物。常见矿物中磁铁矿、钛铁矿、锡矿、自然金等,其导电性都比较好;石英、锆英石、长石、方解石、白钨矿以及硅酸盐矿物等,其导电性较差。因此,利用电性质的差异可将其分选开。其中,鼓铜式电选机是我国使用非常广泛的电选机,如图4-7-6所示。

图4-7-6 电选机

电选机的选矿流程:不同电导率的矿物经过高压电场时,由于静电感应或俘获带电粒子,一部分带上正点,一部分带上负电,从而受到不同的电场力;矿物在同时受到重力与电场力的合力作用下,产生不同的运动轨迹,从而将矿物分开。

实验原理

1. 球磨机的工作原理

球磨机是一个两端具有中空轴的回转圆筒,筒内装有一定数量的钢球,当矿物从一端的中空轴给入圆筒,圆筒按照规定的速度回转时,钢球和矿物在离心力和摩擦力的作用下,随圆筒上升到一定高度,然后脱离筒壁抛落和滑动下来。随后它们再随圆筒上升到同样的高度,再落下来,周期进行,使矿石受到冲击和磨剥作用而被磨碎,最后由另一端的中空轴排出。

2. 螺旋溜槽的工作原理

螺旋溜槽是利用斜面流水的方法进行分选的过程。将矿粒混合物给入倾角不大的斜槽内,在水流的冲力、矿粒的重力和离心力以及摩擦力的作用下使矿粒按密度进行分层。由于水流在槽中的速度分布是上层大、下层小,故密度大的矿粒集中在下层,受到较小的水流冲击力及较大的槽底摩擦力,沿槽底缓慢的向下运动;密度小的矿粒集中在上层,被水流携带以最快的速度从槽内流出。然后,按层分别截流即可得到密度不同的两种矿物,即精矿和尾矿。

3. 摇床的工作原理

摇床分选是在床面和横向水流的共同作用下实现的,床面上床条或刻槽是纵向的,与水流方向近于垂直,水流横向流过刻槽时形成涡流,涡流与床面的共同作用可使矿砂层松散并按密度分层,重矿物转向下层,轻矿物转向上层,此过程称为“析离分层”。上层轻矿粒受到水流较大冲力,下层重矿粒受到较小冲力。在横向,轻矿粒的运动速度大于重矿粒。在纵向,重矿粒的运动速度大于轻矿粒。因此,重矿物的合速度偏向摇床的精矿排矿端,轻矿物偏向摇床尾矿侧,中等密度的颗粒则位于两者之间。

4. 磁选机的工作原理

磁选机利用矿物的磁性差异,在磁场中分选矿物。当不同磁性的矿粒通过磁选机时,由于磁性较强的矿粒与磁性较弱的矿粒所受的磁力不同,便产生不同的运动轨迹,从而选别出不同的矿物。

5. 电选机的工作原理

电选机利用矿物在高压电场中电性的差异分选矿物,当不同电性质的矿粒通过电选机时,由于不同电性的矿粒所受的力不同,便产生不同的运动轨迹。电选的有效处理粒度为 0.1 ~ 2 mm,大多数情况下,电选都是在高压电场中进行的,除少数采用高压交流电源外,绝大多数采用高压直流电源。

实验操作

1. 球磨机实验

(1)将待磨粉料平均分为三份,任取其中一份待磨粉料放入球磨罐中。第一组实验,将直径为 10 mm 的二氧化锆球放入球磨罐中;第二组实验,将直径为 5 mm 的二氧化锆球放入球磨罐中;第三组实验,将直径为 10 mm 和 5 mm 的二氧化锆球按照 1 : 2 的比例放入球磨罐中。上述三组实验的料/球总质量比约为 1 : 3。

(2)按"运行"键,球磨机开始运行,开始磨矿。

(3)球磨完毕,将粉料分别倒入下面放了搪瓷盘的 200 目的小筛子上,用少量的水冲洗二氧化锆球。

(4)用天平分别称取三组实验中 200 目以下的物料质量,记录表格中。

(5)计算磨矿合格率。

2. 螺旋溜槽实验

(1)观察溜槽的结构。

(2)检查、清洗实验设备。

(3)称取 2 kg 的铁矿石和 8 kg 的石英砂并混匀待用。

(4)将试样与水充分搅匀,并从溜槽顶部均匀倒下。

(5)在溜槽底部距离中心轴线不同距离的位置收集下溜物,观察其颜色差异。

3. 摇床实验

(1)称取矿样两份,每份 1 kg(磁铁矿和带色石英砂混合物,粒度均为 1 ~ 10 mm,其中磁铁矿占 25%,石英砂占 75%),分别用水润湿调匀。

(2)开动摇床,并在面上调好调浆水和冲洗水,取一份试样在 4 min 内均匀给入,同时调好床面坡度,以矿粒在床面呈扇形分带为宜,然后清洗干净床面及接矿槽的试料。

(3)固定以上条件,将另一份试样按以上步骤进行正式选别试验。

(4)用接料盘接好选别出的精矿、中矿和尾矿。

(5)肉眼观察分选出矿物的颜色差异,体会摇床的分选效果。

(6)将其烘干、称重、记录数据,计算精矿的回收率。

4. 磁选实验

(1)称取磁铁矿粉和石英砂和铝粉各 20 g 为一份样品,共称取 4 份。

(2)打开水龙头,往恒压水箱内注水,并保持恒压水箱内的水压恒定。

(3)将恒压水箱的水注入磁选管内,使磁选管内的水面保持子磁极位置以上 4 cm 处,并保持磁选管内进水量和出水量平衡。

(4)接通电源开关,并启动磁选管转动。

(5)启动激磁电源开关,调节激磁电流至一定值,并在排矿端放好接矿容器。

(6) 给矿：取一份试样倒至烧杯中，先用水润湿后再稀释至 100 ~ 150 mL，然后用玻璃棒边搅拌边给矿，给矿应均匀给入，要注意避免矿浆从磁选管上部溢出。

(7) 给矿完毕后继续给水，直至磁选管内的水清净为止。先切断磁选管转动电源，然后切断进水，使管内水流尽，排出物即为非磁性产品。

(8) 将给矿端容器移开，换上另一个容器，然后切断激磁电源，并用水冲洗干净管壁内的磁性产品。

(9) 按以上步骤，分别调节场强为 0.8 kOe，0.9 kOe，1.0 kOe，1.1 kOe，做四次分选实验。

(10) 肉眼观察磁选产品的颜色差异，直观体会分选效果。

(11) 将磁性产品和非磁性产品过滤、烘干、称重，计算精矿的回收率。

5. 电选实验

(1) 将 1 kg 矿物（磁铁矿和石英砂混合物，其中磁铁矿占 25%，石英砂占 75%）放入搪瓷碗内加水调成 30% 的矿浆，浸泡一定时间备用。

(2) 初步设置给矿时间、中冲时间和精冲时间。调节中冲和精冲水阀，使出水量不溅出分选箱位置；在确定给矿时间为 10 s 后，用 50 g 的试样重复试验，大致确定合适的中冲时间（约 3 s）和精冲时间（约 6 s）。

(3) 充磁电流（磁场强度）条件试验。根据以上试验设置给矿时间、中冲时间和精冲时间，不再改变。拟定 5 个电流值，用 200 g 样分别试验，肉眼观察分选出矿物的颜色差异，体会分选效果。

(4) 将尾矿和精矿分别筛分、烘干、称重，计算精矿的回收率。

(5) 回收试样，清洁设备。

实验依据

《选矿安全规程》（GB/T 18152—2000）。

思考与练习

1. 分析你知道的几种重选方式的异同点。
2. 简述电选的基本原理。

第5章

虚拟仿真实验

虚拟仿真实验是在演示实验、普通物理实验、工业物理实验现场实物学习的基础之上,利用虚拟仿真技术对先进的实验场景、实验仪器进行虚拟呈现式的学习实验。

虚拟仿真实验采用计算机技术或者虚拟现实技术实现的各种虚拟实验环境。实验者像在真实的环境中一样,完成各种预定的实验项目,所取得的学习或训练效果等价于甚至优于实际仪器的操作。

虚拟仿真实验是以数学理论、相似原理、信息技术、系统技术及与其应用领域有关的专业技术为基础,以计算机和各种物理效应为工具,采用“面向对象”思想创建的能够实时操作的、非实在的实验空间,在此环境中,实验者可以像在真实的环境中一样完成各种预定的实验项目。

虚拟仿真实验可以运用网络技术及现有设备搭建功能强大的实验系统,从而节省大量的购置设备费用,显著降低实验室建设和管理成本。可以提供开放式实验环境。学生可以打破时间和地域的限制,完成相关的教学实验。

具有高度真实感、直观性和精确性的虚拟仿真实验,是传统实验教学的有益补充和创新。

学生通过虚拟仿真实验,可以感受实验流程,避免错误操作而损坏仪器,可以不断试错,不断改进,进而完成对实验项目的深入研究。

5.1 XRD 虚拟仿真实验

实验背景

X 射线是一种波长很短(2 ~ 0.006 nm)的电磁波,能穿透一定厚度的物质,并能使荧光物质发光、照相乳胶感光、气体电离。用高能电子束轰击金属“靶”材产生的 X 射线,具有与靶中元素相对应的特定波长,称为特征(或标识)X 射线。X 射线的波长和晶体内部原子面间的距离相近。1912 年德国物理学家劳厄(M. von Laue)预见:晶体可以作为 X 射线的空间衍射光栅,即当一束 X 射线通过晶体时将发生衍射,衍射波叠加的结果使射线的强度在某些方向上加强,在其他方向上减弱。分析在照相底片上得到的衍射花样,便可确定晶体结构。这一预见随即为实验所验证。

X 射线衍射是分析物质微观结构最有效的、应用最广泛的手段之一。X 射线衍射的应用范围非常广泛,应用领域包括物理、化学、地球科学、材料科学以及各种工程技术科学,具有无损试样的优点。

实验目的

1. 通过X射线衍射仪对矿盐样品进行X射线衍射测试，获得衍射数据和图谱。
2. 通过Jade软件，对所测数据进行定量分析。
3. 对钢中残余奥氏体定量测定。

实验仪器

粉末状样品(氯化钠)、大块固体样品、小块固体样品、碾钵、研杵、样品载玻片、微量样品勺、橡皮泥、X射线衍射仪、计算机、循环水冷却系统。

实验原理

X射线是原子内层电子在高速运动电子的轰击下跃迁而产生的光辐射，主要有连续X射线和特征X射线两种。晶体可被用作X光的光栅，这些很大数目的粒子(原子、离子或分子)所产生的相干散射将会发生光的干涉作用，从而使得散射的X射线的强度增强或减弱。由于大量粒子散射波的叠加，互相干涉而产生最大强度的光束称为X射线的衍射线。

对某物质的性质进行研究时，不仅需要知道它的元素组成，更为重要的是了解它的物相组成。X射线衍射方法是对晶态物质进行物相分析的权威方法。

每一种结晶物质都有各自独特的化学组成和晶体结构。没有任何两种物质的晶胞大小、质点种类及其在晶胞中的排列方式是完全一致的。因此，当X射线被晶体衍射时，每一种结晶物质都有自己独特的衍射花样，它们的特征可以用各个衍射晶面间距d和衍射线的相对强度I/I_0来表征。其中，晶面间距d与晶胞的形状和大小有关，相对强度则与质点的种类及其在晶胞中的位置有关。所以，结晶物质的衍射数据d和I/I_0是其晶体结构的必然反映，因而可以根据它们来鉴别结晶物质的物相。晶体的X射线衍射图谱是对晶体微观结构精细的形象变换，每种晶体结构与其X射线衍射图质检有着一一对应的关系，任何一种晶态物质都有自己独特的X射线衍射图，而且不会因为与其他物质混合而发生变化，这就是X射线衍射法进行物相分析的依据。

根据晶体对X射线的衍射特征——衍射线的位置、强度及数量来鉴定结晶物质之物相的方法，就是X射线物相分析法。

实验操作

1. 熟悉仿真软件辅助功能

界面的右上角的功能显示框：在普通做实验状态下，显示实验实际用时、记录数据按钮、结束实验按钮、注意事项按钮；在考试状态下，显示考试所剩时间的倒计时、记录数据按钮、结束考试按钮、显示试卷按钮、注意事项按钮。

右上角工具箱：各种使用工具，如计算器等。

右上角help和关闭按钮：单击help按钮可以打开帮助文件，单击关闭按钮可以关闭实验。

实验仪器栏：存放实验所需的仪器，可以单击其中的仪器拖放至桌面，鼠标触及仪器，实验仪器栏会显示仪器的相关信息；仪器使用完后，则不允许拖动仪器栏中的仪器。

提示信息栏：显示实验过程中的仪器信息、实验内容信息、仪器功能按钮信息等相关信息，按【F1】键可以获得更多帮助信息。

实验状态辅助栏：显示实验名称和实验内容信息（多个实验内容依次列出），当前实验内容显示为红色，其他实验内容为蓝色；可以通过单击实验内容进行实验内容之间的切换。切换至新的实验内容后，实验桌上的仪器会重新按照当前实验内容进行初始化。

特别说明，以上操作为整个仿真软件的通用操作，适用于第 5 章所有仿真实验。

2. 浏览主窗体界面

成功进入实验场景后，实验场景主窗体如图 5-1-1 所示。

3. 固体制备样品（以大块为例）

（1）双击场景中研钵，打开样品制备大视图，选择样品为大块固体样品，如图 5-1-2 所示。

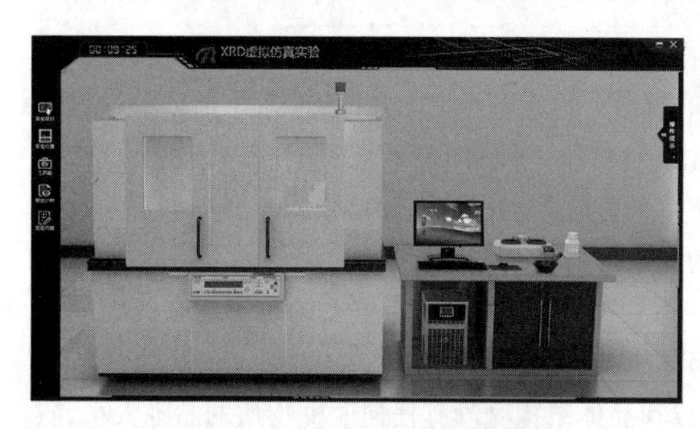

图 5-1-1　XRD 虚拟仿真实验主窗体

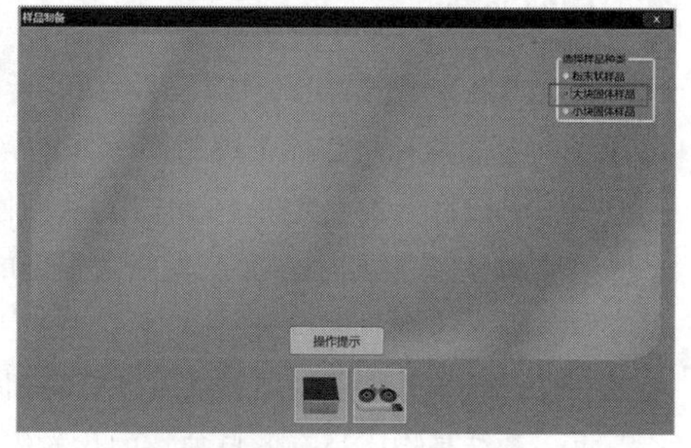

图 5-1-2　样品制备大视图

（2）单击底部仪器栏中样品和研磨机，将样品和研磨机放置到操作台上，如图 5-1-3 所示。

（3）打开研磨机开关，选择合适研磨速度。

（4）单击样品台上固体样品，将样品放置到研磨机上打磨，研磨过程中有进度条显示研磨进度，如图 5-1-4 所示。

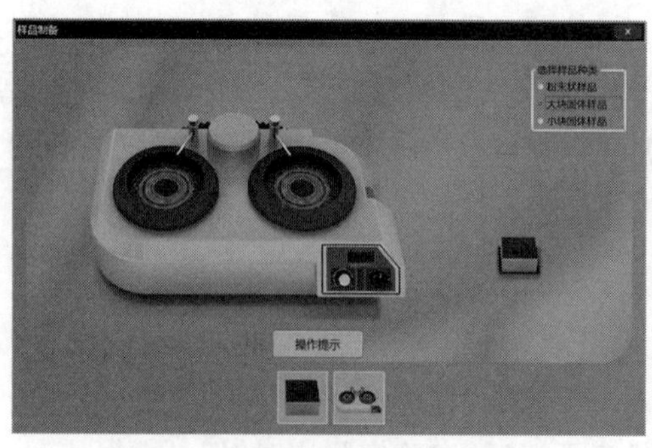

图 5-1-3　样品制备大视图

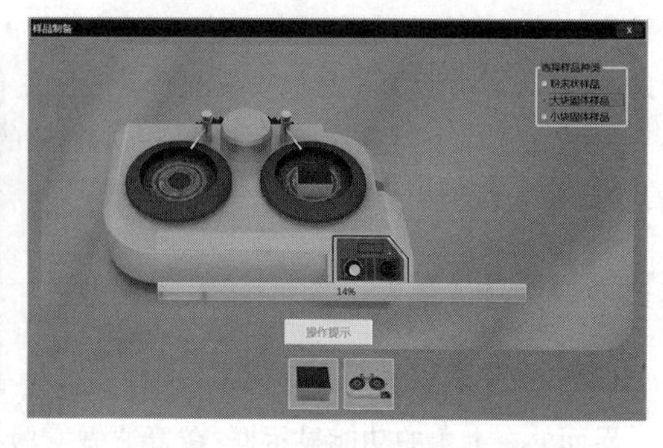

图 5-1-4　研磨进度视图

（5）研磨结束后，界面提示样品已经磨平，如图 5-1-5 所示。样品制备界面“操作提示”按钮变为“放置样品”。

4. 打开衍射仪柜门

在衍射仪视图中（见图 5-1-6），单击衍射仪柜门，柜门打开。

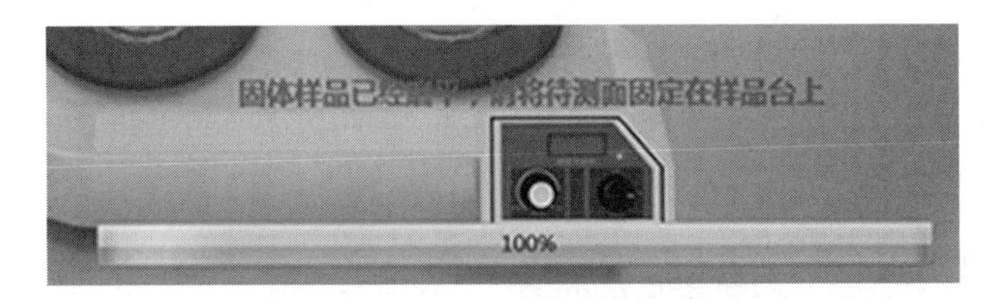

图 5-1-5　研磨结束视图

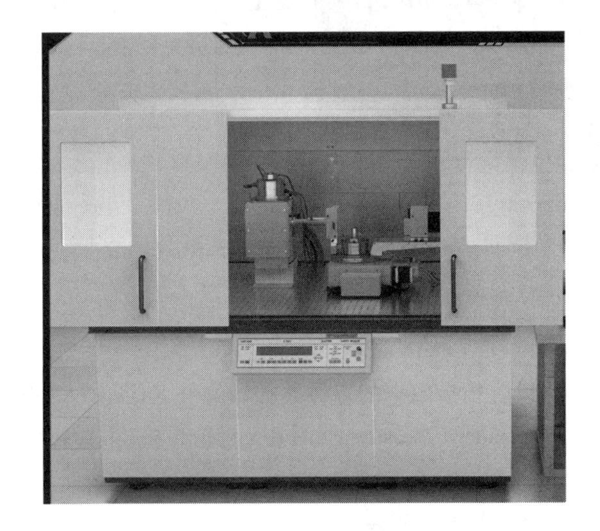

图 5-1-6　衍射仪全图

5. 将加工好的样品放入衍射仪

单击样品制备界面“放置样品”按钮，将样品放入衍射仪操作台。

6. 关闭衍射仪柜门

单击场景中衍射仪柜门，将柜门关闭。

7. 开启衍射仪真空、电源和 X 射线

(1) 双击场景中衍射仪上操作面板，打开操作面板大视图（见图 5-1-7）。

(2) 单击 Vacuum 的 Start 键，开启真空。

(3) 单击 Power 的 ON 键，打开电源。

(4) 单击 X-Ray 的 ON 键，开启 X 射线。

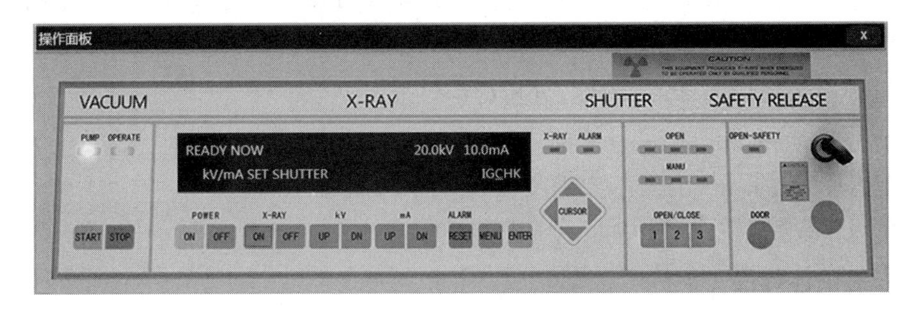

图 5-1-7　操作面板大视图

8. 启动 Standard Measurement 软件

双击场景中显示器，打开显示器大视图，双击 Standard Measurement 图标，启动 Standard Measurement（见图 5-1-8）。

（a）软件图标

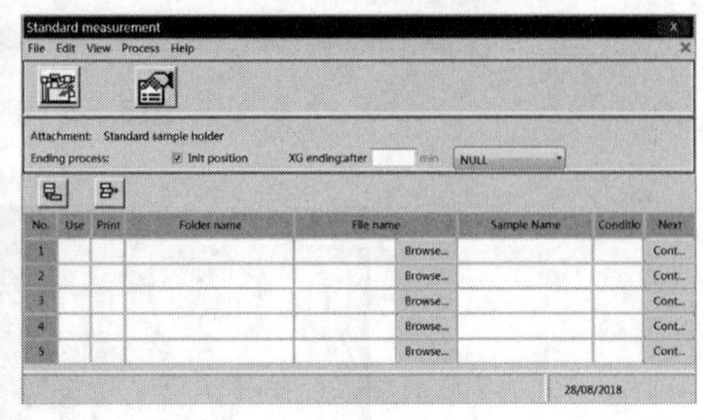

（b）软件界面

图 5-1-8　软件开启视图

9. 设置扫描参数

（1）选择分析参数为 Present Condition。

（2）单击 Browse 按钮，设置扫描数据的存储路径和文件名（见图 5-1-9）。

（3）单击 Cont 按钮，在 Standard Measurement【Right】窗口中，设置扫描起始角度和工作电压、电流（见图 5-1-10）。

注意：工作电压不超过 55 V，电流不超过 300 mA。

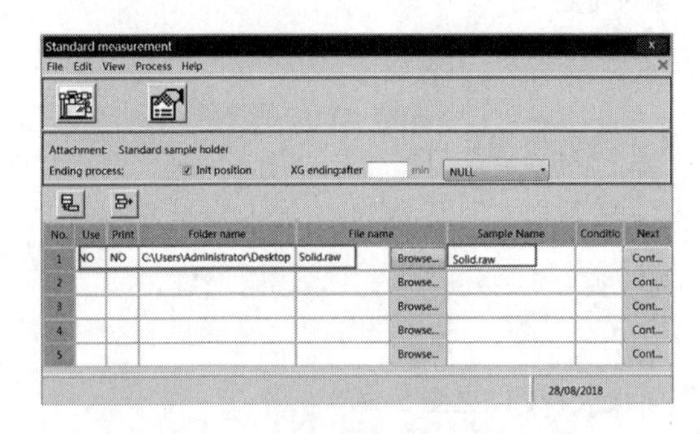

图 5-1-9　设置存储路径和文件名界面

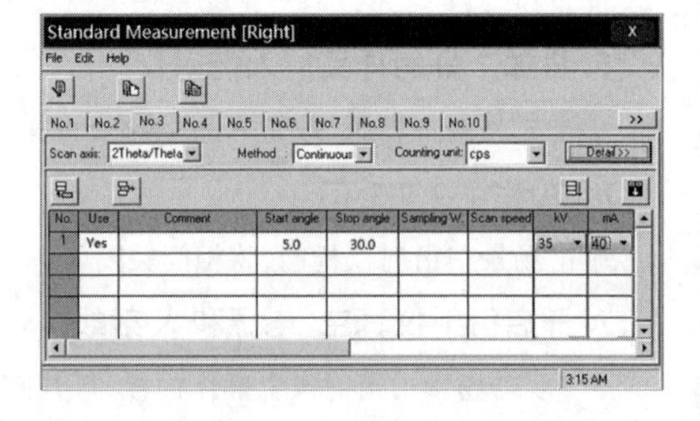

图 5-1-10　具体参数设定界面

10. 测量

单击测量按钮，开始测量（见图 5-1-11）。Standard Measurement 窗口显示测量数据，衍射仪大视图中摆臂角度同步变化（见图 5-1-12）。

11. 将测量数据导入 Jade 软件，分析材料性质

（1）关闭 Standard Measurement 软件（见图 5-1-13），返回计算机桌面。

（2）双击桌面上 Jade 6.0 图标（见图 5-1-14），打开 Jade 软件。

（3）将保存的测量数据导入 Jade，分析材料性质。

12. 取出固体样品

（1）在“Standard Measurement【Right】”窗口中，将电压降为 20 kV，电流降为 10 mA。

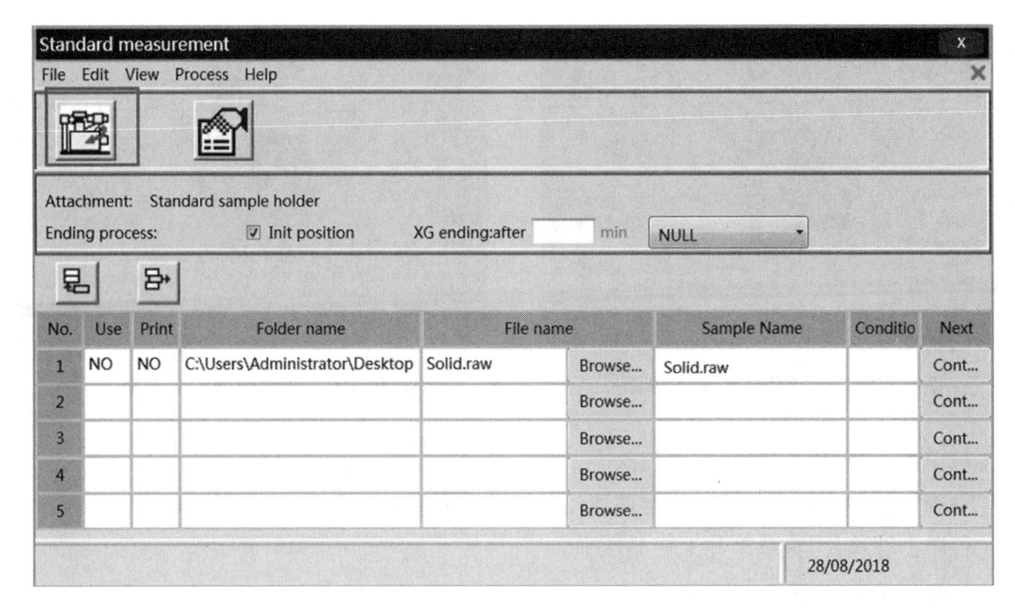

图 5-1-11　单击测量按钮界面

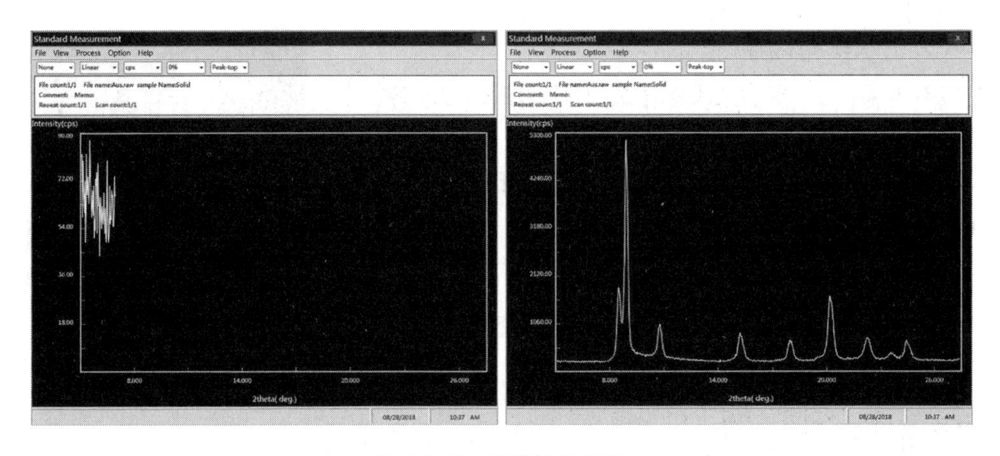

图 5-1-12　摆臂角度视图

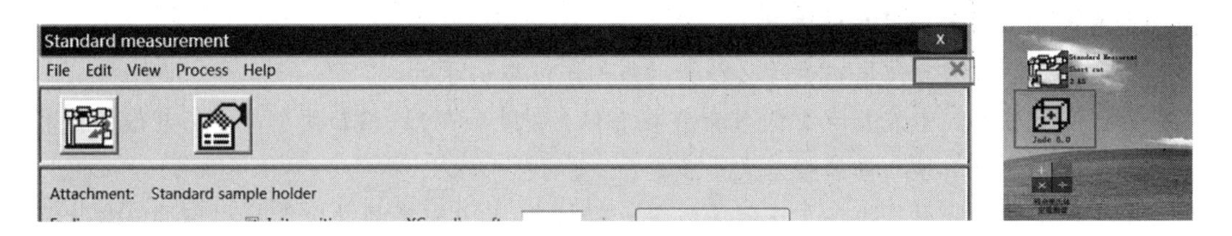

图 5-1-13　关闭 Standard Measurement 软件　　　图 5-1-14　Jade 图标

(2)打开衍射仪柜门,单击“取下样品”按钮,将固体样品从衍射仪中取下。

13. 制备粉末样品

(1)依次将仪器放置到仪器操作台上(见图 5-1-15)。

(2)单击样品盒盖子,打开样品盒。

(3)打开样品勺,将样品从样品盒中取出,放到研钵中(见图 5-1-16)。

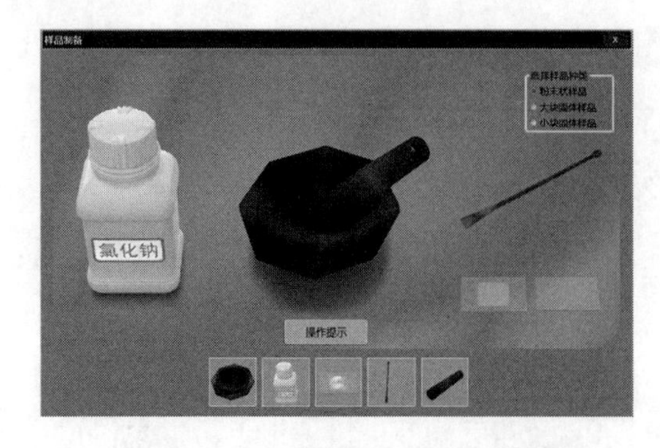

图 5-1-15　制备粉末样品主界面

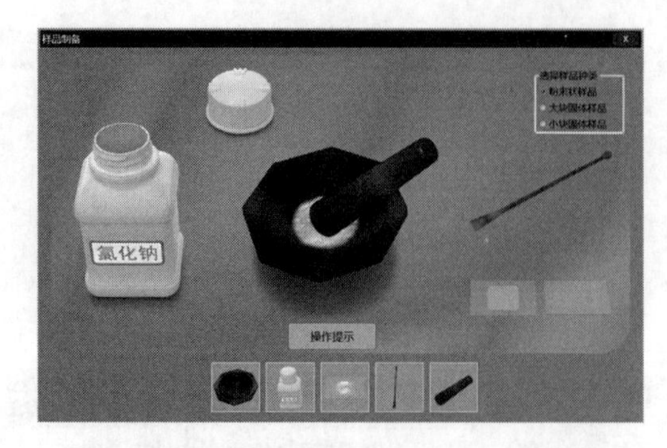

图 5-1-16　研钵研磨粉末样品界面

(4)单击研杵,研磨样品,重复三次。

(5)用样品勺将研磨好的粉末样品取一部分放置到载玻片上。

(6)单击玻璃片,将载玻片上样品压平。

14. 将粉末样品放置到衍射仪上

15. 参照测量固体样品步骤,测量粉末样品

16. 分析残余奥氏体

(1)双击桌面上“残余奥氏体定量测量”图标,打开“计算奥氏体”窗口(见图 5-1-17)。

(2)将分析得到的参数输入窗口中,计算奥氏体。

17. 关闭电源,取出样品

(1)将电压设置为 20 V,电流设置为 10 mA。

(2)关闭衍射仪 X 射线,电源开关,关闭真空。

(3)打开衍射仪柜门,取出样品。

图 5-1-17　计算奥氏体软件图标

思考与练习

1. 实验中选择 X 射线管以及滤波片的原则是什么? 已知一个以 Fe 为主要成分的样品,试选择合适的 X 射线管和合适的滤波片。

2. 衍射线在空间的方位取决于什么? 衍射线的强度取决于什么?

3. 什么叫干涉面? 当波长为 λ 的 X 射线在晶体上发生衍射时,相邻两个晶面衍射线的波程差是多少? 相邻两个干涉面的波程差又是多少?

4. 某一粉末相上背射区线条与透射区线条比较起来,其 θ 较高还是较低? 相应的 d 较大还是较小?

5.2　SEM 虚拟仿真实验

实验背景

扫描电子显微镜(scanning electronic microscopy)简称扫描电镜(SEM),是一种新型的电子光学仪器。它具有制样简单、放大倍数可调范围宽、图像的分辨率高、景深大等特点。数十年来，扫描电镜已广泛地应用于生物学、医学、冶金学等学科中，促进了有关学科的发展。扫描电镜是用极细的电子束在样品表面扫描，将产生的二次电子用特制的探测器收集，形成电信号运送到显像管，在荧光屏上显示物体。（细胞、组织）表面的立体构像可摄制成照片。

实验目的

1. 了解扫描电镜的基本结构，成像原理。
2. 掌握电子束与固体样品作用时产生的信号和各种信号在测试分析中的作用。
3. 了解扫描电镜基本操作规程。

实验仪器

扫描电镜、Microscope Control v5. 2. 2 build 2898 软件、Helios NexTGen Vacuum control 软件、手动操作盘和工具箱。

实验原理

1. 扫描电子显微镜的构造

扫描电子显微镜是介于透射电镜和光学显微镜之间的一种微观性貌观察手段。扫描电镜的优点是：①有较高的放大倍数，20 万 ~ 30 万倍之间连续可调；②有很大的景深，视野大，成像富有立体感，可直接观察各种试样凹凸不平表面的细微结构；③试样制备简单。

扫描电子显微镜是由电子光学系统，信号收集处理、图像显示和记录系统，真空系统三个基本部分组成。

其中，电子光学系统包括电子枪、电磁透镜、扫描线圈和样品室。扫描电子显微镜中的各个电磁透镜不做成像透镜用，而是起到将电子束逐级缩小的聚光作用。一般有三个聚光镜，前两个是强磁透镜，可把电子束缩小；第三个透镜是弱磁透镜，具有较长的焦距，以便使样品和透镜之间留有一定的空间，装入各种信号接收器。扫描电子显微镜中射到样品上的电子束直径越小，就相当于成像单元的尺寸越小，相应的放大倍数就越高。

扫描线圈的作用是使电子束偏转，并在样品表面做有规则的扫动。电子束在样品上的扫描动作和显像管上的扫描动作保持严格同步，因为它们是由同一个扫描发生器控制的。电子束在样品表面有两种扫描方式，进行形貌分析时都采用光栅扫描方式，当电子束进入上偏转线圈时，方向发生转折，随后又有下偏转线圈使它的方向发生第二次转折。发生二次偏转的电子束通过末级透镜的光心射到样品表面。在电子束偏转的同时还有逐行扫描的动作，电子束在上下偏转线圈的作用下，在样品表面扫描出方形区域，相应地在样品上也画出一帧比例图像。样品上各点受到电子束轰击时发出的信号可由信号探测器收集，并通过显示系统在显像管荧光屏上按强度描绘出来。如果电子束经上偏转线圈转折后未经下偏转线圈改变方向，而直接由末级透镜折射到入射点位置，这种扫描方式称为角光栅扫描或摇摆扫描。入射束被上偏转线圈转折的角度越大，电子束在入射点上摇摆的角度也越大。在进行电子束通道花样分析时，采用这种方式。

样品室内除放置样品外,还安置信号探测器。样品台本身是个复杂而精密的组件,它能夹持一定尺寸的样品,并能使样品做平移、倾斜和旋转等运动,以利于对样品上每一特定位置的进行各种分析。

二次电子、背散射电子、透射电子的信号都可采用闪烁计数器进行检测。信号电子进入闪烁体后即引起电离,当离子和自由电子复合后就产生可见光。可见光信号通过光导管送入光电倍增器,光信号放大,转化成电流信号输出,电流信号经视频放大器放大后就成为调制信号。由于镜筒中的电子束和显像管中的电子束是同步扫描的,而荧光屏上每一点的亮度是根据样品上被激发出来的信号强度来调制的,因此样品上各点状态各不相同,所接收的信号也不相同,于是就在显像管上看到一幅反映样品各点状态的扫描电子显微图像。

2. 电子束与固体样品的相互作用

具有高能量的入射电子束与固体样品的原子核及核外电子发生作用后,可产生多种物理信号,如图 5-2-1 所示。

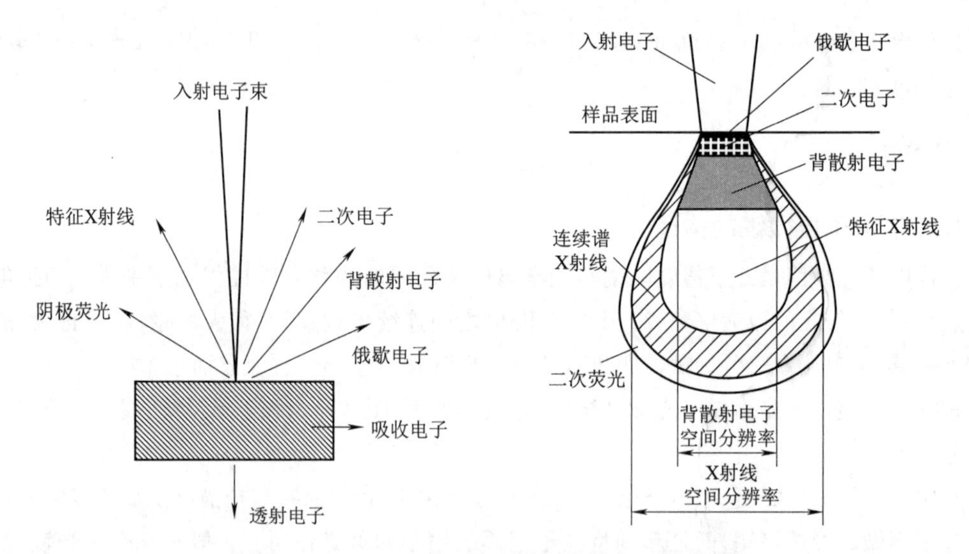

图 5-2-1 电子束和固体样品表面作用时的物理现象

(1)背射电子。背射电子是指被固体样品原子反射回来的一部分入射电子,其中包括弹性背反射电子和非弹性背反射电子。弹性背反射电子是指被样品中原子反弹回来的,散射角大于 90°的那些入射电子,其能量基本上没有变化(能量为数千到数万电子伏)。非弹性背反射电子是入射电子和核外电子撞击后产生非弹性散射,不仅能量发生变化,而且方向也发生变化。非弹性背反射电子的能量范围很宽,从数十电子伏到数千电子伏。从数量上看,弹性背反射电子远比非弹性背反射电子所占的份额多。背反射电子的产生范围在 100 nm ~ 1 mm 深度。背反射电子产额(产生的数量)和二次电子产额与原子序束的关系背反射电子束成像分辨率一般为 50 ~ 200 nm(与电子束斑直径相当)。背反射电子的产额随原子序数的增加而增加,如图 5-2-2 所示,所以,利用背反射电子作为成像信号不仅能分析新貌特征,也可以用来显示原子序数衬度,定性进行成分分析。

(2)二次电子。二次电子是指被入射电子轰击出来的核外电子。由于原子核和外层价电子间的结合能很小,原子的核外电子从入射电子获得了大于相应的结合能的能量后,可脱离原子成为自由电子。如果这种散射过程发生在比较接近样品表层处,那些能量大于材料逸出功的自由电子可从样品表面逸出,变成真空中的自由电子,即二次电子。二次电子来自表面 5 ~ 10 nm 的区域,能量为 0 ~ 50 eV。它对试样表面状态非常敏感,能有效地显示试样表面的微观形貌。由于它发自试样表层,入射电子还没有被多次反射,因此产生二次电子的面积与入射电子的照射面积没有多大区别,所以二次电子的分辨率较高,一般可达到 5 ~ 10 nm。扫描电镜的分辨率一般就是二次电子分辨率。

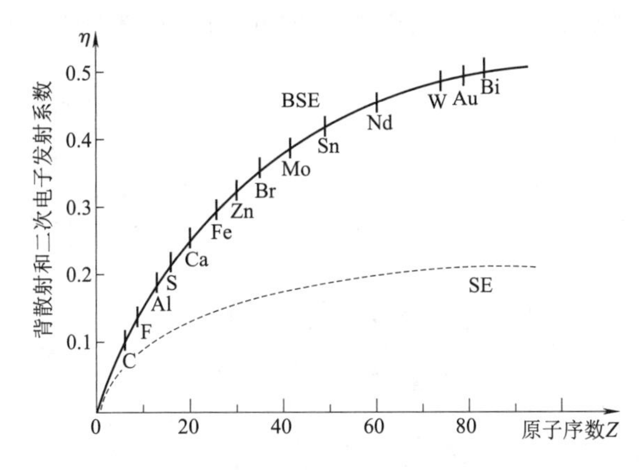

图 5-2-2　电子束在试样中的散射示意图

二次电子产额随原子序数的变化不大,它主要取决于表面形貌。

(3)特征 X 射线。特征 X 射线是原子的内层电子受到激发以后在能级跃迁过程中直接释放的具有特征能量和波长的一种电磁波辐射。X 射线一般在试样的 500 nm ~ 5 mm 深处发出。

(4)俄歇电子。如果原子内层电子能级跃迁过程中释放出来的能量不是以 X 射线的形式释放,而是用该能量将核外另一电子打出,脱离原子变为二次电子,这种二次电子称为俄歇电子。因每一种原子都有自己特定的壳层能量,所以它们的俄歇电子能量也各有特征值,能量在 50 ~ 1 500 eV范围内。俄歇电子是由试样表面极有限的几个原子层中发出的,这说明俄歇电子信号适用于表层化学成分分析。

3. 扫描电子显微镜的主要性能

(1)分辨率。扫描电子显微镜分辨率的高低和检测信号的种类有关(见表 5-2-1)。

表 5-2-1　各种信号成像分辨率(单位:nm)

信号	二次电子	背散射电子	吸收电子	特征 X 射线	俄歇电子
分辨率	5 ~ 10	50 ~ 200	100 ~ 1 000	100 ~ 1 000	5 ~ 10

(2)扫描电镜的场深。扫描电镜的场深是指电子束在试样上扫描时,可获得清晰图像的深度范围。当一束微细的电子束照射在表面粗糙的试样上时,由于电子束有一定发散度,除了焦平面处,电子束将展宽,场深与放大倍数及孔径光阑有关。

(3)放大倍数。当电子束作光栅扫面时,若电子束在样品表面扫描的幅度为 A_s,相应的在荧光屏上阴极射线同步扫描的幅度是 A_c,A_c 和 A_s 的比值就是扫描电子显微镜的放大倍数 M,即 $M = \frac{A_c}{A_s}$。

实验操作

1. 了解仿真实验的辅助功能(可参见 5.1 实验操作第 1 步)

2. 开始实验

成功进入实验场景窗体,实验场景的主窗体如图 5-2-3 所示。

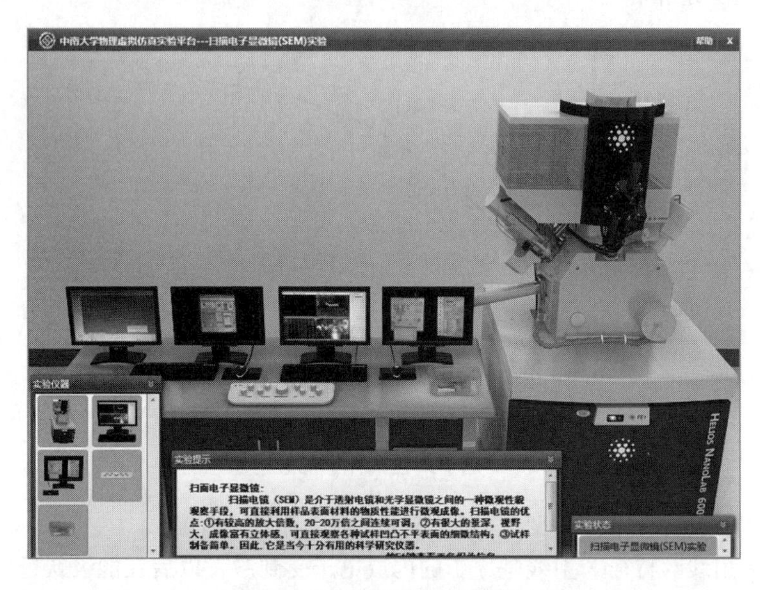

图 5-2-3 SEM 实验主场景

3. 装载样品

(1)打开操作软件。打开软件:Microscope Control v5.2.2 build 2898 和 Helios NexTGen Vacuum control 两个控制软件如图 5-2-4 和图 5-2-5 所示。

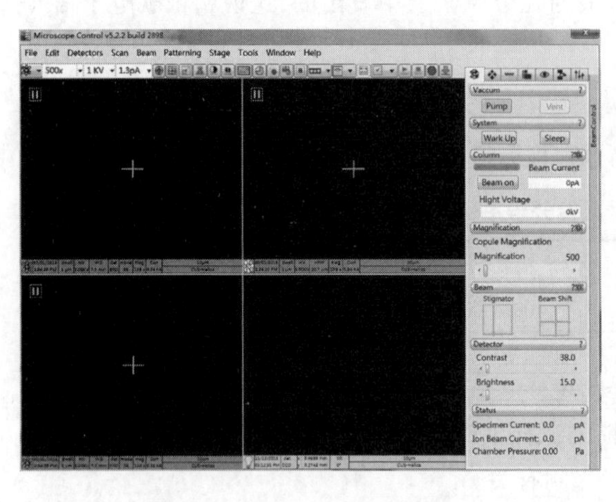

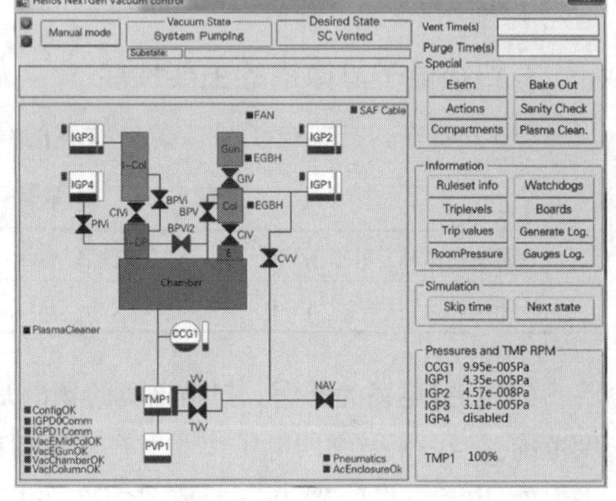

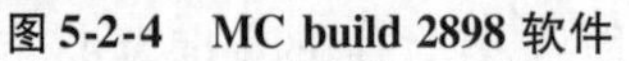

图 5-2-4 MC build 2898 软件　　图 5-2-5 HNV control 界面

(2)向样品室内注入气体。单击软件控制界面上 vacuum 状态栏下的 vent 按钮,会出现一个对话框,提示“是不是要放气”,单击“是”,vent 按钮变灰,将向样品室内注入气体,如图 5-2-6 所示。

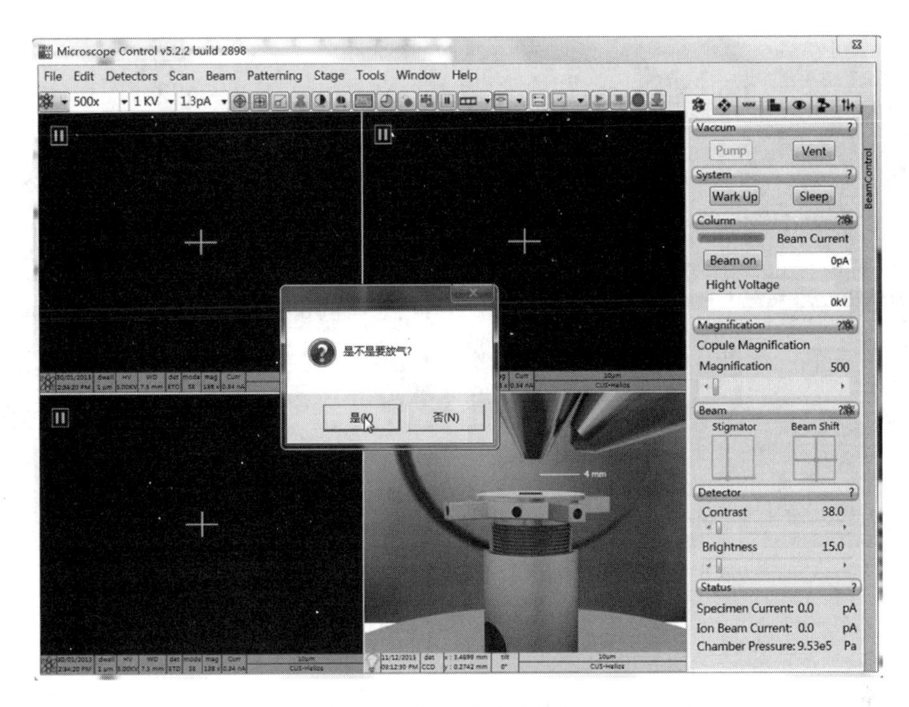

图 5-2-6　样品室中注入气体

(3)打开样品室。放气结束后,双击样品腔打开样品腔大视图,单击“打开样品腔”按钮,将样品腔拉开。样品腔打开后,显示为“关闭样品腔”,再次单击会缓缓关闭(见图 5-2-7)。

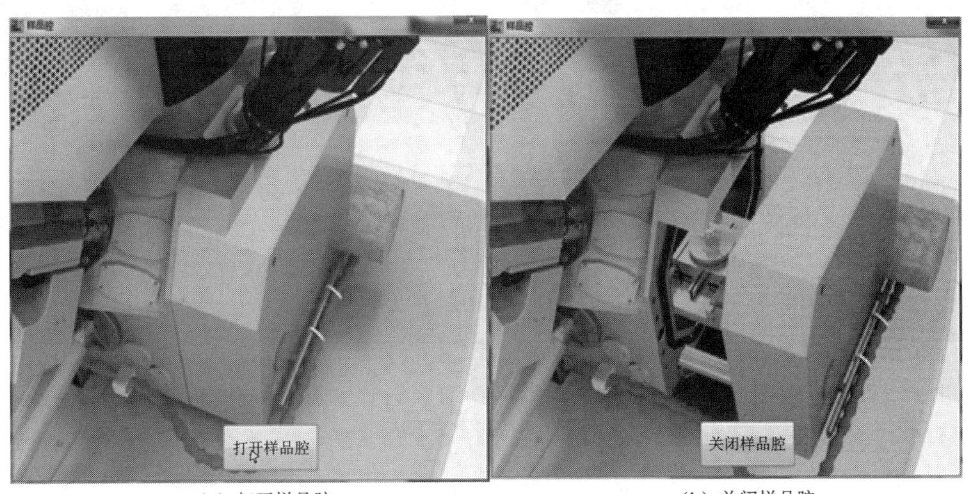

(a) 打开样品腔　　(b) 关闭样品腔

图 5-2-7　样品腔体打开与关闭

(4)取下样品盘。在样品腔的大视图中,鼠标指针移动到样品台上,样品台颜色高亮显示,双击打开样品台大视图。选中“卸载样品盘”单选按钮,然后单击“观察演示过程”,观察卸载样品盘的动画,如图 5-2-8 所示。

(5)固定样品盘。实验中当样品盘被取下来以后,默认样品被装好。选中“固定样品盘”单选按钮,然后单击“观察演示过程”,观察固定样品盘的动画,如图 5-2-9 所示。

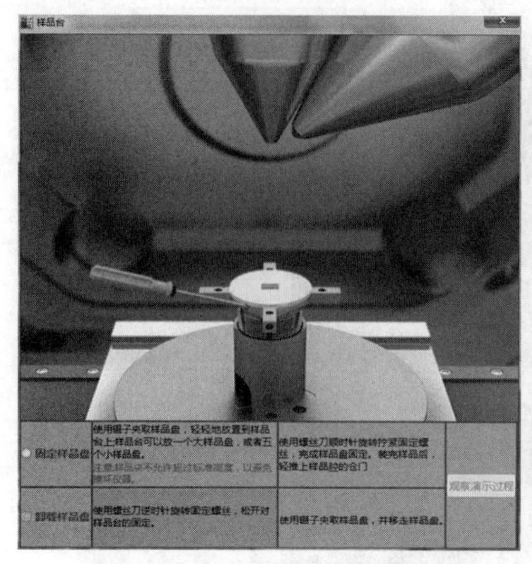

(a) 螺丝刀取下样品盘固定螺钉　　(b) 镊子取下样品盘

图 5-2-8　取样品盘图

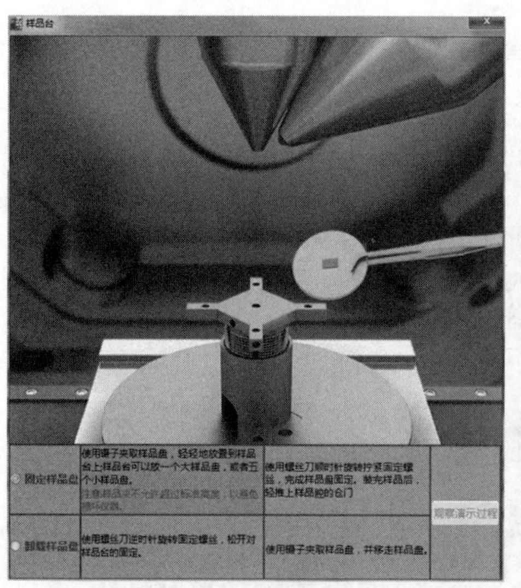

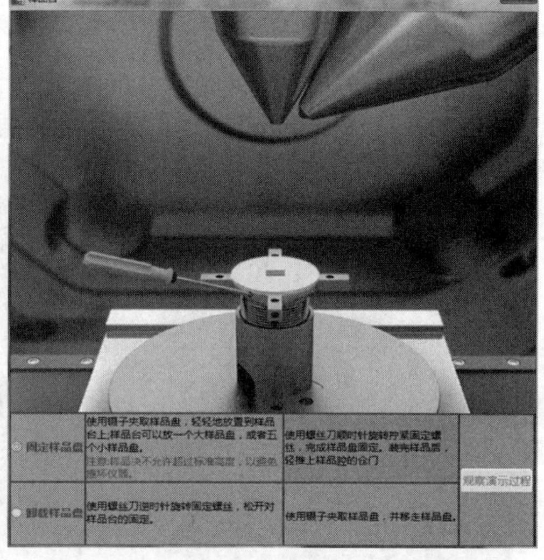

(a) 镊子放上样品盘　　(b) 螺丝刀固定样品盘固定螺钉

图 5-2-9　放置样品盘

(6)关闭样品室。装载样品完成以后,再次单击样品腔大视图中"关闭样品腔"按钮,样品腔缓缓关闭。

(7)将样品室抽真空。单击 beam control 菜单栏下的 pump,开始抽气。抽气最开始时,要帮推样品室仓门,样品室开始抽真空。样品腔抽成真空以后,Microscope Control v5. 2. 2 build 2898 软件控制界面中样品室观察窗口会显示样品台,如图 5-2-10 所示。

4. 观察样品

(1)软件系统开机。

①打开 Microscope Control v5. 2. 2 build 2898 软件控制界面。

②双击场景中 Microscope Control v5.2.2 build 2898 软件，打开软件大视图，软件界面主要由四个观察窗口（电子束观察窗口、离子束观察窗口、样品导航窗口和样品室观察窗口）和一个操作栏组成，如图 5-2-11 所示。

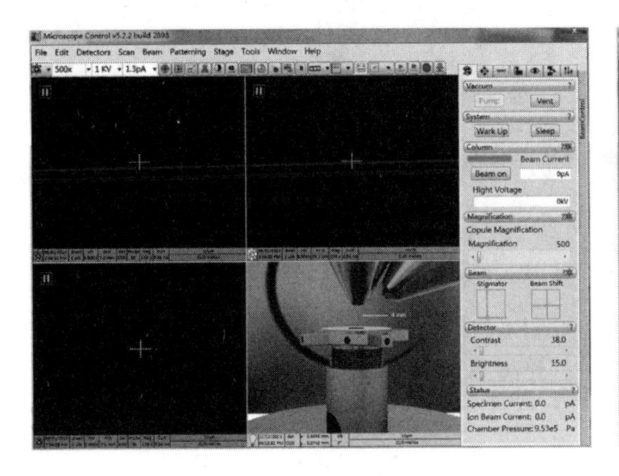

图 5-2-10　样品室抽真空图

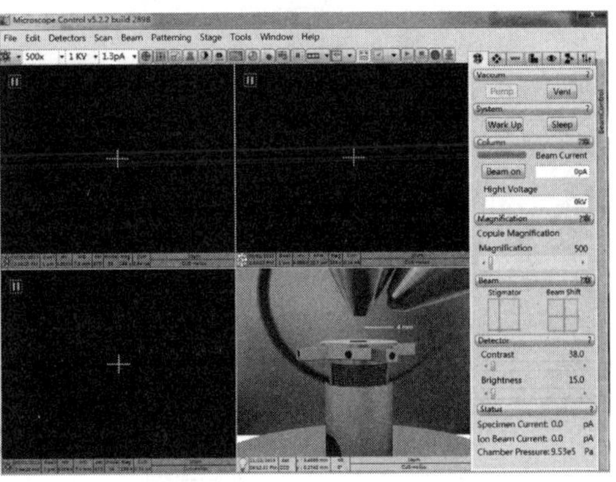

图 5-2-11　MC build 2898 界面

（2）低倍下先初步将样品聚焦，调好亮度，对比度。

①打开蒙太奇扫描窗口。单击软件控制界面的导航窗口，选择当前活动窗口，窗口下方的信息栏变亮。单击菜单栏中的 Scan，在下拉菜单中选择 Pause 选项，或者快捷菜单中的按钮，此时导航窗口上的图标消失。单击菜单栏中的 Scan，在下拉菜单中选择 Navigation Montage 选项，出现 Navigation Montage 窗体，单击左下角 Start 按钮，扫描电镜开始扫描，如图 5-2-12 和图 5-2-13 所示。

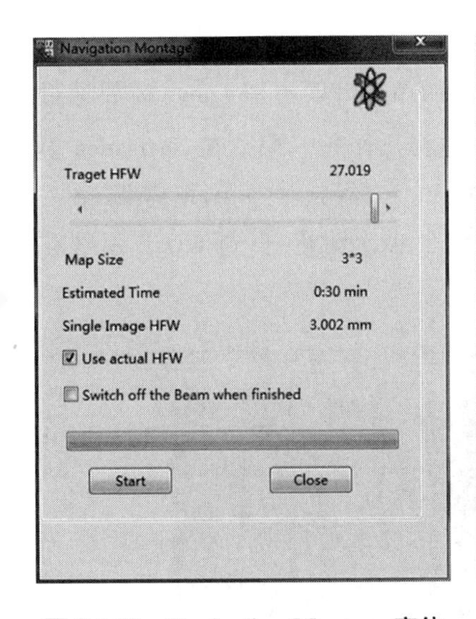

图 5-2-12　Navigation Montage 窗体

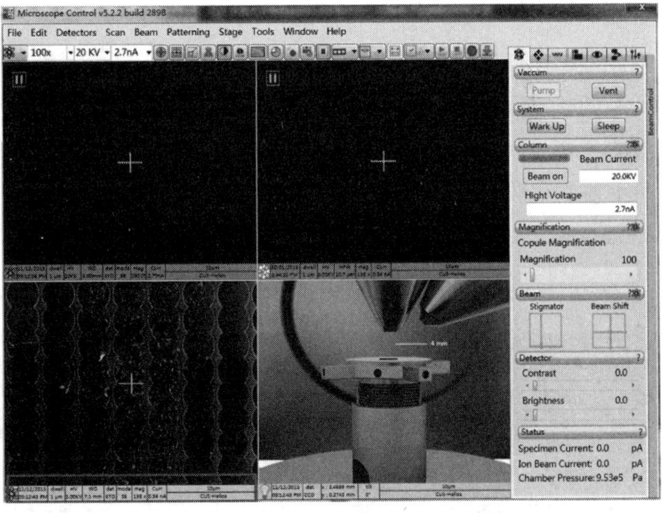

图 5-2-13　导航窗口的样品图

②选择扫描方式（以电子束扫描为例，做离子束扫描过程类似）。待样品室抽成真空后，单击菜单栏中的 Beam 按钮，在下拉菜单中选择 Electron Beam。在操作栏中单击 Column 菜单下面的 Beam On 按钮，待扫描结束以后，Beam On 按钮会变成黄色，如图 5-2-14 所示。

③激活电子像。单击菜单栏中 Scan，在下拉菜单中选择 Pause 选项，或者快捷菜单中的

按钮，此时活动窗体上的图标消失。再次单击电子束观察窗口窗体，可以看到激活的电子像，如图 5-2-15 所示。

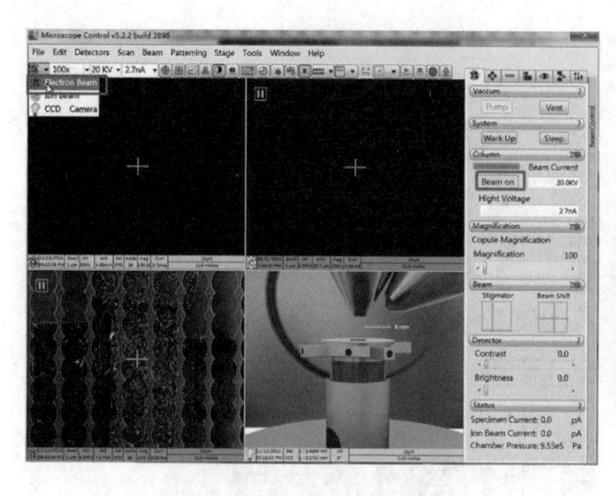

图 5-2-14 选择扫描方式图

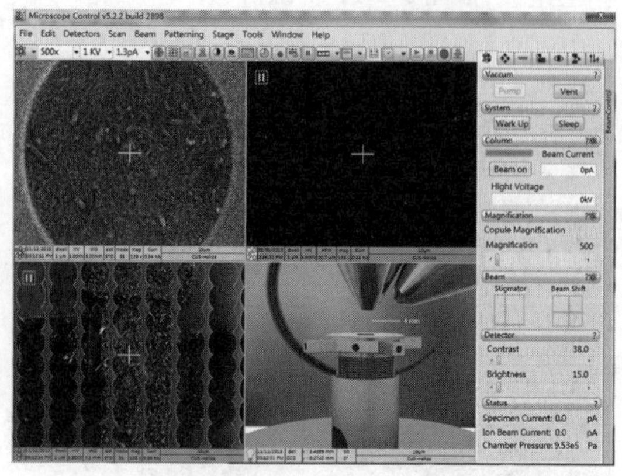

图 5-2-15 观察电子束扫描成像

(3)根据样品性质在菜单栏中选择合适的电流，电压。

在快捷菜单栏中选择合适的电压和电流，做电子束扫描时一般会选用电压 20 kV，电流2.7 nA。

①调节亮度和对比度。单击菜单栏 tools 目录下的 Auto contrast brightness 选项或者快捷菜单栏中图标，电子束(或者离子束)观察窗口将会自动调整亮度对比度，如图 5-2-16 所示。

②自动聚焦。单击自动聚焦按钮，图片会变得比较接近焦距。自动聚焦适合刚找到样品距离比较远的情况。

(4)用蒙太奇扫描方法找到要观察的部位。

①设定选择样品时样品台的高度。用蒙太奇找出的样品的 WD 一般不是 4 mm，需要通过 Link 调整工作距离。单击快捷菜单栏中的 link 按钮，然后选择操作栏中。在 Navigation 模块的 Stage 栏中选择 Z，设置 Z 值为 4 mm，单击 Go To 使得电子枪和样品台之间的距离减小(一只手要时刻放在 ESC 键上方，防止样品台失控状况发生)，需要多次调整，直到 WD 的示数在 4 mm左右，如图 5-2-17 所示。

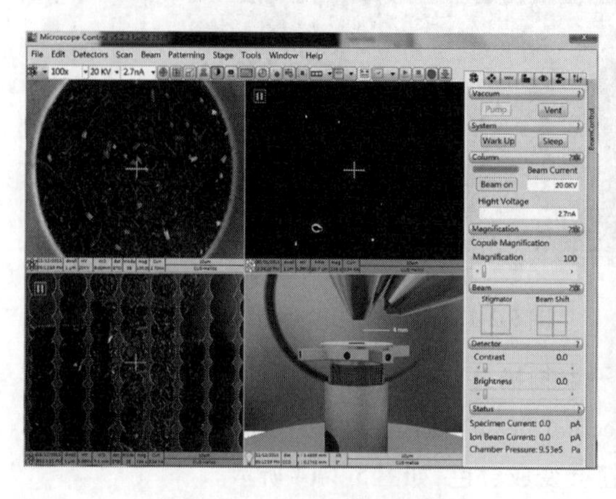

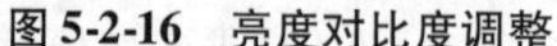

图 5-2-16 亮度对比度调整

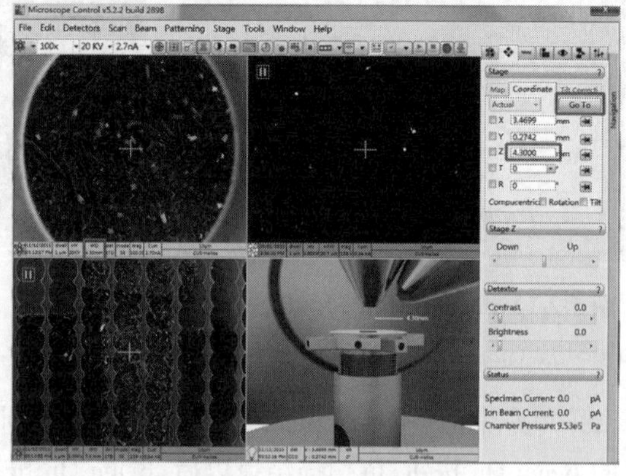

图 5-2-17 设置样品台的高度

②按照本节(2)中描述的方法再次调节图像的焦距亮度和对比度。

③选择样品位置。单击快捷菜单中的按钮暂停电子束观察窗口;单击样品导航窗口,单击激活样品导航窗口,然后选择菜单中的Stage,单击下拉菜单中的Central Position,让视野对准样品盘中心,如图5-2-18所示。

选择合适的参数(如3×3),把绿框拖到感兴趣的位置,单击start,电子像对应就是绿框位置的放大图,如图5-2-19所示。

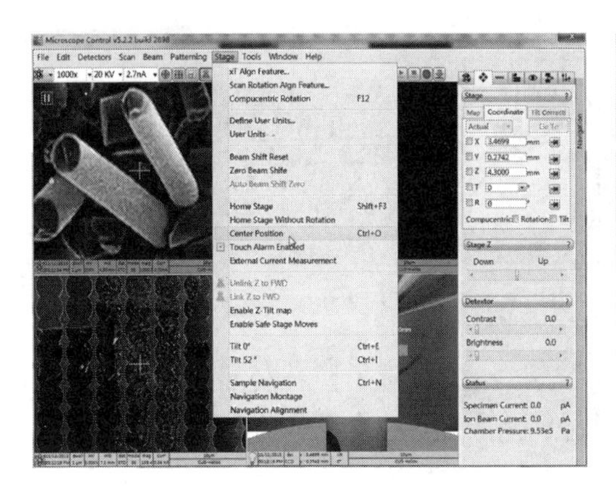

图5-2-18　激活样品导航窗口

图5-2-19　选择样品

④改变放大倍率。单击倍率选框,选择合适的倍率,或者打开手动操作盘用手动操作盘中的Magenification旋钮调节样品放大的倍率,如图5-2-20和图5-2-21所示。

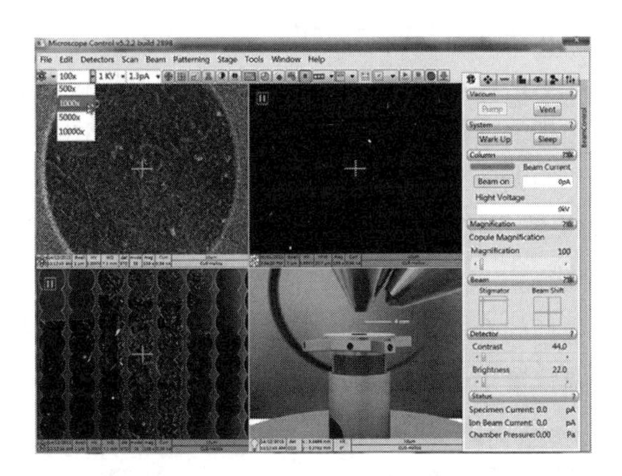

图5-2-20　用倍率选框选择合适的放大倍率

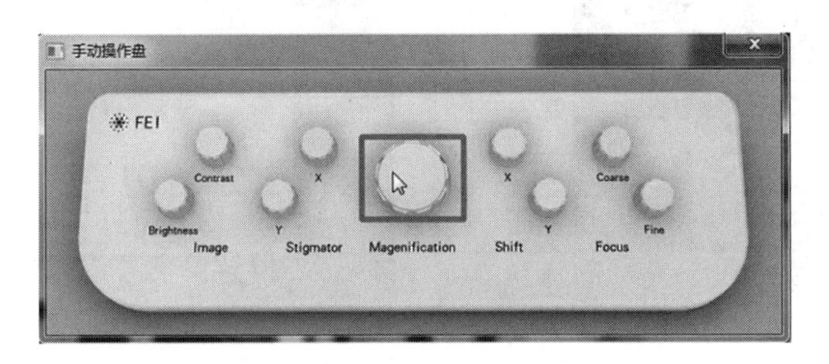

图5-2-21　用手动操作盘调节放大倍率

⑤选择扫描模式。单击菜单栏中 Beam，在 Beam 的下拉菜单中选择 SEM Mode。放大倍数低于 3 500 时，扫描模式选择模式一，如图 5-2-22 所示。

5. 调试图像及照相

（1）低倍率下调节电子像的亮度对比度和像散。

将导航菜单中 Stigmator 调为 zero，按住【Shift】键后，按住鼠标左键在电子束观察窗口左右拖动，调节像散。单击自动调节亮度对比度的按钮，自动调节亮度对比度，如图 5-2-23 所示。

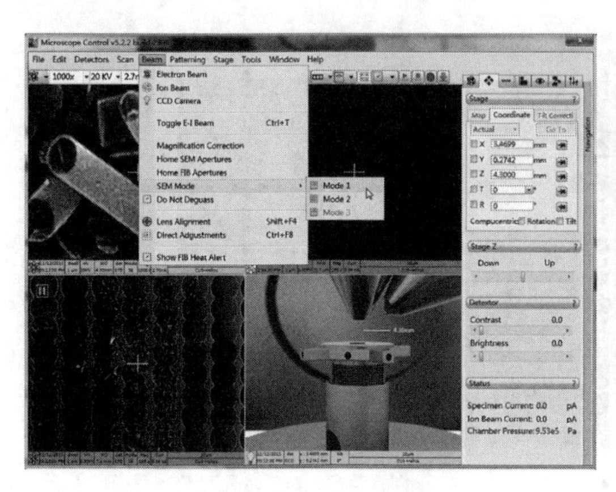

图 5-2-22 选择扫描模式图

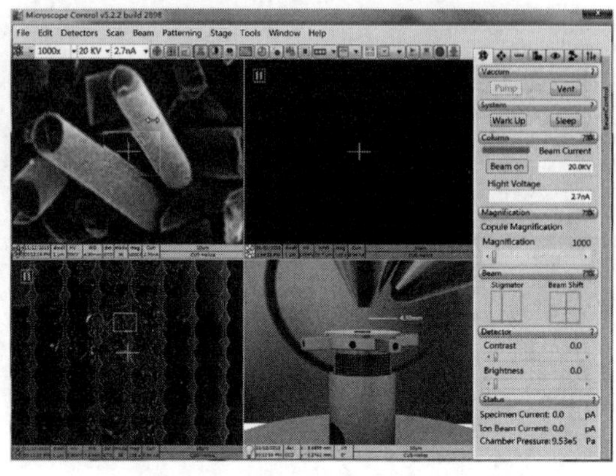

图 5-2-23 调节亮度对比度和像散

（2）将样品放大至所需倍数，聚焦，调亮度和对比度，调像散，使图像完好。

①选择模式。在快捷菜单放大倍率选框中选定放大倍数；在倍率大于 3 500 时，SEM Mode 需要换成模式二。单击亮度对比度，自动调节亮度。

②选择倍率后聚焦。先单击自动聚焦，自动聚焦是一个比较接近焦距的图像；然后手动聚焦，单击聚焦框，电子像中出现聚焦框，按住鼠标右键左右拖动，把图像调清晰。

③高倍率下调像散。焦距调节完成后调像散，按住【Shift】键和鼠标右键，上下和左右拖动，分别调 X 方向和 Y 方向的像散，调像散时，聚焦框可撤可不撤，如图 5-2-24 所示。

（3）保存电子束扫描照片

把像的亮度、聚焦、像散调到合适情况时，按【F2】键或单击菜单栏中的按钮，图像扫描结束后，弹出对话框，选择存盘位置单击保存，如图 5-2-25 所示。

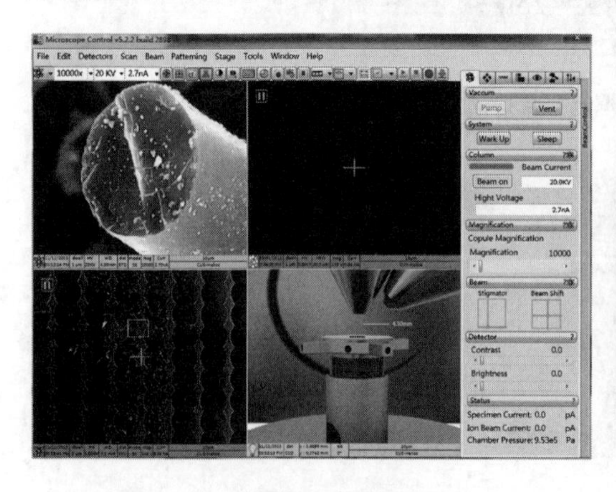

图 5-2-24 高倍率下调亮度对比度

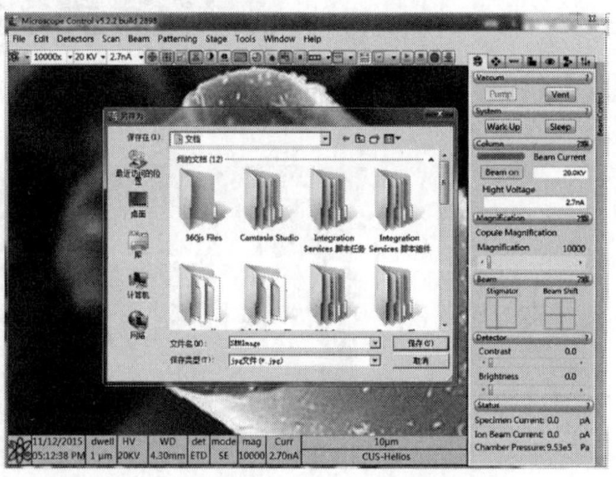

图 5-2-25 保存电子束扫描照片

6. 结束实验

单击 beam on,关闭电子束,结束实验。

思考与练习

1. 通过实验体会扫描电镜有哪些特点。
2. 根据实验叙述样品制备的步骤。
3. 说明二次电子像成像过程。
4. 简述背散射电子像的应用。

5.3　TEM 虚拟仿真实验

实验背景

透射电子显微镜(transmission electron microscope,TEM)简称透射电镜,它利用电子与物质的交互作用所产生的各种信息来揭示物质的形貌、结构和成分。TEM 是把经加速和聚集的电子束投射到非常薄的样品上,电子与样品中的原子碰撞而改变方向,从而产生立体角散射。散射角的大小与样品的密度、厚度相关,因此可以形成明暗不同的影像,影像将在放大、聚焦后在成像器件(如荧光屏、胶片,以及感光耦合组件)上显示出来。

由于电子的德布罗意波长非常短,透射电子显微镜的分辨率比光学显微镜高很多,可以达到0.1~0.2 nm,放大倍数为几万到几百万倍。因此,透射电子显微镜可以用于观察样品的精细结构,甚至可以用于观察仅仅一列原子的结构,是光学显微镜所能够观察到的最小结构的数万分之一。

TEM 在物理学和生物学相关的许多科学领域都是重要的分析方法,如癌症研究、病毒学、材料科学、纳米技术、半导体研究等。

实验目的

1. 理解透射电子显微镜的成像原理。
2. 观察透射电子显微镜各个部件的基本名称及用途。
3. 观察目标材料的电子衍射像。

实验仪器

透射电镜、冷却机、UPS 不间断电源、计算机、铍双倾样品杆、样品盘、镊子、固定样品专用工具、待测样品。

实验原理

透射电镜是以波长极短的电子束作为照明源,用电磁透镜聚焦成像的一种高分辨率、高放大倍数的电子光学仪器。它由电子光学系统、电源与控制系统及真空系统三部分组成(见图5-3-1)。

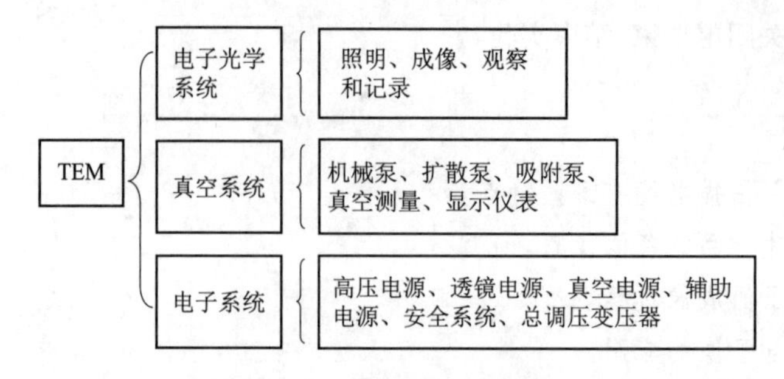

图 5-3-1 TEM 功能结构

透射电镜中的电子光学系统主要由电子枪、聚光镜、试样台、物镜、物镜光阑、选区光阑、中间镜、投影镜和观察记录系统等几部分组成,其成像的光路与光学显微镜基本相同(见图5-3-2)。

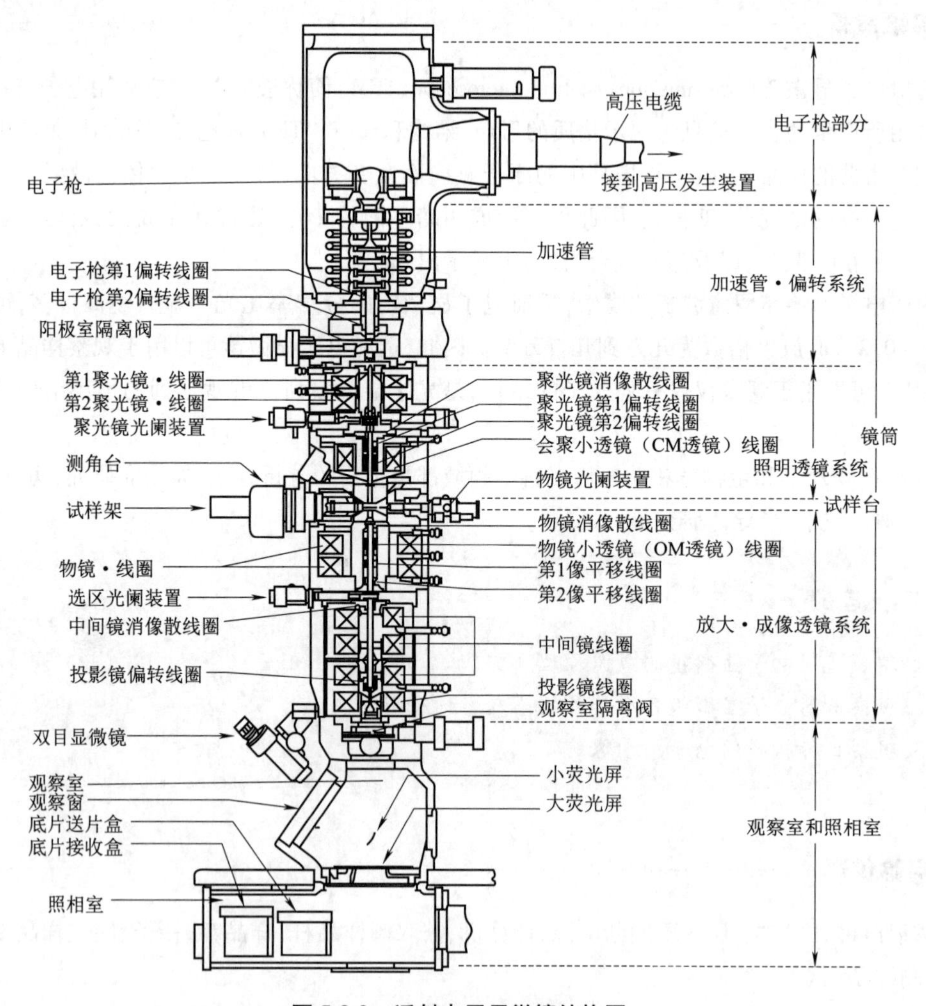

图 5-3-2 透射电子显微镜结构图

透射电镜的电子光学系统中,一般将电子枪和聚光镜归为照明系统,将物镜、中间镜和投影镜归为成像系统,而观察记录系统则一般是荧光屏和照相机,现在的电镜往往还配有慢扫描

CCD 相机，主要用来记录高分辨像和一般的电子显微像。

透射电镜的成像系统主要由物镜、中间镜和投影镜及物镜光阑和选区光阑组成。它主要是将穿过试样的电子束在透镜后成像或成衍射花样，并经过物镜、中间镜和投影镜接力放大。

物镜是 TEM 最关键的部分，其作用是将来自试样不同点同方向同相位的弹性散射束会聚于其后焦面上，构成含有试样结构信息的散射花样或衍射花样；将来自试样同一点的不同方向的弹性散射束会聚于其像平面上，构成与试样组织相对应的显微像。TEM 分辨本领的高低主要取决于物镜；物镜是强励磁短焦距的透镜($f=1\sim3$ mm)，物镜的分辨率主要取决于极靴的形状和加工精度。

为了减小物镜的球差和提高像的衬度，在物镜后焦面上可安放一个孔径可调的物镜光阑(最小孔径可以做到 5 μm)，物镜光阑的另一作用是进行暗场及衍衬成像操作。在新的电镜中，物镜分为上物镜和下物镜，试样置于上下物镜之间，上物镜起强聚光作用，下物镜起成像放大作用。

中间镜是弱励磁的长焦距变倍透镜，在电镜操作中，主要是通过中间镜来控制电镜的总放大倍率。当放大倍数大于 1 时，用来进一步放大物镜像，当放大倍数小于 1 时，用来缩小物镜像。如果把中间镜的物平面和物镜的像平面重合，则在荧光屏上得到一幅放大的电子图像，这就是成像操作；如果把中间镜的物平面和物镜的背焦面重台，则在荧光屏上得到一幅电子衍射图像，这就是透射电镜的电子衍射操作。在物镜的像平面上有一个选区光阑，通过它可以进行选区电子衍射操作。

投影镜的作用是把经中间镜放的像(或电子衍射图像)进一步放大，并投影到荧光屏上，它也是一个短焦距的强磁透镜。投影镜的激磁电流是固定的，因为成像电子束进入投影镜时孔径角很小，因此它的景深和焦长都非常大。即使电镜的总放大倍数有很大的变化，也不会影响图像的清晰度。

如果在物镜的像平面处加入一个选区光阑，那么只有$A'B'$范围的成像电子能够通过选区光阑，并最终在荧光屏上形成衍射花样。这一部分的衍射花样实际上是由样品的 AB 范围提供的，因此利用选区光阑可以非常容易分析样品上微区的结构细节(见图 5-3-3)。

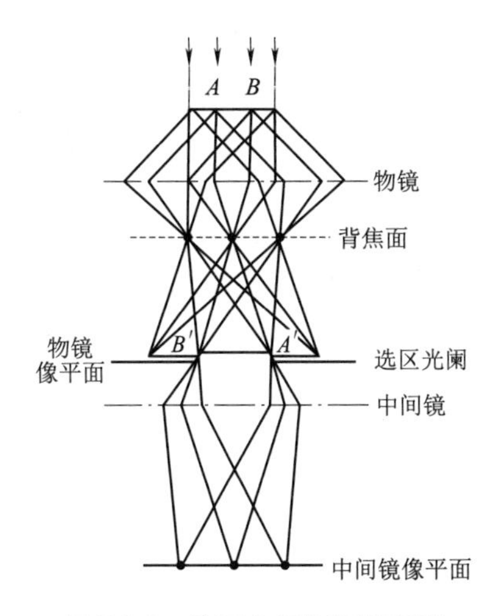

图 5-3-3　选区电子衍射原理图

在稍厚的薄膜试样中观察电子衍射时，经常会发现在衍射谱的背景衬度上分布着黑白成对的线条。这时，如果旋转试样，衍射斑的亮度虽然会有所变化，但它们的位置基本上不会改变。但是，上述成对的线条却会随样品的转动迅速移动。这样的衍射线条称为菊池线，带有菊池线的衍射花样称为菊池衍射谱（见图 5-3-4）。

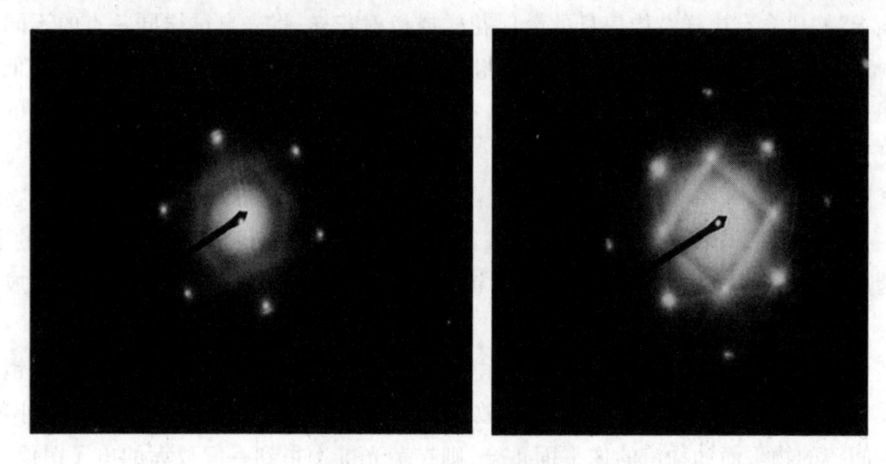

图 5-3-4 菊池衍射谱实例

让透射束通过光阑形成明场像（见图 5-3-5）；让衍射束通过光阑形成暗场像（见图 5-3-6）。

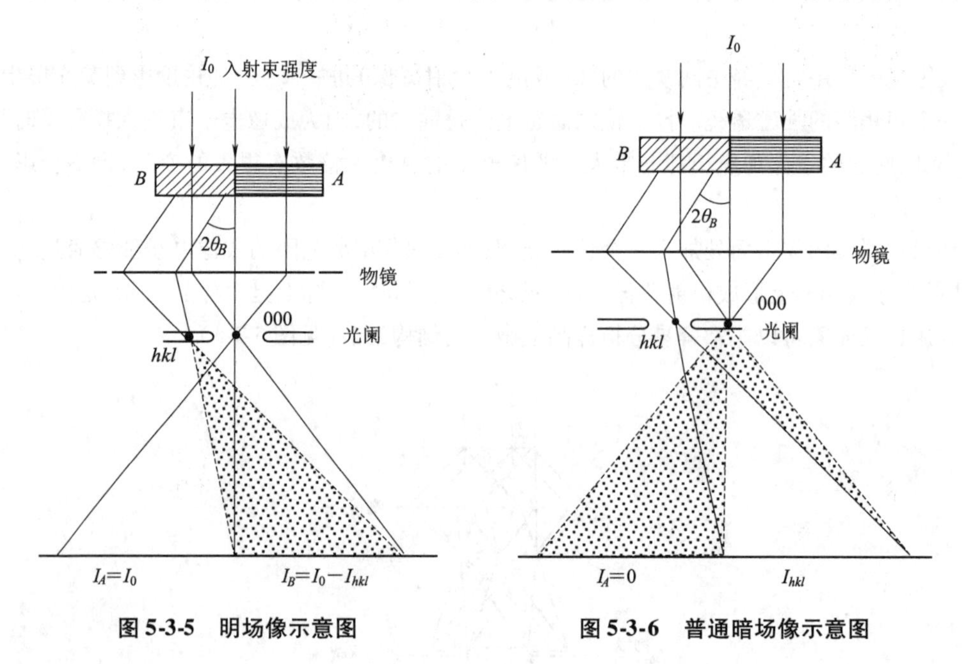

图 5-3-5 明场像示意图 **图 5-3-6 普通暗场像示意图**

实验操作

1. 了解仿真实验的辅助功能

可参见 5.1 实验操作第 1 步。

2. 进入实验主窗口

进入实验场景窗体，如图 5-3-7 所示。

图 5-3-7　实验主场景图

3. 检查仪器是否运行正常

(1)查看仪器控制面板上的指示灯(正常情况为 On 灯灭,Off、Vac 和 HT 灯亮,如图 5-3-8 所示)。

(2)查看样品台的指示灯(正常情况指示灯不亮,如图 5-3-9 所示)。

(3)检查空调、冷却水机、空气压缩机、不间断电源及其他相关设备仪表的工作状况,确保其正常运行。

(4)在正常情况下,High Tension 指示条为黄色,高压指示值为 200 kV(高压平时一直加到 200 kV)。FEG Control 控制面板中,Operate 是黄色的(灯丝开启状态),如图 5-3-10 所示。

图 5-3-8　面板指示灯界面

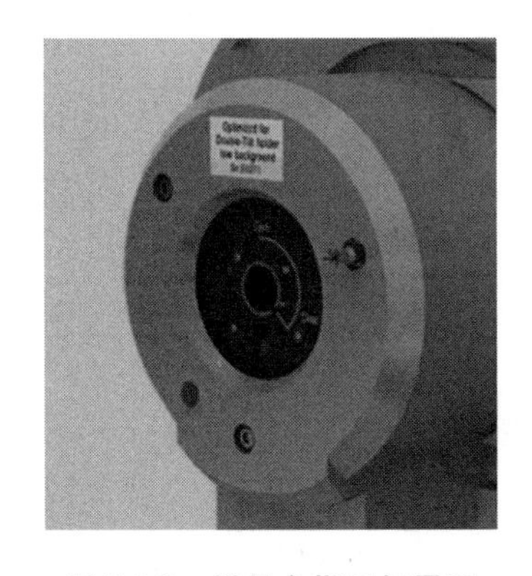

图 5-3-9　样品台指示灯界面

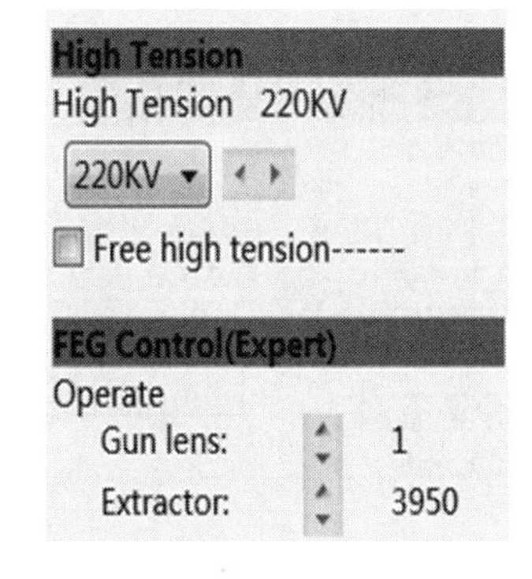

图 5-3-10　High Tension 与 FEG Control 控制面板

4. 装样品

在实验场景中,双击实验台上的铍双倾样品杆,打开“样品的装载”窗体(见图 5-3-11),单击“开始装载”按钮,进行样品的组装。

5. 进样

等待样品装载完成以后,打开样品台操作界面(见图 5-3-12)。

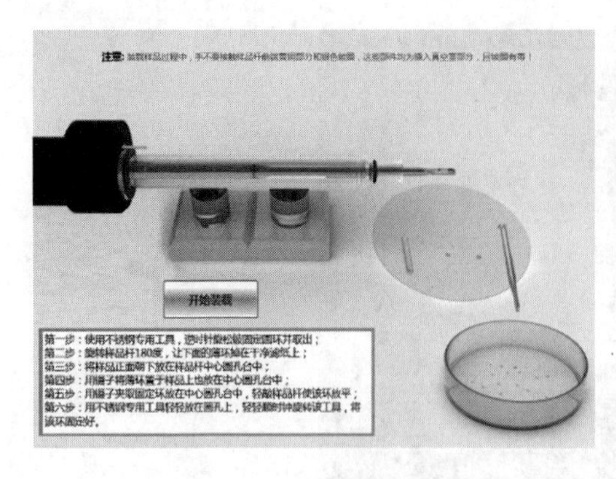

图 5-3-11　样品装载窗体

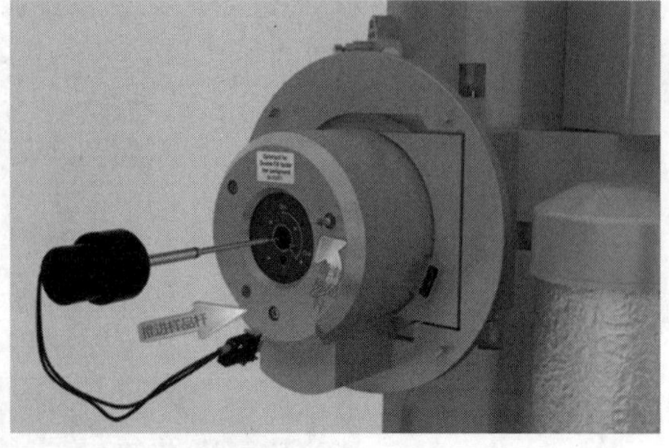

图 5-3-12　样品台操作

(1)确认样品台的红灯熄灭。

(2)样品杆此时限位突针对准 Close 标线,单击“推进样品杆”按钮,将样品杆插入样品腔中,直到遇到阻挡。样品预抽室开始预抽,样品台的红灯亮,预抽开始。

(3)在 User Interface 界面中,Turbo On 按钮变为橙色,Column Valves Closed 不可单击,Vacuum Overview 中显示出预抽时间。

(4)预抽时间结束后,样品台红灯熄灭,可以进样。

(5)手握样品杆末端,绕轴逆时针旋转样品杆 120°,将样品杆的销钉对准样品台的圆孔。

(6)单击“推进样品杆”使样品杆在真空吸力作用下慢慢滑入电镜,要送到底。

(7)当进样完成后,单击“盖上遮罩”按钮,盖上样品台遮罩。

6. 开启阀门

(1)等待系统真空 Column 真空值小于 20,关闭分子泵(见图 5-3-13)。

(2)单击 Col. Valves Closed 按钮,开启阀门(见图 5-3-14)。

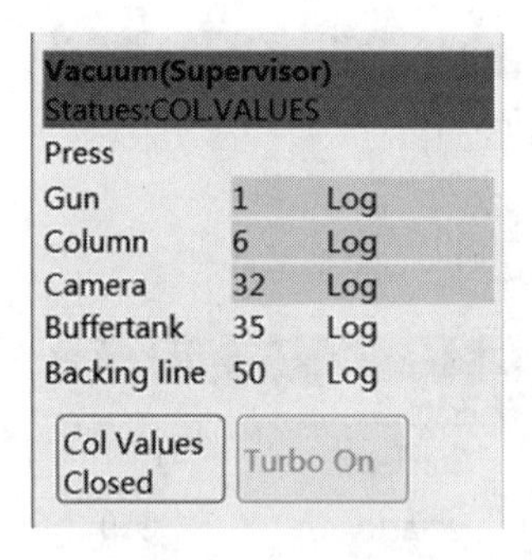

图 5-3-13　关闭分子泵

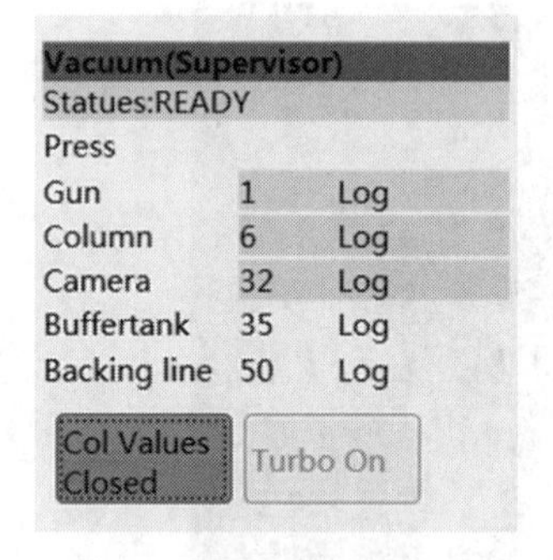

图 5-3-14　开启阀门

7. 调节光路

(1)调节 Beam Shift(见图 5-3-15)。

①调节 Intensity,使光斑汇聚到一点。

②选择 Beam Shift,调节(MultifunctionX、MultifunctionY)多功能按钮,将光斑移动到屏幕中心。

③单击 Done,确认调节。

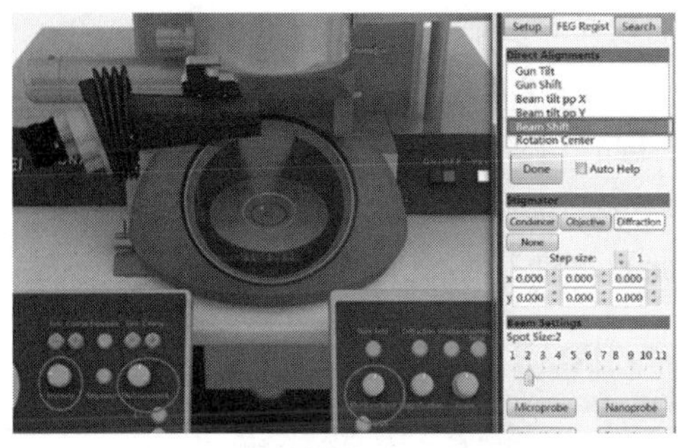

(a) 光斑位置图（调节前）

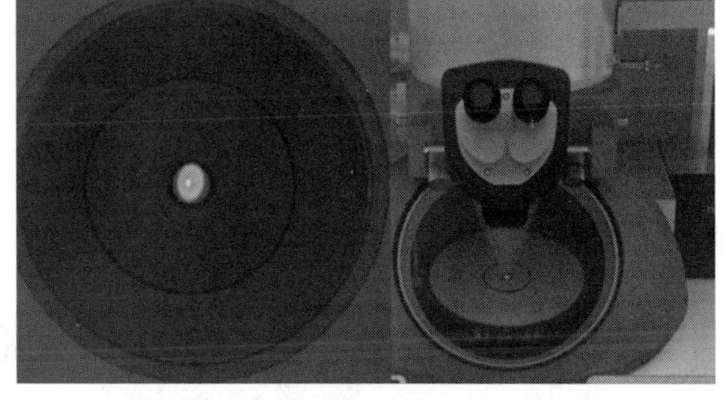

(b) 光斑位置图（调节后）

图 5-3-15　光斑位置图

(2) 调节 Gun Tilt(见图 5-3-16)。

①用 Intensity 调节光强度;若发现光斑中心亮斑不在中心点,则需要调节 Gun Tilt。

②选择 Gun Tilt,调节(MultifunctionX、MultifunctionY)多功能按钮,将中心亮斑移动到光斑中心。

③单击 Done,确认调节。

(a) 调节Gun Tilt前，光斑的位置

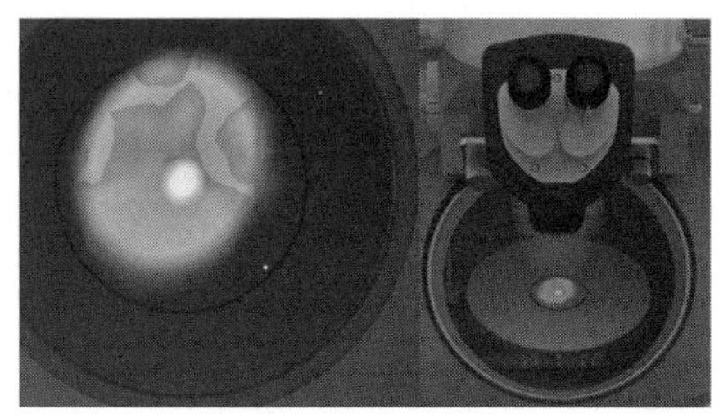

(b) 调节Gun Tilt后，光斑的位置

图 5-3-16　Gun Tilt 调节图

(3) 调节聚光镜像散和光阑(见图 5-3-17)。

①用 Intensity 调节光强度;若发现光斑不是同心收缩(即光斑不圆),则需要调节聚光镜像散。

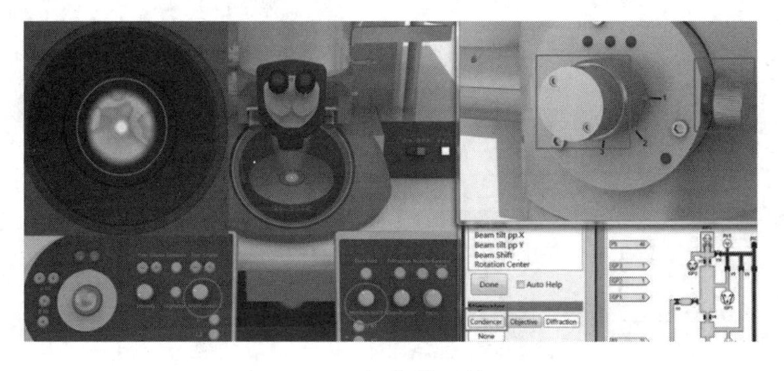

图 5-3-17　调像散后效果图

②单击 Stigmator 下的 Condenser 按钮,使之变为黄色。

③调节(MultifunctionX、MultifunctionY)多功能按钮,将光斑调圆。

④调好后单击 None 确定。

⑤若发现光斑不是沿中心发散,需要调节聚光镜光阑。

⑥分别调节镜筒的聚光镜 C2 光阑上的两个螺圈,使光斑沿中心扩散。

(4)设置共心高度(见图 5-3-18)。

①按右操作面板上的 Eucentric Focus 按钮(保证样品中心轴位置不变)。

②调节 Intensity(逆时针聚光,顺时针散光),使光斑汇聚到屏幕中心一点,调 Z-axis 使影像聚焦到衬度最小(即中心光斑点没有光晕,一般情况此操作使 Z 轴数值为负值)。

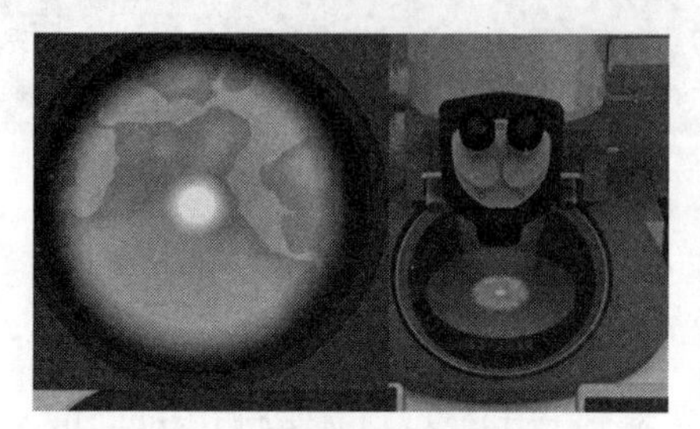

(a)调节Z-axis前的衬度

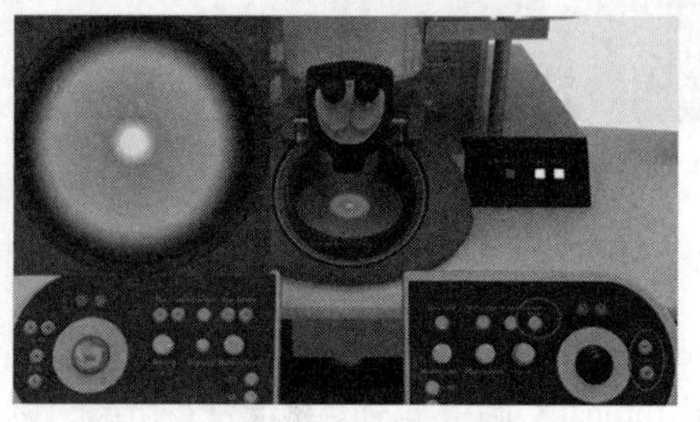

(b)调节Z-axis后的衬度

图 5-3-18 Z-axis 调节图

(5)调节 Rotation Center。

①调节 Intensity,将光散开铺满整屏,调出小屏,调 Focus,使样品图像比较清楚。

②按右操作面板上的 Eucentric Focus 按钮,选择 Rotation Center。

③调节(MultifunctionX、MultifunctionY)多功能按钮,使小屏的图像不晃动,仅仅是心脏似的收缩。

④单击 Done,确认调节。

8. 形貌观察及拍摄照片

(1)选择样品感兴趣的区域。

(2)用 Magnification 旋钮选择合适的放大倍数,并将光发散至满屏。

(3)按 R1 按钮,将大荧光屏抬起(见图 5-3-19)。

(a)荧光屏降下时的状态

(b)荧光屏升起时的状态

图 5-3-19 荧光屏升降调节图

(4)单击 Start View 进行图像扫描(见图 5-3-20)。

(5)单击菜单 File 下的 Save Display As,保存扫描图像(见图 5-3-21)。

(6)调节 Focus 旋钮,观察不同聚焦状态下的图像。

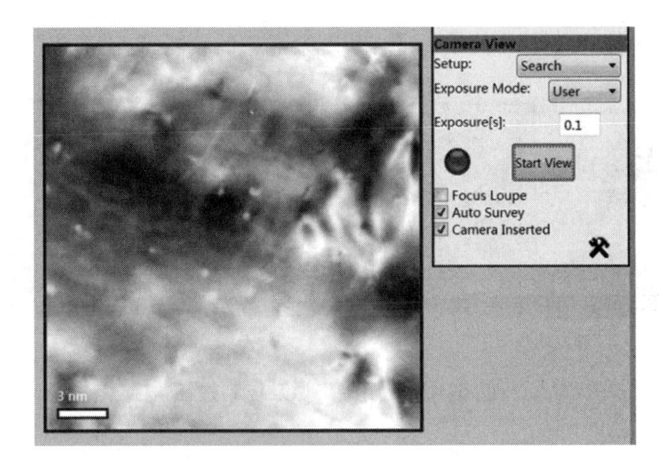

图 5-3-20　图像扫描

(7)调节 Magnification 旋钮,观察不同放大倍数下的图像。

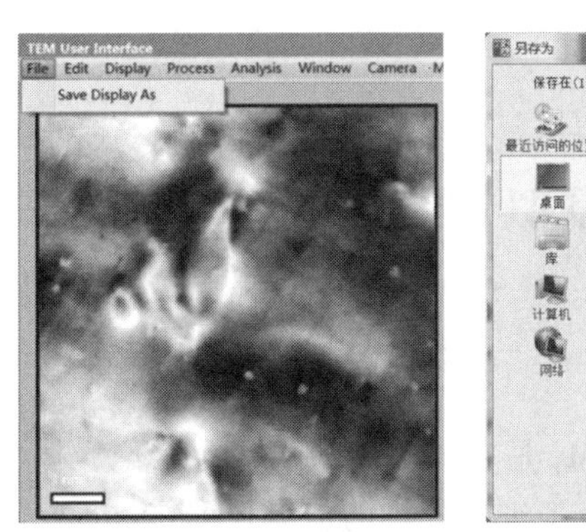

(a) File菜单

(b) 保存位置选择

图 5-3-21　保存扫描图像

9. 观察电子衍射像

(1)将选区光阑底部开关拨向左侧。

(2)按下 Diffraction 按钮,观察电子衍射像(见图 5-3-22)。

图 5-3-22　电子衍射图像

(3)观察明、暗场像。单击 Dark field 按钮,观察对应的明场像与暗场像(见图 5-3-23)。

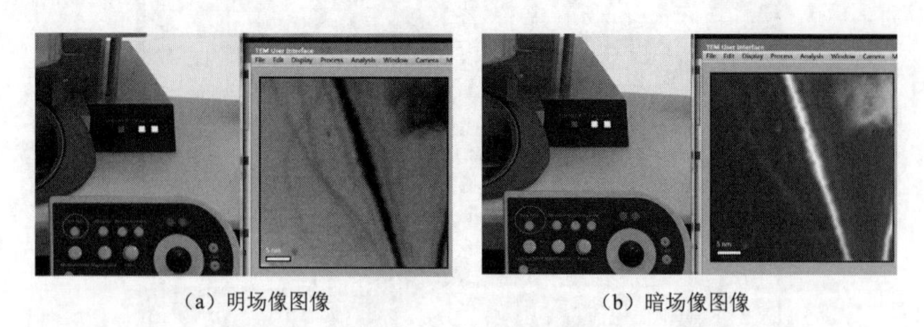

(a)明场像图像　　(b)暗场像图像

图 5-3-23　明暗场像及控制按钮

10. 结束实验

退出系统,结束实验。

思考与练习

TEM 的主要应用领域有哪些方面?

5.4　AFM 虚拟仿真实验

实验背景

原子力显微镜(atomic force microscope,AFM)是一种可用来研究包括绝缘体在内的固体材料表面结构的分析仪器。AFM 是一种具有原子级高分辨的新型仪器,可以在大气、液体及真空环境下获取生物样品、绝缘/导体等材料表面的纳米分辨率的形貌及性质信息,同时可实现对样品的原子操纵及修饰。AFM 利用对微弱力极敏感的微悬臂探针接近样品表面,检测针尖与样品之间的相互作用力来获取样品表面信息。通过分析微悬臂探针的运动状态,可获取样品表面的形貌及杨氏模量和刚度系数等微观力学性质信息,对揭示样品纳米性质具有重要意义。

它通过检测待测样品表面和一个微型力敏感元件之间的极微弱的原子间相互作用力来研究物质的表面结构及性质。

相对于扫描电子显微镜(SEM),原子力显微镜具有许多优点。第一,电子显微镜(SEM)只能提供二维图像,AFM 提供真正的三维表面图。第二,AFM 不需要对样品的任何特殊处理,如镀铜或碳,这种处理对样品会造成不可逆转的伤害。第三,电子显微镜需要运行在高真空条件下,原子力显微镜在常压下甚至在液体环境下都可以良好工作。这样可以用来研究生物宏观分子,甚至活的生物组织。原子力显微镜与扫描隧道显微镜(scanning tunneling microscope)相比,由于能观测非导电样品,因此具有更为广泛的适用性。当前在科学研究和工业界广泛使用的扫描力显微镜,其基础就是原子力显微镜。

实验目的

1. 了解样品微观形貌的表征。优化控制参数并获取样品表面形貌。
2. 样品表面性质的表征及样品表面力学参数的测量。

实验仪器

AFM 探头、控制器、直流稳压电源、示波器、信号发生器、幅度解调模块、AFM 控制器软件操作模块、探针及样品。

实验原理

1. AFM 成像原理

AFM 利用微悬臂探针来感应样品表面形貌信息。微悬臂探针是一端带有尖端曲率半径非常小的针尖的微悬臂，其不带针尖的一端固定，带针尖的一端接近样品表面并与其发生相互作用。样品表面形貌的变化导致探针与样品之间距离发生变化，从而引起探针与样品之间相互作用力的变化。受力的变化将导致微悬臂运动状态的改变，如微悬梁的形变量、共振频率、振幅等。通过调整探针高度保持微悬臂运动状态的恒定，探针的高度对应着样品表面对应点的高度，如图 5-4-1所示。探针在样品表面局部区域进行二维光栅式逐点扫描，记录各点的探针高度信息，进而获取样品该区域的形貌信息。

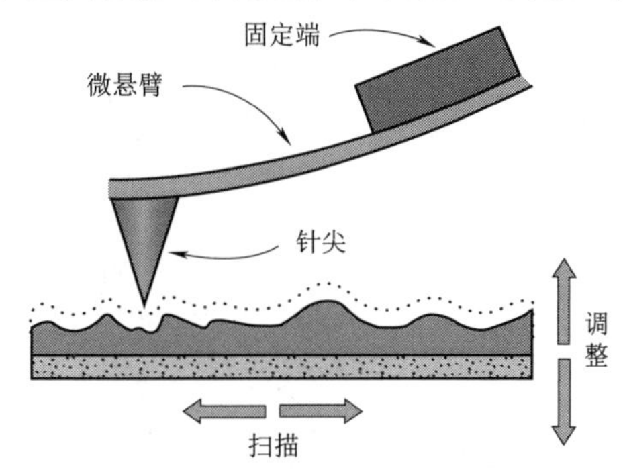

图 5-4-1　原子力显微镜成像原理示意图

AFM 主要有三种工作模式：接触模式（contact mode）、非接触模式（non-contact mode）和轻敲模式（tapping mode）。接触模式中探针与样品表面始终保持接触，探针与样品间相互作用力导致微悬臂弯曲，通过检测悬臂的弯曲量可获取样品的表面形貌。非接触模式又称频率调制模式（frequency modulation），该模式下微悬臂振动在实时共振频率处，针尖在样品表面上方斥力区，始终不与样品表面接触，通过记录微悬臂共振频率的变化实现对样品形貌的跟踪；轻敲模式又称幅度调制模式（amplitude modulation），该模式下微悬臂在共振频率附近振动，针尖轻轻地敲击表面，间断地和样品接触，通过记录微悬臂振幅的变化获取样品表面形貌。轻敲模式 AFM 有效地减小了探针-样品间相互作用力，避免了横向摩擦力，因而成为使用最广泛的 AFM 工作模式。

幅度调制 AFM 系统结构如图 5-4-2 所示，其主要由以下四部分构成：力传感器（探针及其激励、形变检测）、反馈信号检测电路（信号放大及解调）、反馈控制器以及三维扫描器。微悬臂探针在外加信号激励下振动在共振频率处，当探针远离样品时，微悬臂自由振荡；当针尖接近样品时，探针-样品间的相互作用力使得微悬臂的振幅减小；调整探针高度保持微悬臂振幅恒定，记录探针高度实现对样品表面形貌信息的表征。

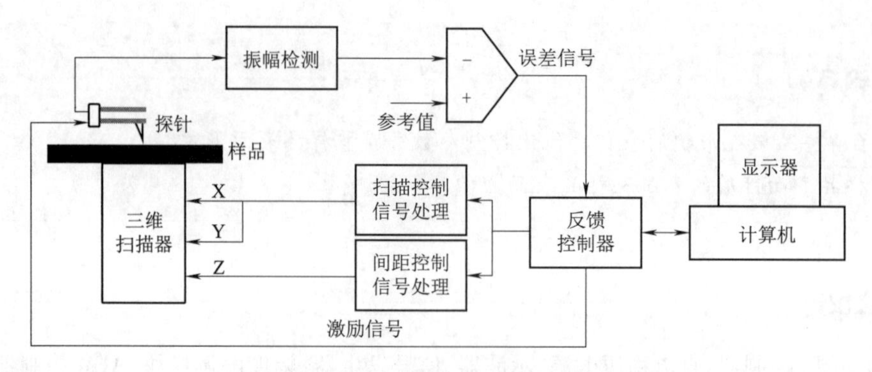

图 5-4-2　幅度调制 AFM 系统结构示意图

2. 相位图像

幅度调制成像模式下,探针-样品相互作用力引起微悬臂运动状态的改变,其中,不同样品引起的微悬臂振动信号相位信息的变化是不同的,记录探针运动信号相对于驱动信号的相位差,可以获得样品的相位图像,从而揭示样品表面的性质信息,如图 5-4-3 所示。相位图像能够反映纳米尺度分辨率的非均质材料表面的成分,这是形貌像无法反映的。

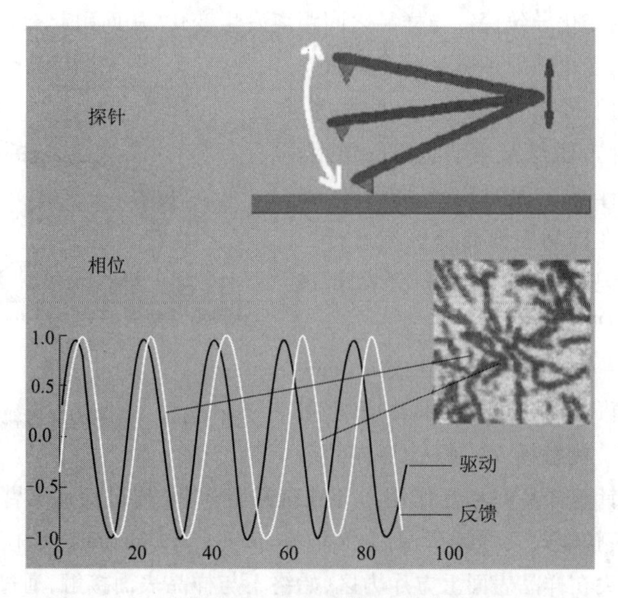

图 5-4-3　相位成像示意图

相位的改变与探针-样品间非保守的相互作用力有关。非保守力导致能量损耗,需要探针在每个周期内补偿损失的能量来保证微悬臂振荡过程的稳定。该过程可用谐振子模型描述,对于稳定振荡的微悬臂探针,其运动方程为

$$z = z_0 + A\cos(\omega t - \phi)$$

每个周期外界激励提供的能量为 $F_0\cos\omega t(E_{exc})$,探针 - 样品相互作用损耗的能量为 E_{dis},介质阻尼损耗的能量为 E_{med},三者满足如下关系:

$$E_{exc} = E_{med} + E_{dis},$$

各部分能量求解方式如下:

$$E_{exc} = \oint F_0\cos(\omega t)\frac{dz}{dt}dt = \frac{\pi k A_0 A(\omega)\sin\phi}{Q},$$

$$E_{med} = \oint\left(\frac{m\omega_0}{Q}\cdot\frac{dz}{dt}\right)\cdot\frac{dz}{dt}dt = \frac{\pi k A^2}{Q}\cdot\frac{\omega}{\omega_0}$$

$$E_{dis} = \oint(F_{ts})\frac{dz}{dt}\cdot dt$$

可得

$$\sin\phi = \frac{A\omega}{A_0\omega_0}\left(1+\frac{E_{dis}}{E_{med}}\right)$$

可以看出,相位延迟的正弦值与设定值及探针-样品表面非保守相互作用引起的能量耗散有关。幅度调制 AFM 在工作过程中保持振幅恒定,因此,式中前一个乘数保持不变,因而相位变化反映了探针-悬梁系统机械能转移到样品表面。

3. 力-距离曲线

力-距离曲线是描述探针-样品间的相互作用力与二者距离关系的曲线,如图5-4-4所示。通过对力-距离曲线进行分析,可以得到样品的杨氏模量等力学参数。

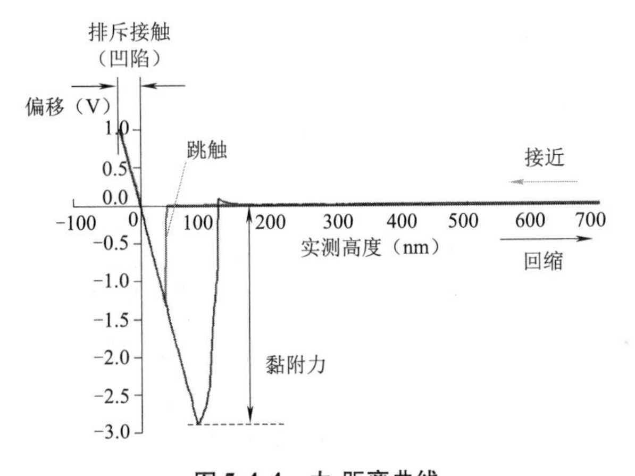

图5-4-4　力-距离曲线

探针-样品相互作用力可用球-平面的几何模型来描述,对于样品表面黏附力较小的硬接触,相互作用力通常采用DMT模型进行描述:

$$F = \begin{cases} F_{vdw} = -\dfrac{HR}{6(z+z_c)^2}, z+z_c > a_0 \\ F_{vdw} + \dfrac{4}{3}E_{eff}\sqrt{R}(a_0 - z - z_c)^{\frac{3}{2}}, z+z_c \leqslant a_0 \end{cases}$$

其中,$s = z + z_c$ 为瞬时针尖样品距离;z 为探针实时位移;z_c 为探针平衡位置与样品之间的距离(即探针平衡位置与样品表面的距离,如图5-4-5所示)。H 为 Hamaker 常数,R 为针尖尖端半径,a_0 为分子间距,$\frac{1}{E_{eff}} = \left(\frac{1-v_t^2}{E_t} + \frac{1-v_s^2}{E_s}\right)$为系统等效杨氏模量,$v_t$ 为针尖的泊松常数,v_s 为样品的泊松常数,E_t 为探针针尖的杨氏模量,E_s 为样品的杨氏模量。若其他参数已知,便可计算得到样品的杨氏模量 E_s。

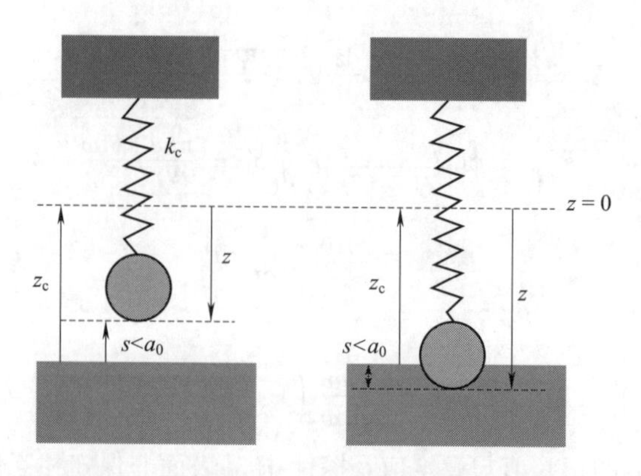

图 5-4-5　探针样品相互作用模型示意图

力曲线中线性区域的斜率与系统的弹性模量有关，当样品表面相比悬梁非常柔软时，力-距离曲线的斜率反映悬梁的弹性常数；相反，若悬梁与样品相比十分柔软时，则力-距离曲线的斜率可以反映样品的弹性性能。

实验操作

1. 了解仿真实验的辅助功能

可参见 5.1 实验操作第 1 步。

2. 启动实验程序

启动实验程序，熟悉实验窗口，如图 5-4-6 所示。

图 5-4-6　实验程序窗口

3. 熟悉实验内容界面

单击左侧“实验内容”，弹出“实验内容”界面，如图 5-4-7 所示。

图 5-4-7　实验内容界面

4. 准备实验仪器

单击左侧“实验仪器”，在仪器列表中用鼠标拖动所需仪器至桌面(见图 5-4-8)。

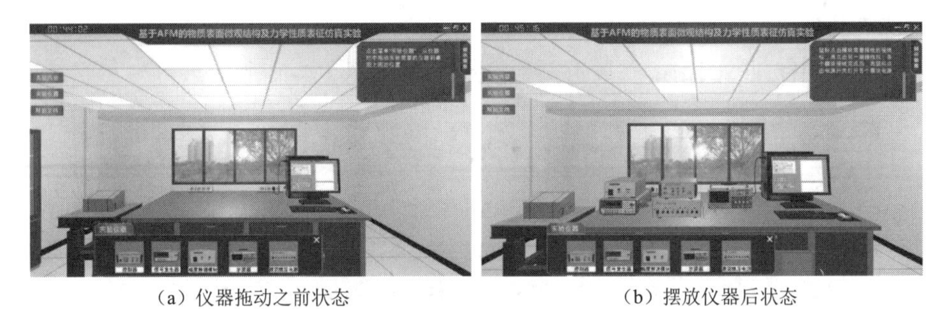

(a) 仪器拖动之前状态　　(b) 摆放仪器后状态

图 5-4-8　选择实验仪器界面

5. 连接仪器

鼠标指针移到相应的接线柱上，高亮光显示。左键单击接线柱，出现相应接线柱接头(右键单击已经有的接线柱接头，则取消当前的接线柱接头)；单击另一端接线柱，显示接线线路，完成连线，如图 5-4-9 所示。

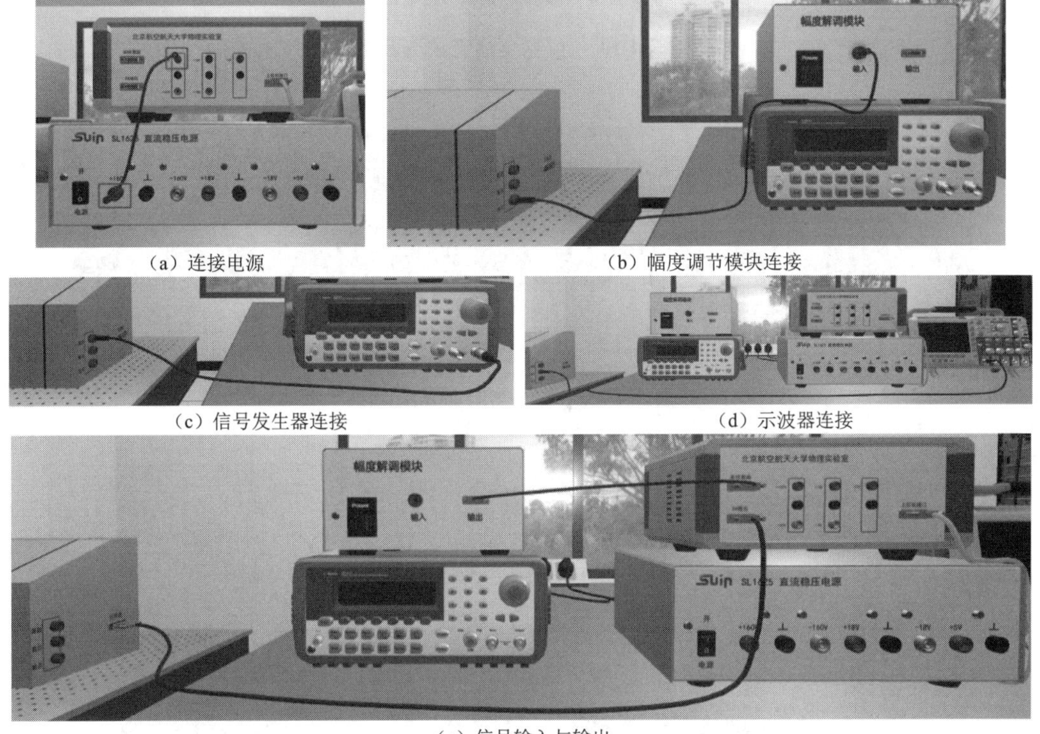

(a) 连接电源　　(b) 幅度调节模块连接

(c) 信号发生器连接　　(d) 示波器连接

(e) 信号输入与输出

图 5-4-9　连接仪器界面

连线完成后的场景如图 5-4-10 所示。

6. 打开电源开关

完成接线后，单击电源按钮打开各仪器的电源开关，如图 5-4-11 所示。

7. 安装探针

先打开探头仪器的盒盖，(鼠标指针移到探头盒盖上高亮显示，单击探头盒盖打开)再打开放置探针样品的柜门，如图 5-4-12 所示。

然后再安装探针(单击探针盒，显示安装探针过程，如图 5-4-13 所示)。

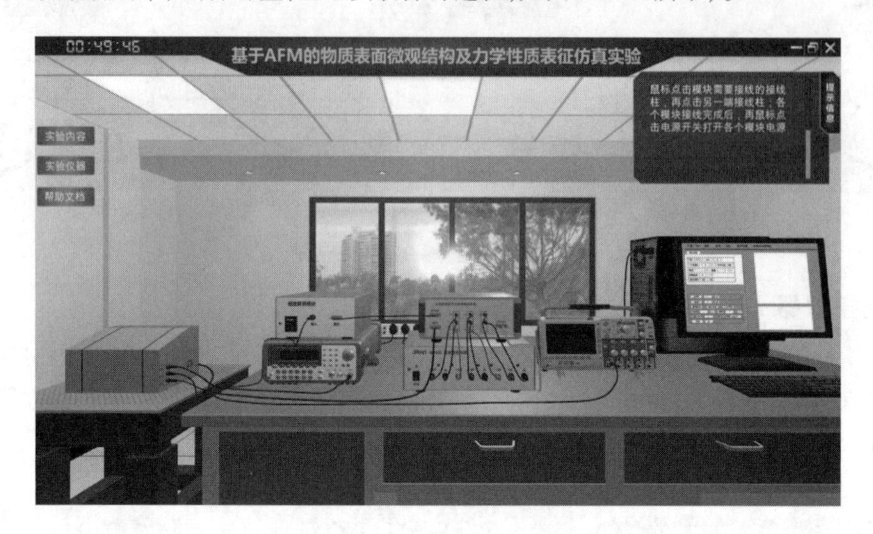

图 5-4-10　仪器连线完成场景图

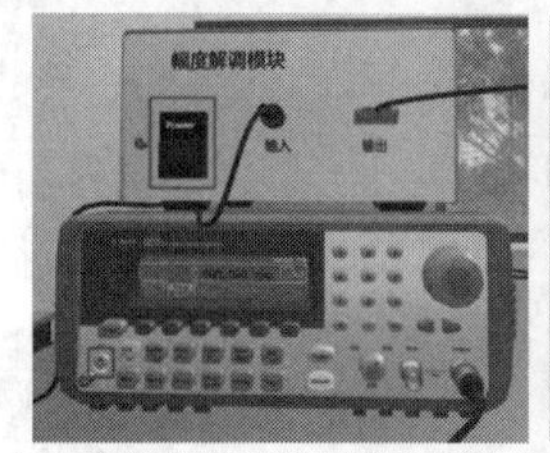

(a) 幅度调节及信号发生器开关

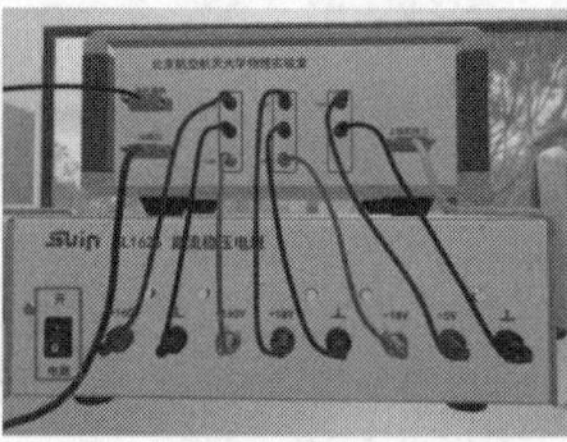

(b) 电源开关

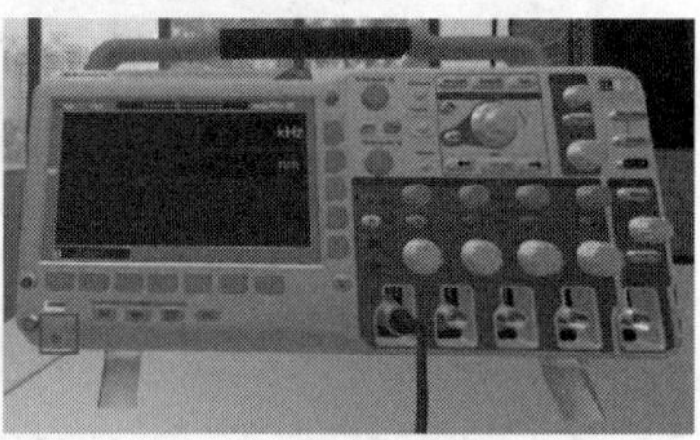

(c) 示波器开关

图 5-4-11　各仪器电源开关键

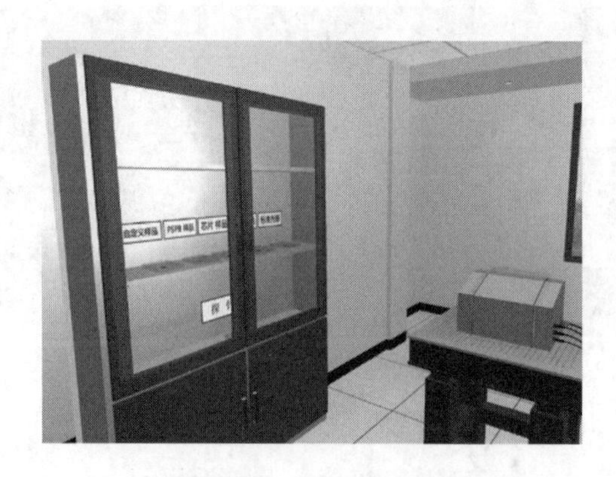

图 5-4-12　探针样品柜门

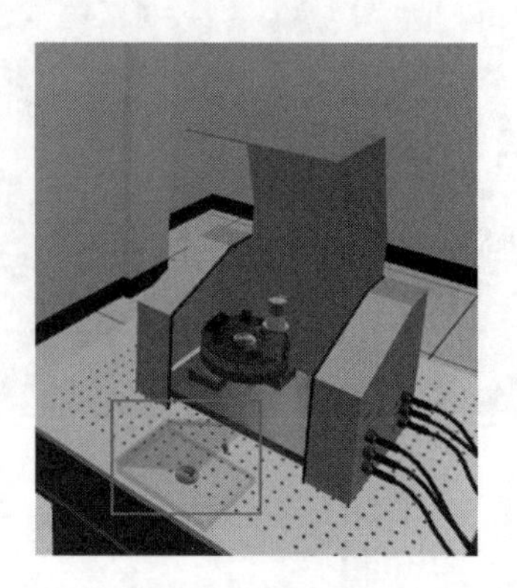

图 5-4-13　安装探针

单击探针盒，弹出探针介绍内容界面，如图 5-4-14 所示。

按【F3】键可以来回切换探头的透视效果，如图 5-4-15 所示。

8. 安装样品

单击样品盒，播放安装样品的动画，如图 5-4-16 所示。

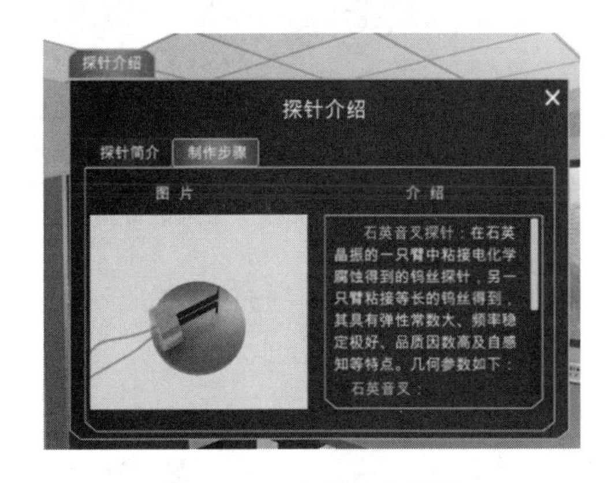

图 5-4-14　探针解释界面

图 5-4-15　探头透视效果图

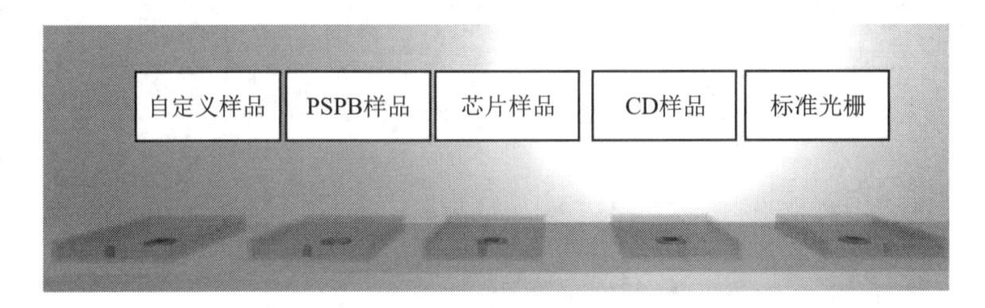

图 5-4-16　安装样品动画图

右击样品盒，弹出样品介绍界面(以 CD 为例)，如图 5-4-17 所示。

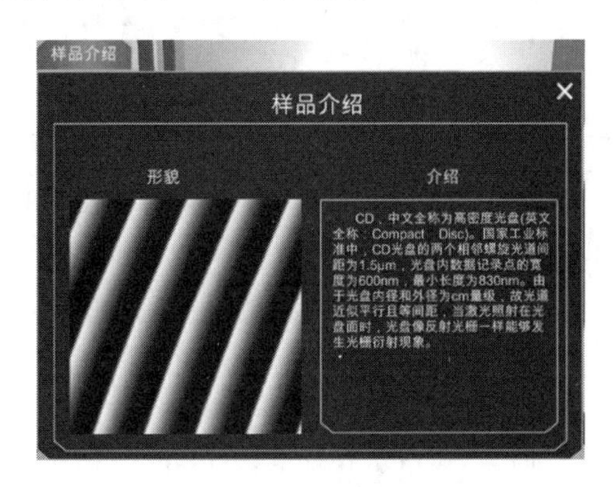

图 5-4-17　样品介绍界面图

9. 获取探针共振频率，手动扫频

(1) 单击“扫描”按钮，将信号发生器上的扫描模式选为“手动”。

(2) 设定频率为探针共振频率附近，单击 Output 键，如图 5-4-18 所示。

(3) 调节激励信号频率大小，获取共振频率和振幅，如图 5-4-19 所示。

操作提示：调节激励幅值为合适值，通过数字键或调节旋钮，改变驱动频率，使示波器上波形的幅值最大，即为共振频率。

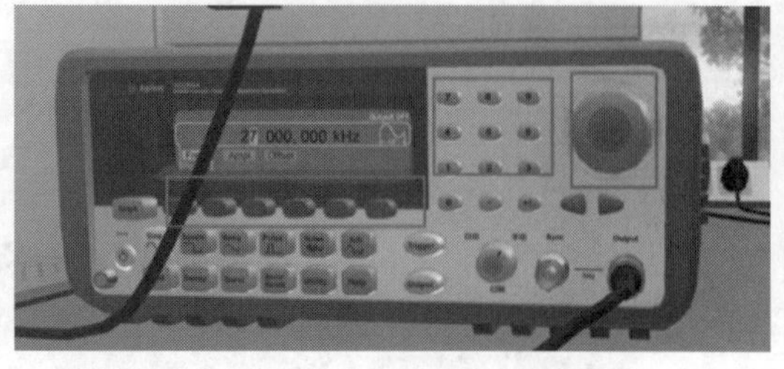

图 5-4-18　手动扫频图　　　　图 5-4-19　调节激励信号频率图

共振振幅获得:示波器显示的幅值 -5 × 驱动电压值,即为共振振幅。

改变示波器的纵向 scale,观察示波器波形变化,如图 5-4-20 所示。

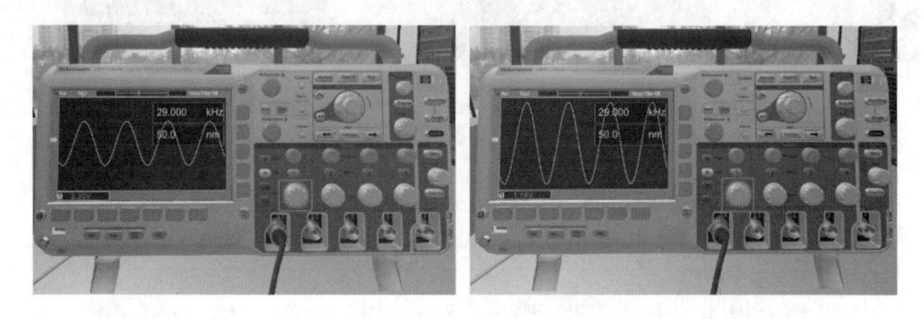

图 5-4-20　共振频率图

改变示波器横向 scale,观察示波器波形变化,如图 5-4-21 所示。

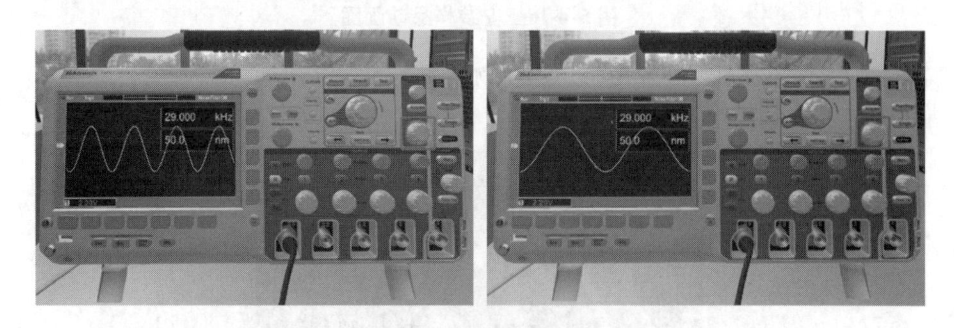

图 5-4-21　波形变化图

10. 自动扫频

(1)单击信号发生器的“扫描”按钮,将扫描模式切换为“自动”(见图 5-4-22)。

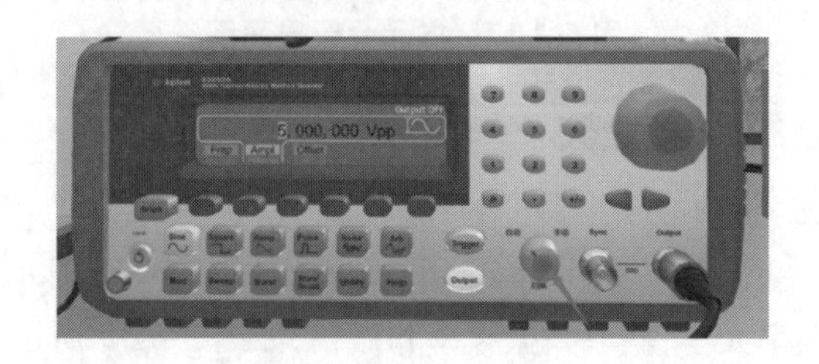

图 5-4-22　自动扫频图

(2)单击计算机屏幕,弹出软件界面,如图 5-4-23 所示;在软件界面菜单栏中单击“扫频”按钮，弹出探针扫频曲线界面，如图 5-4-24 所示。

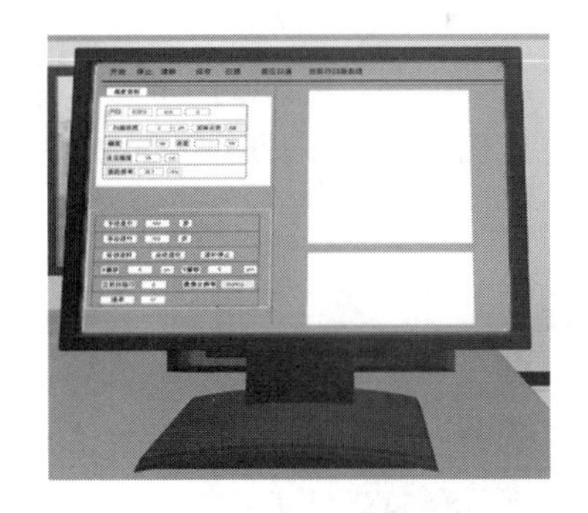

图 5-4-23　探针扫频界面图

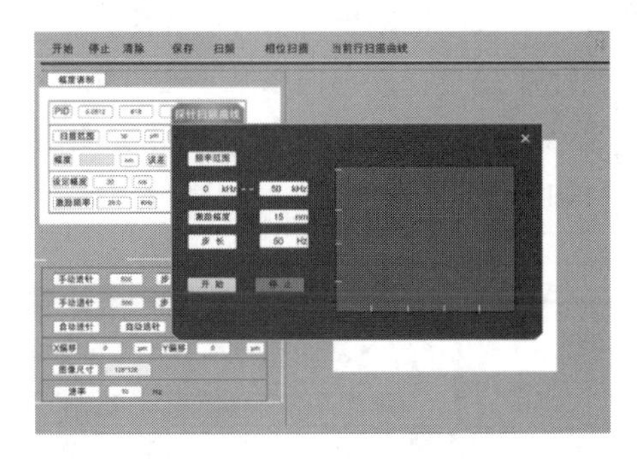

图 5-4-24　探针扫频曲线图

(3)设置频率范围。

(4)设置激励幅度。

(5)设置步长。

(6)单击“开始”按钮，开始自动扫频。

(7)获得共振频率和共振振幅。

参照图 5-4-25，读取共振频率和共振振幅。

共振频率：扫频曲线的共振峰所对应的共振频率，由图 5-4-25 直接读出，为 29.00 kHz。

共振振幅：曲线的峰值 - 驱动幅值，即 55 - 15 = 40(nm)，如图 5-4-25 所示。

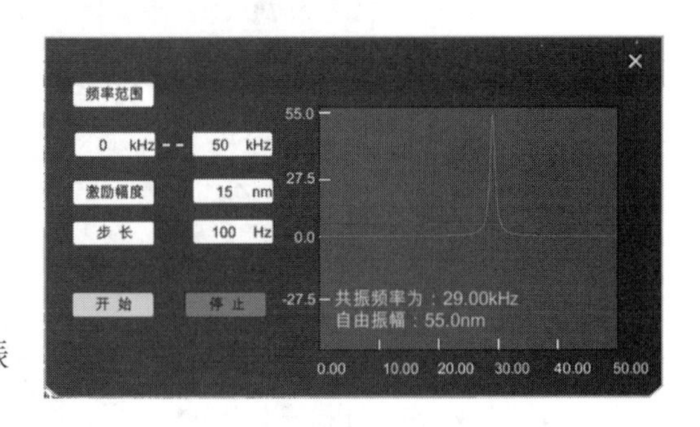

图 5-4-25　扫频参数设置图

11. 设定探针工作振幅、PID、扫描范围等参数

单击场景中显示器，弹出软件界面大视图。在输入框内输入合适参数。

(1)“设定幅度”大小为自由振幅的 70%。

(2)设定“激励频率”为共振频率。

(3)设定合适的 PID、扫描速度、扫描范围等，如图 5-4-26 所示。

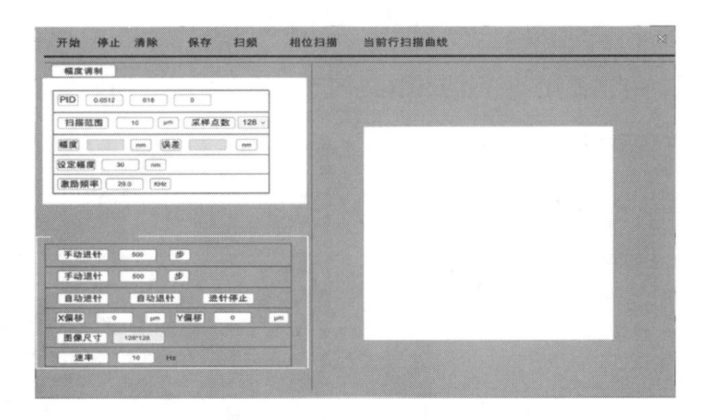

图 5-4-26　探针参数设置图

12. 进针扫描样品

(1)进针。首先采用手动进针，在进针的过程中用肉眼观察探针针尖和样品之间的距离，直

至距离肉眼不可见,则停止手动进针,采用自动进针。操作流程如下:设定“手动进针”步数,单击“手动进针”,步进电机停止运动后观察探针样品距离,根据二者距离设定合适的值进行多次手动进针,探针针尖-样品距离肉眼几乎不可见时,单击“自动进针”直至进针完成。(注:也可以全程采用“自动进针”,但是速度非常慢)。进针过度会出现撞针提醒,通过“自动退针”可以进行快速退针,如图 5-4-27 所示。

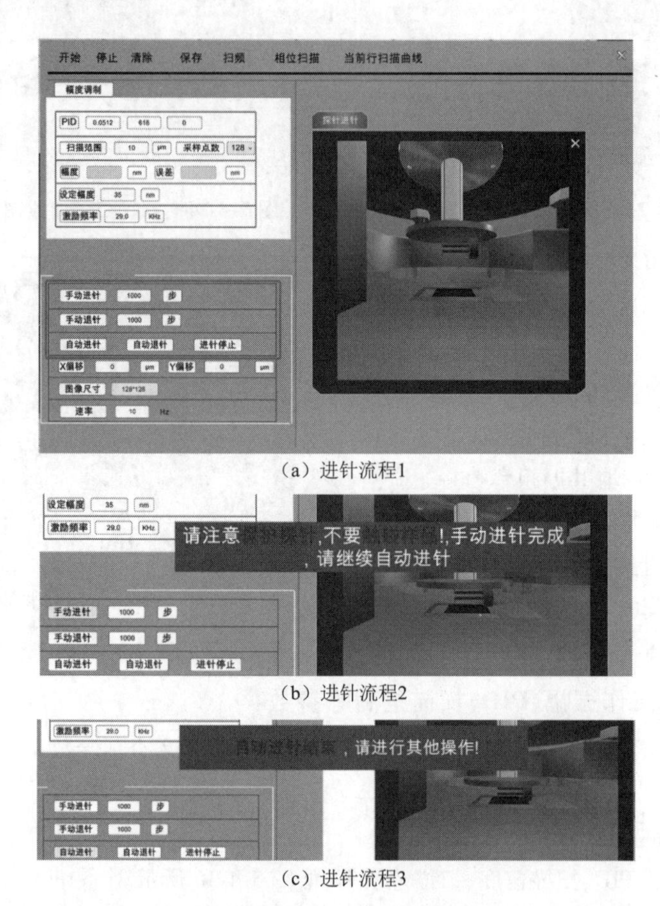

(a) 进针流程1

(b) 进针流程2

(c) 进针流程3

图 5-4-27 进针流程图

(2)进针结束后,单击“开始”,开始扫图(见图 5-4-28),样品全局如图 5-4-29 所示。

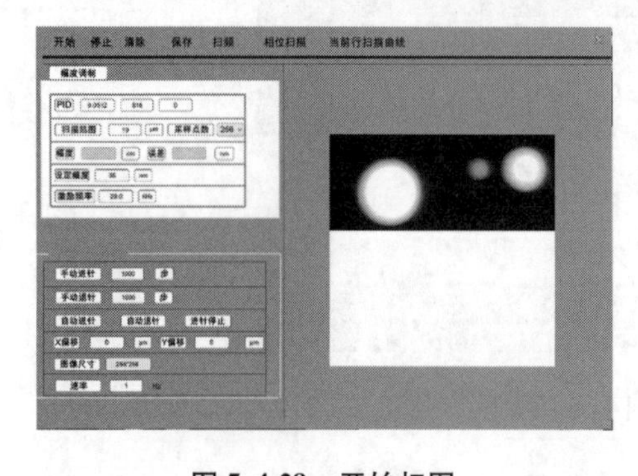

图 5-4-28 开始扫图

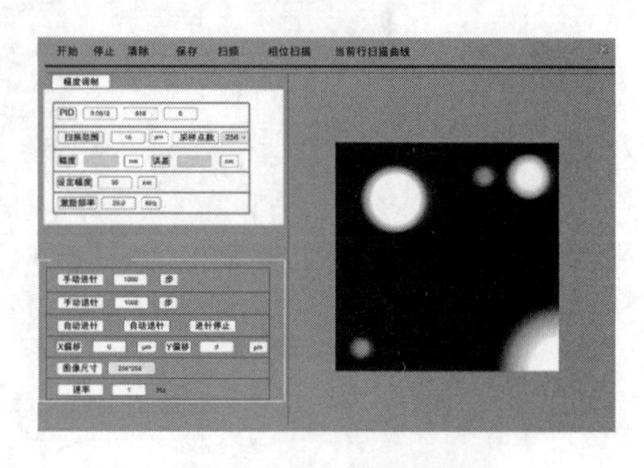

图 5-4-29 样品全局图

线扫图:单击顶部菜单“当前行扫描曲线”,观察行扫曲线,如图 5-4-30 所示。

(3)调整 PID 参数,重新扫图。改变 PID 的值,其余不变,单击“开始”按钮,获取样品表面形貌,如图 5-4-31 所示。

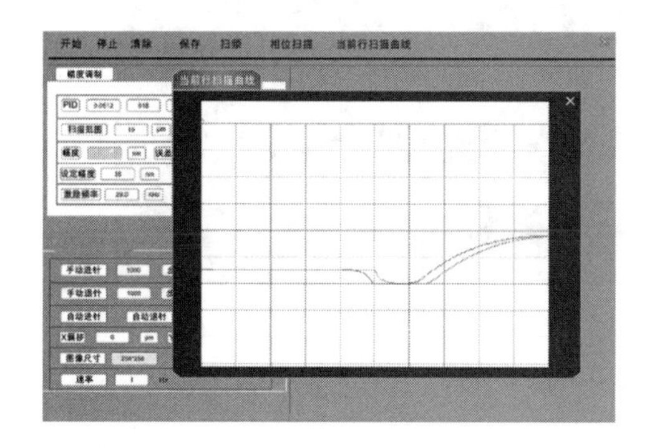

图 5-4-30　线扫图

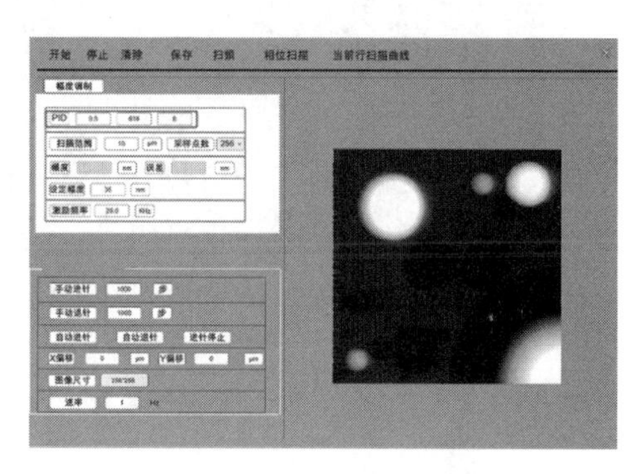

图 5-4-31　样品表面形貌图

比较不同 PID 值下获得的样品形貌图像,分析 PID 参数对成像效果的影响,从中找出最优控制参数,获得清晰的样品表面形貌图。

(4)获取不同样品表面形貌。对不同样品表面进行扫描成像,获得样品的表面形貌图。

13. 保存图像

扫图完成后,手动或自动退针到安全距离,单击“保存”,保存图像,如图 5-4-32 所示。

14. 样品相位扫描观察

样品扫描过程中,单击顶部菜单“相位扫描”,获得样品相位图,如图 5-4-33 所示。单击图中的任意点,界面显示该点的位置和相位差。比较形貌像与相位像的区别,并对结果进行讨论。

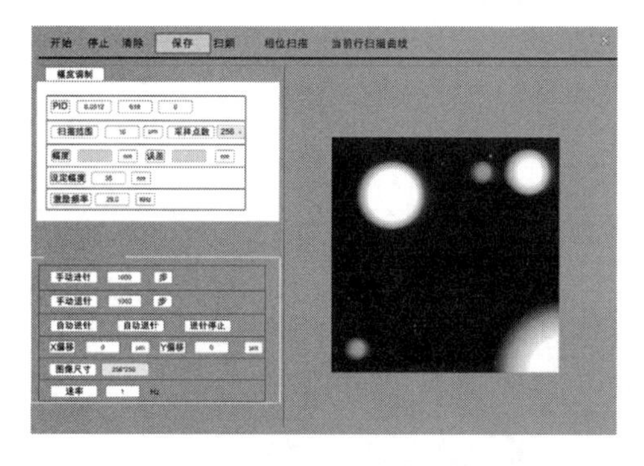

图 5-4-32　保存图像图

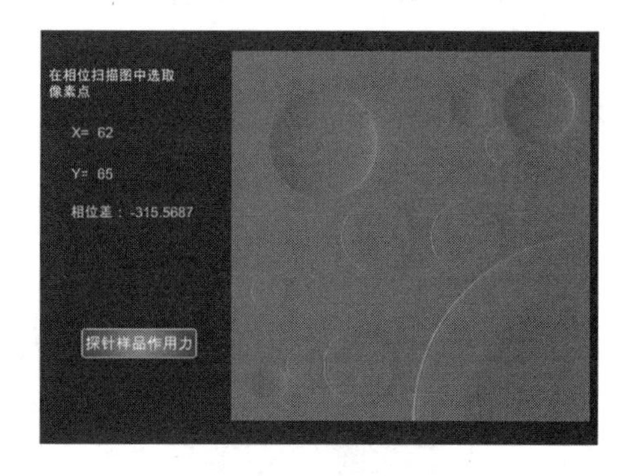

图 5-4-33　样品相位图

15. 设定幅度值对相位成像的影响

幅度成像模式下,改变“设定幅度”的值,获得不同的相位图,分析设定值和相位差之间的关系,如图 5-4-34 所示。

16. 样品表面距离-力曲线关系

在相位扫描页面,根据样品相位图像,选择合适的位置,如图 5-4-34(a)所示,单击“探针样品作用力”按钮,弹出力曲线界面,如图 5-4-35 所示。

单击“进针”,获取该位置的作用力-距离关系曲线,如图 5-4-36 所示。

(1)测量音叉刚度系数。通过计算力曲线中线性部分的斜率,得到音叉的刚度系数。

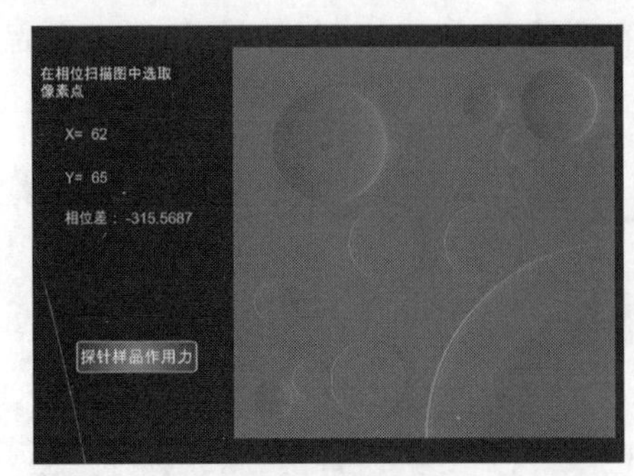

(a) 设定值和相位差关系1

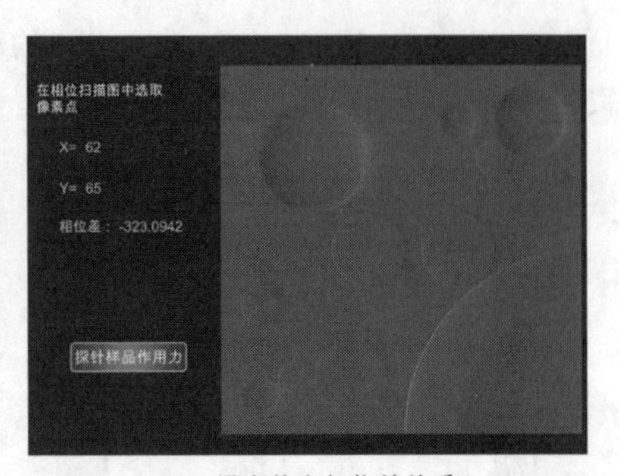

(b) 设定值和相位差关系2

图 5-4-34　设定值和相位差关系

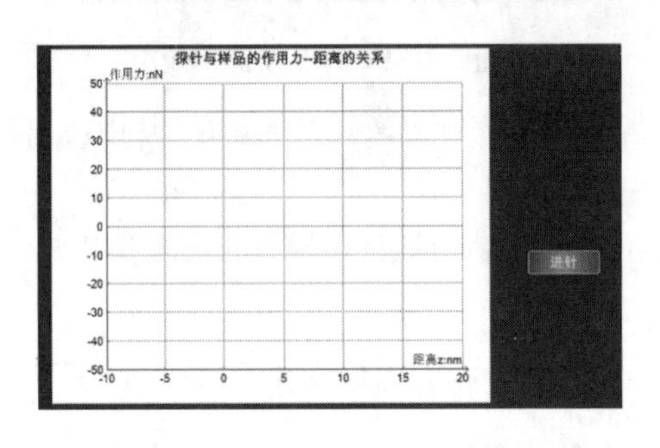

图 5-4-35　样品表面距离－力曲线关系

图 5-4-36　探针与样品的作用力－距离关系

(2)测量样品表面杨氏模量。根据力曲线,计算得到样品表面的杨氏模量,并分析探针、样品的杨氏模量对成像的影响。已知的参数有 $H = 1\times10^{-19}\,\mathrm{J}$, $R = 2\times10^{-8}\,\mathrm{m}$, $a_0 = 1.65\times10^{-10}\,\mathrm{m}$, $E_t = 1\times10^{11}\,\mathrm{Pa}$, $v_t = 0.3$。

17. 断开电源开关,整理仪器,退出实验

(1)单击各电源,关闭仪器电源,取下导线。

(2)右击接线柱,该接线柱连接的导线被取下,如图 5-4-37 所示。

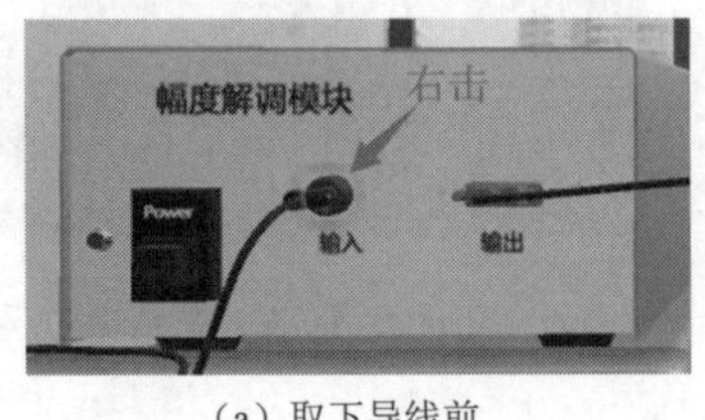

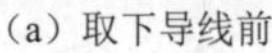

(a) 取下导线前

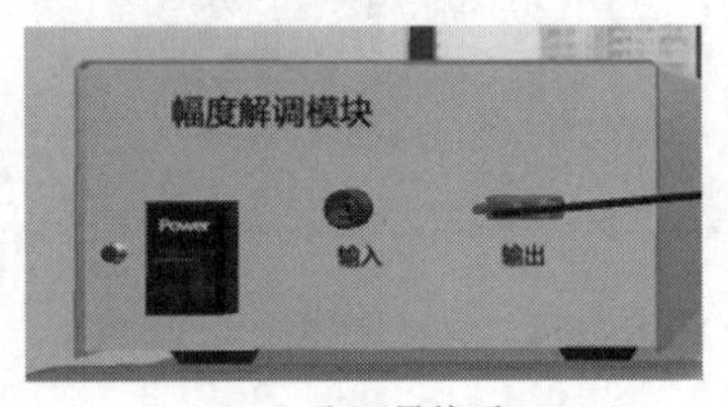

(b) 取下导线后

图 5-4-37　取下导线图

(3)单击右上角关闭按钮,退出实验。

思考与练习

1. 分析 AFM 各工作模式适用的条件。
2. 分析保守力对相位差的影响。
3. 查阅并列举至少三个 AFM 应用技术方向。